Java编程
从零开始学

（视频教学版）

郝军 编著

清华大学出版社
北京

内 容 简 介

随着编程技术的普及度越来越高，越来越多的人选择学习 Java 编程。本书是一本为 Java 编程初学者量身定制的入门教材。书中的示例在 JDK 8 和 JDK 10 中均可正常运行。

本书分为 4 篇，共 20 章：第 1 篇介绍 Java 基础知识，包括 Java 技术历史、开发环境搭建、语法基础、运算符、流控制、数组、方法；第 2 篇介绍面向对象相关的编程技术，如类和对象、继承、封装、多态、异常处理、常用类、集合等；第 3 篇介绍 Java 编程的高级技术，内容涵盖多线程、I/O 处理、文件操作等；第 4 篇为项目实战部分，介绍 Java 在数据库编程、GUI 编程中的相关技术，并通过计算器实例来巩固学过的知识。

本书内容详尽、示例丰富，是广大 Java 编程初学者的参考书，同时非常适合高等院校和培训学校计算机及相关专业的师生作为教材使用。

本书封面贴有清华大学出版社防伪标签，无标签者不得销售。
版权所有，侵权必究。举报：010-62782989，beiqinquan@tup.tsinghua.edu.cn。

图书在版编目（CIP）数据

Java 编程从零开始学：视频教学版 / 郝军编著. — 北京：清华大学出版社，2020.3（2023.8重印）
ISBN 978-7-302-54630-6

Ⅰ. ①J… Ⅱ. ①郝… Ⅲ. ①JAVA 语言—程序设计 Ⅳ. ①TP312.8

中国版本图书馆 CIP 数据核字（2019）第 292680 号

责任编辑：夏毓彦
封面设计：王 翔
责任校对：闫秀华
责任印制：沈 露

出版发行：清华大学出版社
网　　址：http://www.tup.com.cn，http://www.wqbook.com
地　　址：北京清华大学学研大厦 A 座　　　　邮　　编：100084
社 总 机：010-83470000　　　　　　　　　　邮　　购：010-62786544
投稿与读者服务：010-62776969，c-service@tup.tsinghua.edu.cn
质量反馈：010-62772015，zhiliang@tup.tsinghua.edu.cn

印 装 者：三河市龙大印装有限公司
经　　销：全国新华书店
开　　本：190mm×260mm　　　　印　张：20.75　　　　字　数：531 千字
版　　次：2020 年 3 月第 1 版　　　　　　　　　　　印　次：2023 年 8 月第 3 次印刷
定　　价：69.00 元

产品编号：077581-01

前 言

读懂本书

为什么学习 Java

作为一门面向对象编程的语言，Java 不仅吸收了 C++语言的各种优点，还摒弃了 C++中难以理解的多继承、指针等概念。因此，Java 语言具有功能强大和简单易用两个特征。

——Java 可以编写桌面应用程序、Web 应用程序、分布式系统和嵌入式系统等应用程序，要不要学，自己看着办！

Java 10 做了哪些改变

本书讲解使用 JDK 10，相对于其他版本，JDK 10 最明显的改变是采用了局部变量类型推断，并增加了 var 关键字，也就是你可以随意定义变量而不必指定变量的类型。除此之外，还增加了 GC 改进和内存管理、线程本地握手等新特性。

——在不久的将来，Java 10 可能将彻底改变你编写代码的方式！

本书真的适合你吗

本书将帮你从 Java 小白进入 Java 编程的殿堂；并且提供了大量的示例程序，从枯燥的知识学习转成带有具体示例的学习；书中的示例在 JDK 8、JDK 10 中均已运行测试完毕，可以放心使用。书中的示例均来自作者的项目实战，能够在学习知识的同时，了解以后项目实战中需要达到什么样的目标。

——怕学不会 Java？没关系，仔细阅读本书。本书将会引导你快速、轻松地学习 Java。

本书特点

（1）不论是理论知识的介绍，还是实例的开发，都是从实际应用角度出发的，精心选择开发中的典型例子，讲解细致，分析透彻。

（2）由浅入深、轻松易学，让读者能够快速学习 Java 编程最实用的技术。每个知识点都对应一个相应的示例，能够使读者更好地理解知识点的作用。

（3）应用实践，在每章中都提供了练习题目，能够使得读者巩固学过的知识，举一反三，为进一步学习做好准备。

（4）贴心提醒，本书根据需要在各章使用了很多"注意""说明"等小栏目，让读者可以在学习过程中更轻松地理解相关知识点及概念。

源码、课件与教学视频下载

本书配套的源码、课件与教学视频下载地址请扫描右边二维码获得。

如果下载有问题，请联系 booksaga@163.com，邮件主题为"Java 编程从零开始"。

本书适合的读者

- Java 编程初学者
- Java 程序测试人员
- 高等院校和培训学校的老师和学员
- 正在做 Java 编程相关毕业设计的学生

本书由郝军编写完成，特别感谢远在澳大利亚的董申浩先生为本书搭建起基本写作架构，同时也感谢同事们的支持。

编　者
2020 年 1 月

目 录

第 1 篇　Java 基础知识

第 1 章　Java 开发环境 2

1.1　Java 简介 2
 1.1.1　Java 的诞生 2
 1.1.2　Java 语言的优点 2
 1.1.3　Java 语言的缺点 3
 1.1.4　Java 语言的平台 3
1.2　Java 语言的功能 3
1.3　Java 开发环境搭建 4
 1.3.1　安装 Java 4
 1.3.2　配置 Java 7
 1.3.3　通过 IDEA 开发与运行 Java 程序 9
 1.3.4　通过 Eclipse 开发与运行 Java 程序 13
1.4　实战——Java 小程序 19

第 2 章　Java 语法基础 20

2.1　Java 中的关键字 20
2.2　认识 Java 中的标识符 21
2.3　数据类型 22
 2.3.1　整　型 23
 2.3.2　浮点型 24
 2.3.3　字符型 24
 2.3.4　布尔型 25
2.4　变量 26
 2.4.1　变量的定义 26
 2.4.2　变量的赋值 26
 2.4.3　变量的初始化 27
 2.4.4　变量的分类 27
2.5　常　量 28

2.6 数据类型转换 29
2.7 实战——Java 小程序 30

第 3 章 运 算 符 32

3.1 算术运算符 32
3.2 关系运算符 35
3.3 逻辑运算符 37
3.4 位运算符 39
3.5 复合运算符 40
3.6 条件运算符 41
3.7 运算符的优先级 42
3.8 实战——Java 小程序 43

第 4 章 流程控制 44

4.1 条件结构 44
    4.1.1 if 语句 44
    4.1.2 if else 结构 45
    4.1.3 if else 语句嵌套 46
    4.1.4 switch 语句 47
4.2 循环结构 50
    4.2.1 while 循环 50
    4.2.2 do while 循环 51
    4.2.3 for 循环 52
    4.2.4 循环嵌套 54
4.3 break 语句和 continue 语句 56
4.4 实战——Java 小程序 57

第 5 章 数 组 58

5.1 基本数据类型的数组 58
    5.1.1 数组的概念 58
    5.1.2 基本数据类型的数组 59
5.2 基本类型数组的声明 59
5.3 基本类型数组的初始化 60
    5.3.1 动态初始化 60
    5.3.2 静态初始化 60
    5.3.3 默认初始化 61
5.4 认识一维数组 63
    5.4.1 什么是一维数组 63
    5.4.2 一维数组的使用及遍历 63

5.5	二维数组及其使用	66
	5.5.1 二维数组的声明	67
	5.5.2 二维数组的初始化	67
	5.5.3 二维数组的使用	69
5.6	多维数组及其使用	70
5.7	有关数组的常用操作	71
	5.7.1 数组的排序	71
	5.7.2 数组的反转	73
	5.7.3 数组的去重	74
5.8	操作数据的工具类 Arrays	76
5.9	关于数组使用中的一些注意点	78
5.10	实战——Java 小程序	78

第6章 方 法 ... 81

6.1	如何定义方法	81
6.2	方法类型	83
6.3	方法传值	85
	6.3.1 参数类型	85
	6.3.2 基本数据类型的传值	86
	6.3.3 数组作为方法参数	86
6.4	方法重载和可变参数列表	87
	6.4.1 方法重载	88
	6.4.2 可变参数列表	89
6.5	实战——Java 小程序	91

第2篇 面向对象编程技术

第7章 类和对象 ... 94

7.1	类和对象概述	94
	7.1.1 什么是类和对象	94
	7.1.2 如何定义 Java 中的类	94
	7.1.3 如何使用 Java 中的对象	95
7.2	类中的成员	96
	7.2.1 Java 中的成员变量和局部变量	96
	7.2.2 Java 中的构造方法	98
7.3	修 饰 符	100
	7.3.1 类修饰符	100
	7.3.2 成员变量修饰符	100
	7.3.3 方法修饰符	101

7.4 static 的用法 101
    7.4.1 static 与静态变量 101
    7.4.2 static 与静态方法 102
    7.4.3 static 与静态初始化块 104
7.5 实战——Java 小程序 105

第 8 章 封 装

8.1 什么是 Java 中的封装 107
8.2 Java 中的 this 关键字 109
8.3 使用包管理 Java 中的类 109
    8.3.1 包的引入 110
    8.3.2 创 建 包 110
    8.3.3 导 入 包 110
8.4 Java 中的内部类 112
    8.4.1 成员内部类 112
    8.4.2 局部内部类 114
    8.4.3 匿名内部类 115
    8.4.4 静态内部类 116
8.5 实战——Java 小程序 117

第 9 章 继 承

9.1 继承基础 119
    9.1.1 继承的概念 119
    9.1.2 继承的实现 121
9.2 继承的特性 122
    9.2.1 多重继承 122
    9.2.2 继承初始化顺序 122
    9.2.3 方法重写 123
    9.2.4 继承的权限 125
9.3 继承的注意事项 125
    9.3.1 Object 类 125
    9.3.2 final 关键字 127
    9.3.3 super 关键字 127
9.4 实战——Java 小程序 128

第 10 章 多 态

10.1 Java 中的多态 130
10.2 Java 中的抽象类 131

	10.2.1 抽象类基础	132
	10.2.2 抽象类的实现	132
10.3	Java 中的接口	133
	10.3.1 接口的基础	133
	10.3.2 接口的实现	134
10.4	实战——Java 小程序	135

第 11 章 异 常 ... 136

11.1	异常简介	136
	11.1.1 什么是异常	136
	11.1.2 异常的分类	137
	11.1.3 常见系统异常类介绍	138
11.2	异常处理机制	138
	11.2.1 异常处理机制简介	138
	11.2.2 使用 try-catch 语句捕获异常	139
	11.2.3 使用 try-catch-finally 捕获异常	140
11.3	自定义异常和异常链	142
	11.3.1 自定义异常	142
	11.3.2 异 常 链	143
11.4	实战——Java 小程序	144

第 12 章 字 符 串 ... 146

12.1	字 符	146
	12.1.1 字符简介	146
	12.1.2 Character 类	147
	12.1.3 转义序列	148
12.2	字符串类	149
	12.2.1 String 类	149
	12.2.2 StringBuffer 类和 StringBuilder 类	151
12.3	实战——Java 小程序	152

第 13 章 Java 常用类 ... 154

13.1	System 类	154
	13.1.1 标准的输入输出	154
	13.1.2 System 类的常用方法	155
13.2	时间和日期相关类	156
	13.2.1 Date 类	156
	13.2.2 使用 SimpleDateFormat 类格式化日期	158

13.2.3　Calendar 类 159
13.3　数学操作相关类 160
　　13.3.1　Number 类 160
　　13.3.2　Math 类 161
13.4　实战——Java 小程序 162

第 14 章　集　合 164

14.1　集合概述 164
14.2　Collection 接口 166
　　14.2.1　基本方法 166
　　14.2.2　向集合中添加元素 167
　　14.2.3　从集合中移除元素 169
　　14.2.4　使用迭代器遍历集合 171
　　14.2.5　Collection 中的其他方法 172
14.3　List 集合 172
　　14.3.1　ArrayList 176
　　14.3.2　LinkedList 177
　　14.3.3　Vector 177
14.4　Set 集合 178
　　14.4.1　HashSet 178
　　14.4.2　LinkedHashSet 184
　　14.4.3　TreeSet 185
14.5　Map 集合 187
　　14.5.1　HashMap 190
　　14.5.2　LinkedHashMap 193
　　14.5.3　TreeMap 194
　　14.5.4　Hashtable 195
　　14.5.5　Properties 196
14.6　集合排序 197
　　14.6.1　对基本数据类型和字符串类型进行排序 197
　　14.6.2　Comparator 接口 199
　　14.6.3　Comparable 接口 201
14.7　泛　型 203
　　14.7.1　泛型作为方法参数 203
　　14.7.2　泛型类 205
　　14.7.3　泛型方法 206
14.8　实战——Java 小程序 207

第 3 篇 Java 编程高级技术

第 15 章 多 线 程 212

- 15.1 线程概述 212
  - 15.1.1 什么是进程 212
  - 15.1.2 什么是线程 213
  - 15.1.3 线程状态 213
- 15.2 线程创建 214
  - 15.2.1 继承 Thread 类创建多线程 214
  - 15.2.2 实现 Runnable 接口创建多线程 216
  - 15.2.3 使用 Callable 和 Future 接口创建线程 217
- 15.3 线程控制 218
  - 15.3.1 线程调度 218
  - 15.3.2 线程优先级 220
- 15.4 线程同步 222
  - 15.4.1 锁 223
  - 15.4.2 使用 synchronized 关键字进行线程同步 223
  - 15.4.3 使用特殊域变量实现线程同步 224
  - 15.4.4 使用重入锁实现线程同步 226
- 15.5 实战——Java 小程序 227

第 16 章 Java 中的 I/O 229

- 16.1 I/O 概述 229
  - 16.1.1 什么是流 229
  - 16.1.2 I/O 类型 229
- 16.2 Java 中的流类库 230
  - 16.2.1 输入流类库 230
  - 16.2.2 输出流类库 231
- 16.3 字 节 流 232
  - 16.3.1 基 类 流 232
  - 16.3.2 字节数组流 233
  - 16.3.3 管 道 流 234
  - 16.3.4 文 本 流 236
  - 16.3.5 字节缓冲流 236
- 16.4 字 符 流 238
  - 16.4.1 字符编码简介 238
  - 16.4.2 字符数组流 239
  - 16.4.3 文 本 流 240

16.4.4 缓冲流 241
16.4.5 转换流 242
16.5 标准 I/O 244
16.5.1 标准输入流 244
16.5.2 标准输出流 246
16.5.3 标准错误流 247
16.6 实战——Java 小程序 247

第 17 章 文 件 248

17.1 文件基本操作 248
17.1.1 创建文件 248
17.1.2 操作文件 249
17.1.3 文件判断 251
17.1.4 获取文件属性 252
17.2 目录操作 253
17.2.1 创建目录 253
17.2.2 遍历目录 255
17.3 文件压缩输入输出流 256
17.3.1 压缩文件 256
17.3.2 解压缩文件 258
17.4 实战——Java 小程序 259

第 4 篇 项目实战

第 18 章 Java 数据库实战 262

18.1 数据库基础 262
18.1.1 数据库简介 262
18.1.2 常见的数据库 263
18.1.3 JDBC 概述 263
18.1.4 IDEA 导入 JDBC 驱动 264
18.2 常用类和接口 265
18.2.1 Driver 接口 265
18.2.2 Connection 接口 266
18.2.3 Statement 接口 266
18.2.4 ResultSet 接口 266
18.3 数据库操作 267
18.3.1 连接数据库 267
18.3.2 数据库基本操作 268
18.3.3 查询并处理返回结果 271

18.4　实战——Java 小程序 273

第 19 章　Swing 程序设计 276

19.1　Swing 简介 276

 19.1.1　Swing 概述 276

 19.1.2　Swing 常用组件 276

19.2　窗　　体 278

 19.2.1　JFrame 窗体 278

 19.2.2　JDialog 窗体 279

19.3　标　　签 280

19.4　图　　标 281

19.5　面　　板 284

 19.5.1　JPanel 面板 284

 19.5.2　JScrollPane 面板 285

19.6　布局管理 286

 19.6.1　绝对布局 286

 19.6.2　流 布 局 287

 19.6.3　边界布局 289

 19.6.4　网格布局 290

19.7　按　　钮 292

 19.7.1　普通按钮 292

 19.7.2　单选按钮 294

 19.7.3　复选按钮 295

19.8　列　　表 296

 19.8.1　下拉列表 297

 19.8.2　列 表 框 298

19.9　文　　本 299

 19.9.1　普通文本框 299

 19.9.2　密 码 框 300

 19.9.3　文 本 域 302

19.10　事件监听器 303

 19.10.1　监听事件概述 303

 19.10.2　动作监听 304

 19.10.3　焦点监听 305

19.11　实战——Java 小程序 308

第 20 章　Java 实战：计算器 309

20.1　系统设计 309

| 20.1.1　总体目标 309
| 20.1.2　主体功能介绍 309
| 20.2　项目详细设计 310
| 20.2.1　界面设计 310
| 20.2.2　主 体 类 310
| 20.2.3　数字按钮设计 311
| 20.2.4　功能按钮设计 311
| 20.3　整体代码 312
| 20.4　项目小结 318

第 1 篇

Java 基础知识

第1章 Java开发环境

Java 是一种面向对象的高级编程语言，并且是跨平台的语言，可以在任意平台运行。因此 Java 有着广泛的应用范围。本章重点介绍 Java 语言的基础，主要内容如下：

- Java 语言简介
- Java 语言的功能特点
- 如何安装 Java
- Java 开发环境的搭建

1.1 Java 简介

本节重点介绍 Java 语言的诞生、优缺点等基本信息，感兴趣的读者还可以参照官网的相关内容进行深入了解。

1.1.1 Java 的诞生

Java 是一门面向对象的程序设计语言，在 1995 年由 Sun 公司推出。起初，开发人员并不是想要创造一门全新的语言，而是想对 C++进行改造，去除 C++中复杂且不安全的指针、多继承等功能，增加垃圾回收、分布式程序设计等功能。于是 Oak（橡树）语言便诞生了，但在商标注册时却发现 Oak 这个商标已经被注册了，这时大家想到在开发过程中经常喝的一种叫作 Java（爪哇）的咖啡，于是 Java 就成为这门全新的程序设计语言的名字。

2009 年，Oracle（甲骨文）公司收购了 Sun 公司，所以现在 Java 是 Sun 公司旗下产品。Java 的 LOGO 如图 1.1 所示。

图 1.1 Java 的 LOGO

1.1.2 Java 语言的优点

Java 一直在语言排行榜中位于前三名，主要是其有如下优点：

- 简单易用：与同为面向对象的程序设计语言 C++相比，Java 的学习曲线更加平滑，易于初学者上手。
- 高可移植性：这也是 Java 语言的设计理念，即"一次编译，处处运行"。我们在本章稍后会介绍 Java 高可移植性的原因，这里暂且不做介绍。
- 面向对象：这一思想的出现对软件工程的影响是里程碑式的，也是 Java 语言最为重要的特点。本书将会对这一理念做重点讲解。相信通过本书的学习大家可以感受到 Java 语言在面向对象领域的"标志性"。
- 安全且健壮：Java 对语言自身做了很大程度的封装保护，所以开发者在使用过程中不会像使用 C 语言那样经常出现内存泄漏等问题，而且语言自身的维护也不需要耗费开发者太多的精力。

1.1.3 Java 语言的缺点

每门语言都有其软肋，Java 也是，其缺点如下：

- 性能问题：随着 Java 语言的发展，其支持的语言特性越来越多，执行的速度会有所下降。不过与更快的运算速度发展和跨平台性相比，目前这一影响在可接受的范围内。
- 语言问题：在开发过程中，尤其是接触过其他面向对象语言后，会发现 Java 虽然在"面向对象"这一特征上给人非常"标志"的感觉，但是实现同一功能 Java 语言的代码过于冗长，实在不能称之为轻便。

1.1.4 Java 语言的平台

在学习 Java 之前，我们肯定看到过 J2SE、J2EE 等关键词，这就是 Java 语言的平台，主要有 3 种：

- Java SE：Java 标准版，也是本书将要学习的主要内容。
- Java EE：Java 企业版，是一套规范，用于开发企业级 Java 程序。
- Java ME：Java 微型版。在 Android 和 IOS 等移动端操作系统流行前，Java ME 是当时移动端的主力部队。

1.2 Java 语言的功能

根据 2018 年 4 月 TIOBE 排行榜的数据，Java 凭借 15.777%的比例占据首位，也就是说 Java 是当时最为流行的程序设计语言。那么在现实生活中 Java 究竟有哪些实际应用呢？下面将介绍几个常见的 Java 语言应用领域，以供读者了解。

1. Android App

作为市场占有率最高的智能手机操作系统，几乎所有的 Android 应用都是基于 Java 开发的。虽然近几年谷歌在 Android 上大力推行 Kotlin 语言，但是 Kotlin 同样可以和 Java 代码相互运作，所以在 Android 领域 Java 并不过时。

2. Java Web

Java Web 即通过 Java 来完成 Web 领域的相关开发，在服务器端更是如此，甚至可以用"垄断"来形容。Java 拥有 Servlet、JSP 和最近比较流行的 Spring、Struts 等框架，为 Web 开发者节省了大量的时间和精力，可以说 Java 的出现为 Web 领域的发展带来了极大的影响。

3. 金融交易业

基于 Java 语言的安全性，其在金融服务业、交易应用等领域同样占用大量的市场。世界上很多投行的结算系统、银行间建立数据统一的相关应用都是由 Java 开发的。

1.3 Java 开发环境搭建

程序开发属于工程领域，作为"工程师"，读者在学习的过程中一定要养成动手的习惯，不能只靠想象，要多敲多思考才能进步。

开始之前先向读者介绍几个概念：JVM、JRE 和 JDK。同时，解决上面提到的"Java 是如何实现高可移植性的"这一问题。

- JVM（Java Virtual Machine）：Java 虚拟机，是实现 Java 平台无关性（高可移植性）的关键。
- JRE（Java Runtime Environment）：Java 运行时环境。JRE 包括 JVM、Java 核心类库和相关的支持文件。
- JDK（Java Development Kit）：Java 语言的软件开发工具包。JDK 有两个重要组件：javac（编译器，源程序转成字节码）和 java（运行编译后的.class 后缀的字节码文件,）。
- Java 程序的执行流程：解释执行的过程由 JVM 来完成，即 JVM 把字节码文件解释成具体平台上的机器指令执行（平台无关性的实现）。Java 源代码只需要编译一次，但每次运行都需要进行解释，如图 1.2 所示。

图 1.2 Java 程序执行流程

JDK、JRE 与 JVM 的关系如图 1.3 所示。

图 1.3 JDK、JRE 与 JVM 的关系

1.3.1 安装 Java

下面开始搭建 Java 开发环境。

（1）本书的学习基于 JDK 10，首先我们前往官网（http://www.oracle.com/technetwork/java/javase/downloads/jdk10-downloads-4416644.html）下载 JDK10。

（2）打开官网，勾选"Accept License Agreement"复选框。注意，JDK 10 只支持 64 位系统，如果系统不是 64 位的，可以采用较低的 JDK 版本。接下来我们将根据不同的系统选择不同的 JDK 版本（见图 1.4），读者可以根据自己的系统查看对应的操作流程。

注　意

本次安装基于 Windows 7 系统，其他版本的 Windows 系统安装过程大同小异。

图 1.4　选择版本

（3）完成下载后，双击 .exe 文件后会看到如图 1.5 所示的页面。

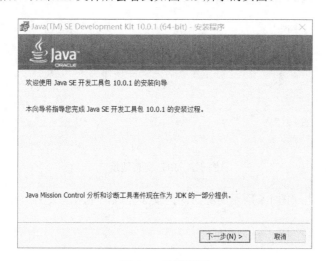

图 1.5　欢迎界面

（4）单击"下一步"按钮继续安装，出现功能列表和安装地址，如图1.6所示。

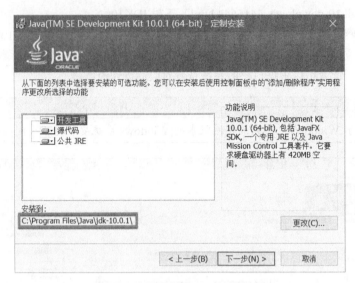

图1.6　功能列表和JDK安装地址

（5）注意框选的JDK安装目录，我们之后会使用，这里可以自定义安装位置，然后单击"下一步"按钮，出现如图1.7所示的界面。注意框选的JRE安装目录，最好和JDK在同一父目录下（这里为Java目录下），方便我们后面的配置过程，然后单击"下一步"按钮。

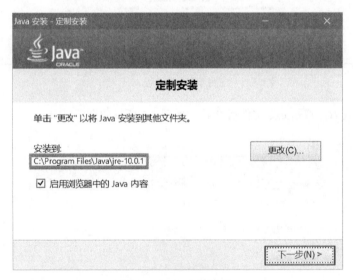

图1.7　JRE安装地址

（6）等待安装，出现图1.8所示的界面即为安装完成，单击"关闭"按钮即可。

Java 开发环境 第 1 章

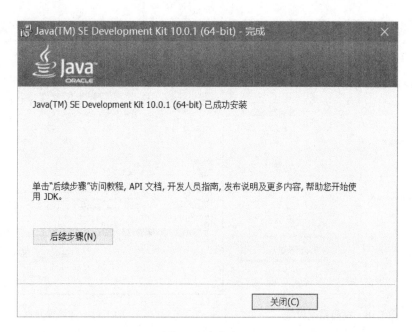

图 1.8 安装完成

1.3.2 配置 Java

上面完成了 Windows 系统下 JDK 的安装过程，接下来进行 Java 的相关配置。

（1）打开"控制面板→系统和安全→系统"界面，会看到左侧列表中的"高级系统设置"选项，如图 1.9 所示。

图 1.9 系统界面

（2）单击"高级系统设置"选项，进入图 1.10 所示的界面。单击"环境变量"按钮，进入变量设置界面，如图 1.11 所示。

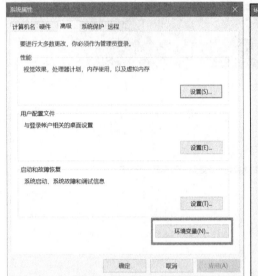
图 1.10　高级系统设置

图 1.11　环境变量

（3）在环境变量中找到 Path 变量，双击打开，如图 1.12 所示。

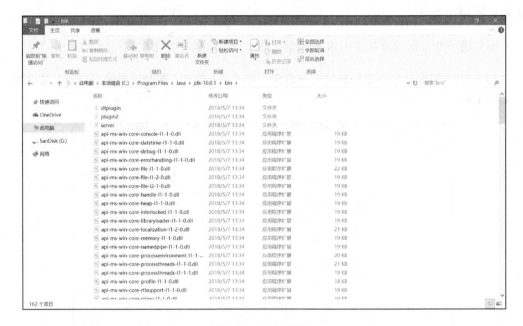
图 1.12　打开路径

（4）打开刚才 JDK 的安装位置，找到 bin 目录并打开，如图 1.13 所示。

图 1.13 找到 bin

（5）复制 bin 目录的路径，按照图 1.14 中的步骤执行"新建"→"粘贴"→"确定"操作，完成 Path 的相关配置。

图 1.14 将 bin 目录的路径复制

单击"确定"按钮后，完成整个 Java 开发环境的搭建。

1.3.3 通过 IDEA 开发与运行 Java 程序

Java 编程常用的集成化环境很多。在本小节我们将介绍如何在 IDEA 环境中开发 Java 程序。

（1）首先打开 IDEA 环境，在加载完需要的插件后会打开上次打开的工程。如果是第一次打开，就会展示空白界面。Java 程序一般都是运行在一个工程里面，因此需要创建新的 Project。依次单击"File→New→Project"选项来打开创建新工程的向导，如图 1.15 所示。

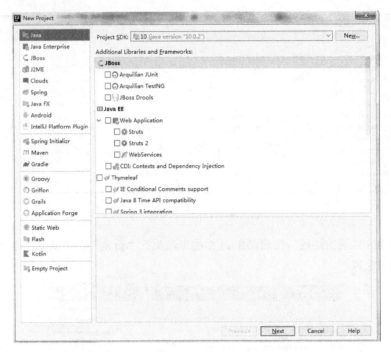

图 1.15　创建工程

（2）图 1.15 展示了 IDEA 能够支持的项目类型。对于学习 Java 基础编程来说，在左侧选择 Java，在右侧选择 SDK 版本。单击"Next"按钮，进入下一步操作，如图 1.16 所示。

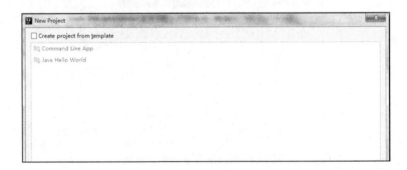

图 1.16　选择模板

（3）在 IDEA 中可以通过模板来创建 Project。如果需要使用，可以勾选"Create project from template"复选框，然后选择相应的模板即可。一般不使用模板。因此我们不做任何的操作，所以直接单击"Next"按钮，进入工程配置对话框，如图 1.17 所示。

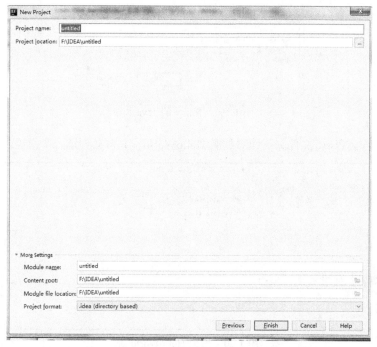

图 1.17 工程配置对话框

在图 1.17 中可以对工程的基本信息进行配置，如修改工程名、修改工程在本地的路径等。这部分按照需要来进行修改即可。在本小节中选择默认配置，不做任何修改。

（4）配置完成后，单击"Finish"按钮，完成 Project 的创建，如图 1.18 所示。

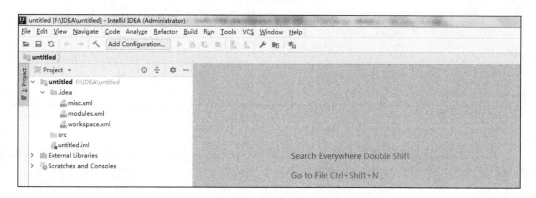

图 1.18 Project 完成配置

（5）在完成了 Project 配置后，系统自动将需要的资源包和外部依赖添加进来（见图 1.18 中左侧的 External Libraries）。完成了配置后，需要添加 Java 代码。首先右击 src，依次选择"New→Java Class"选项，在弹出的对话框中添加 Java 源文件，如图 1.19 所示。

图 1.19 添加新的 Java 类

添加类之后，会在 src 文件夹下面添加类 HelloWorld，并自动创造一个空类，如图 1.20 所示。

图 1.20 添加 HelloWorld 类

（6）添加源代码时，需要在空类中进行，如图 1.21 所示。

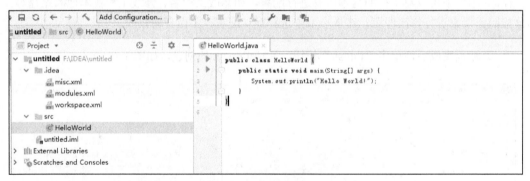

图 1.21 添加源代码

（7）在代码文件编写完成后，就可以进行编译和运行了。在 IDEA 环境中，只需要单击 main 方法中左侧绿色三角符号，即可实现在编译操作完成后程序自动运行的操作，如图 1.22 所示。

Java 开发环境 第 1 章

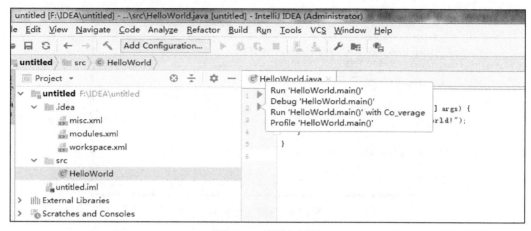

图 1.22　编译与运行

（8）程序编译成功后，运行结果如图 1.23 所示。

图 1.23　程序运行结果展示

1.3.4　通过 Eclipse 开发与运行 Java 程序

Java 编程常用的集成化环境还有 Eclipse。下面介绍如何使用 Eclipse 进行 Java 程序的编写。

（1）打开 Eclipse 程序，当加载完必要的插件后选择工作空间，即确定以后编写的代码文件在哪个目录中存放，如图 1.24 所示。

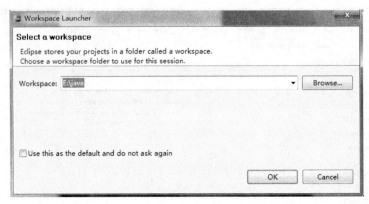

图 1.24　选择工作空间

（2）选择好工作空间后，进入 Eclipse 的工作界面，如图 1.25 所示。

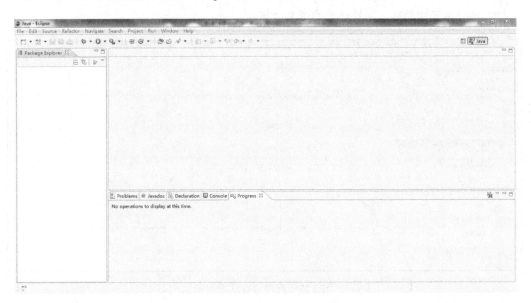

图 1.25　Eclipse 工作界面

（3）Java 编程一般是在工程中进行操作的，因此需要先创建工程。依次选择"File→New→Java Project"选项，在弹出的窗口中添加 Project Name。如图 1.26 所示，如果 JDK 版本不合适，还可以重新选择。

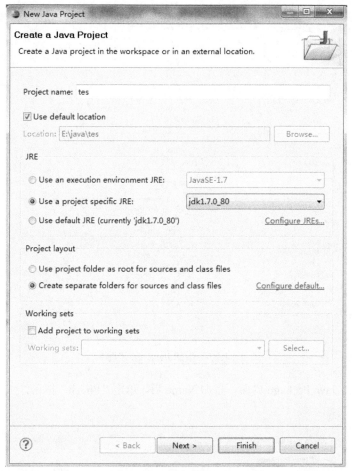

图 1.26　添加 Project

> **注　意**
>
> 本书中使用的 JDK 版本为 JDK10,并且使用 IDEA 2019 为主要的开发工具。使用 Eclipse 仅为示范作用,因此图 1.26 的 JDK 版本不做修改。

（4）添加完工程后,为了方便以后的管理、提高代码的可读性,一般需要创建 package。package 在 Java 编程中称为包,可以简单地理解为文件夹。后面的 Java 文件都在这个包中,便于引用等其他操作。用鼠标右键单击"File",依次选择"New"→"Package"选项,如图 1.27 所示。

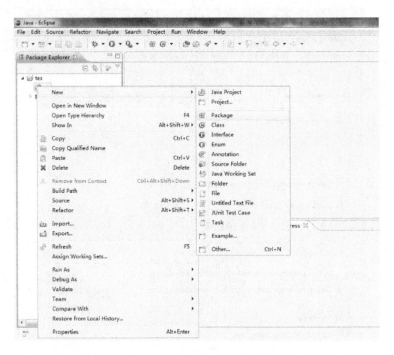

图 1.27　添加 Package 步骤

（5）打开 New Java Package 界面，添加 Name 后，单击"Finish"按钮，完成 package 的创建，如图 1.28 所示。

图 1.28　添加 package

（6）添加完 package 之后，创建 Class（类）。右击新创建的 package，然后依次选择"New →Class"选项，如图 1.29 所示。

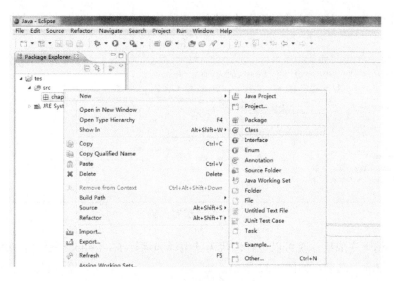

图 1.29　选择新建类命令

（7）在 New Java Class 界面中，输入类名后选择修饰符，然后单击"Finish"按钮，完成类的创建，如图 1.30 所示。

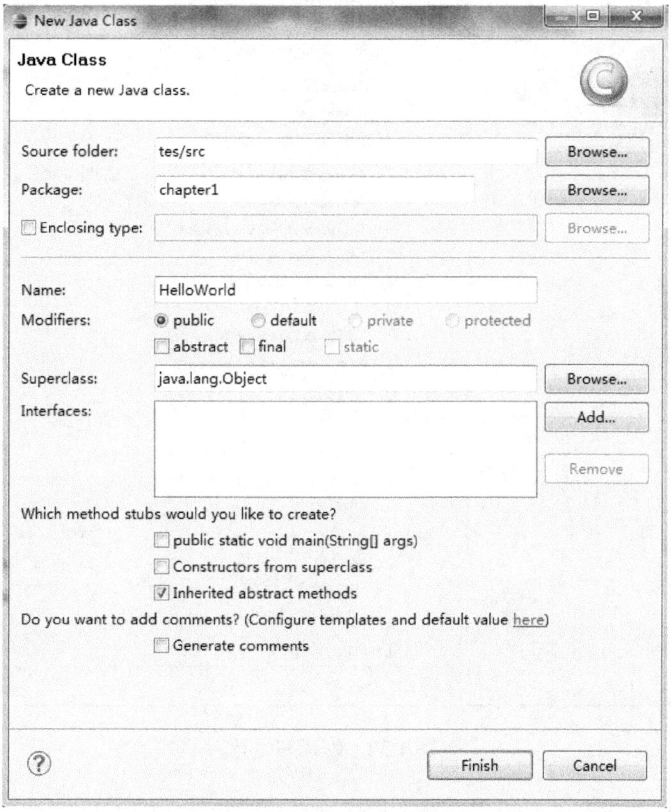

图 1.30　创建类

（8）操作完成后，就可以进行代码的编写了。在工作区输入如图1.31所示的内容，完成代码的编写。

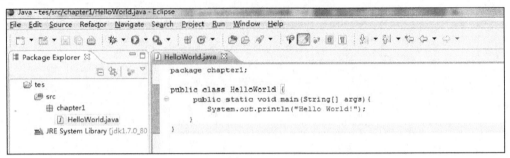

图1.31 编写代码

（9）代码编写完成后，就可以进行源代码的编译和运行了。Eclipse集编译和运行于一体，依次选择"Run→Run"选项，如图1.32所示。

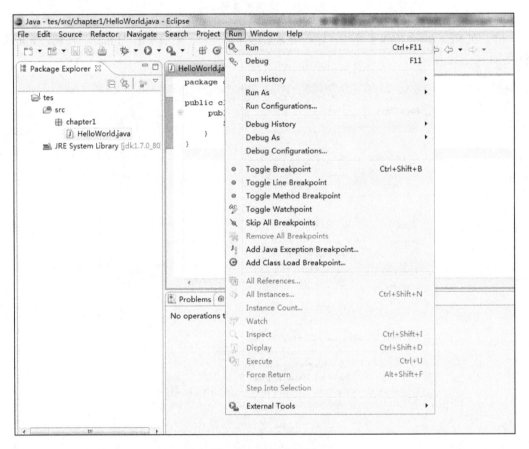

图1.32 编译和运行

如果在编译过程中没有任何错误，那么程序会自动运行，如图1.33所示。

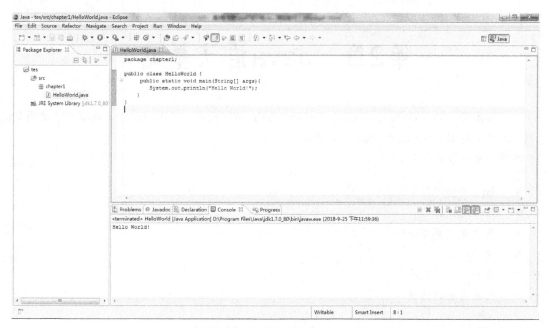

图 1.33　运行结果展示

如果在编译过程中发生错误，Eclipse 就会停止运行并展示错误信息。需要将所有的错误信息都排除后才能正常运行。

1.4　实战——Java 小程序

（1）根据个人喜好，参考 1.3 节中的相关内容，选择安装 IDEA 或 Eclipse 开发环境。

（2）参考 1.3 节，编写 HelloWorld 程序。

第2章 Java 语法基础

学习编程语言都需要学习一定的语法基础，Java 编程也需要一定的语法。基础语法是后期进行编程的重要基础。本章重点介绍 Java 语言的语法。

本章主要内容如下所示：

- Java 关键字
- Java 标识符
- 基本数据类型介绍
- 变量
- 常量
- 数据类型的转换

2.1 Java 中的关键字

在第 1 章中出现的 HelloWorld 小程序，其内容如下所示。

```
package chapter1;

public class HelloWorld {
    public static void main(String[] args){
        System.out.println("Hello World!");
    }
}
```

在开发工具（如 IDEA）中输入代码时，很容易注意到代码中有很多不同颜色的部分，其中蓝色的部分就是关键字。

> **注　意**
>
> 关于关键字的展示颜色，不同的开发工具可能会有所不同，具体的颜色可照自己使用的开发工具的配置。

Java 中的主要关键字如表 2-1 所示，它们代表一些预先定义好功能的符号。

表 2-1 Java 中主要关键字

关键字	关键字	关键字	关键字	关键字	关键字
abstract	boolean	break	byte	case	catch
char	class	continue	default	do	double

(续表)

关键字	关键字	关键字	关键字	关键字	关键字
else	extends	false	final	finally	float
for	if	implements	import	native	int
interface	long	instanceof	new	null	package
private	protected	public	return	short	static
super	switch	synsynchronized	this	throw	throws
trantransient	true	try	void	volvolatile	while

大家可能会觉得数量太多难以记忆,没有关系,这些关键字在以后的学习中会慢慢接触,并不需要在这里就全部记住。

我们首先记住第一个关键字——表示类的关键字 class,代表定义一个类(Java 程序的组成单位)。

Java 中不但有关键字还有保留字,例如 goto、const。这些符号暂没有被定义功能,以后可能会被定义功能并作为关键字使用,所以暂时保留下来。

2.2 认识 Java 中的标识符

对于在第 1 章中出现的 HelloWorld 程序来说,类的名字为 HelloWorld,即关键字 class 后面,一直到第一个大括号中间的部分,就是一个标识符。标识符是程序中用来标识类、变量、常量、方法等的方式,也可以称为类、变量、常量、方法等的名字。它的基本命名规则如下:

- 由字母、数字、下画线(_)和美元符($)组成。
- 开头字符不能为数字。

只要是符合上面规则的标识符都属于合法的 Java 标识符,例如:

- a
- 1value
- code learning
- java+
- application_programming$java1learning

对于上面的 5 个标识符来说,标识符 a 仅包含字母 a,因此是一个合法标识符;1value 的开头字符为数字 1,因此不能作为合法的标识符;code learning 中间有空格,Java 编译器一般会将其视为两个标识符 code 和 learning,因此不是合法的标识符;java+也不是合法标识符,因为在末尾有非法字符+;application_programming$java1learning 虽然很长,但是完全符合标识符的命名规则,所以是合法标识符。

除了上面的基本规则之外,在定义 Java 标识符的时候还需要注意以下 3 点:

- 严格区分标识符的大小写。
- 不能使用 Java 的关键字和保留字,防止出现混乱。
- 标识符的命名最好能反映其作用。

Java 语言对大小写是非常敏感的。例如,java、Java、JaVa、JAVA 这 4 个标识符都是不同的,因为它们的大小写均不同。因此,在编写程序时,要严格控制字符大小写。某些大小写区分不是很明显的字符,如 o 和 O,尽量不要出现在 Java 标识符中,否则在后期的系统维护中会引起很多不必要的麻烦。

关键字和保留字是 Java 语言中已经预占的标识符,其作用已经进行了明确的设定。如果再次使用关键字和保留字进行变量或者方法的定义,那么编译器会直接将其视为非法操作和定义,从而导致程序无法正常运行。

命名标识符的一般方式是见名知义,并且最好能反映其作用。因为在项目开发过程中往往会有成百上千个标识符,如果通篇都是像 a、b、c 这样无法反映作用的标识符,会给开发和维护带来极大的困难。

Java 编码时,一般使用小驼峰方式进行标识符的命名,即组成变量名的第一个单词全部小写,之后的单词首字母大写,例如 studentAge、studentName、studentGrade、studentScore 等。在定义类名时,可以将所有组成单词的首字母都大写,以便与其他标识符进行区分。

2.3 数据类型

大自然的事物千奇百怪。在 Java 编程中,也存在很多种不同的数据类型,如整数、小数、字符等。这些不同的类型都需要用不同的数据类型来进行定义,从而能使得所有的数据进行有效的区分。下面简单介绍一下 Java 中的数据类型。

Java 的数据类型一般分为两大类:基本数据类型和引用数据类型,如图 2.1 所示。

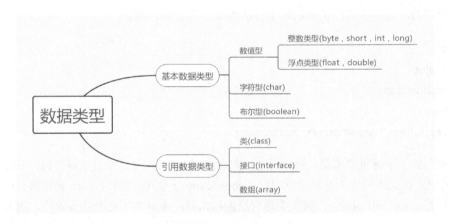

图 2.1 Java 数据类型

基本数据类型包含 3 个大类,分别是数值型、字符型(char)和布尔型(boolean)。数值型又可分为整数类型和浮点类型。其中,整数类型包括字节型(byte)、短整型(short)、整型(int)

和长整型(long),浮点类型包含浮点型(float)和双精度型(double)。这些基本数据类型是由程序设计语言提供的,无法再进行划分,并且在内存中占用的字节数是固定的,不会随着软件和硬件环境的改变而发生变化。引用数据类型一般是由多个基本数据类型组成的,用来作为特殊的数据类型使用。

在系统运行时,每一种数据类型都是存储在内存中的。对于基本数据类型来说,每一类都有唯一的对应类型关键字,如表 2-2 所示。

表 2-2 基本数据类型的内存存储

数据类型	关键字	内存中的字节数
字节型	byte	1
短整型	short	2
整型	int	4
长整型	long	8
浮点型	float	4
双精度型	double	8
字符型	char	2
布尔型	boolean	1

接下来对表格进行分解,按照整型、浮点型、字符型和布尔型来讲解。

> 注 意
> 表 2-2 中数据类型占用的字节数是在 32 位 JVM 中获取的数值。

2.3.1 整 型

整型变量一般用来表示整数。整型类型不同,整型变量能够表示的数据大小也不同,默认的为 int。整型的使用如示例 2-1 所示。

【示例 2-1】整型变量的使用

```
package chapter2;
public class IntVar2_1 {
    public static void main(String []args){
        int a = 2;                    //定义整型变量
        short b = 3;

        System.out.println("2+3 = " + (2+3));
    }
}
```

程序编译后,运行结果如下:

```
2 + 3 = 5
```

示例 2-1 中简单定义了一个 int 型变量、一个 short 变量，然后对其进行了加法操作。在实际使用中，可以根据目标数据的最大值来决定使用哪种类型。

> **注　意**
>
> long 类型的数据，结尾要有 "l" 或 "L" 来表明长整型身份。

2.3.2　浮 点 型

浮点型一般用来表示小数。数据类型的不同，浮点型变量能够表示的精度也不同，Java 中浮点数的默认类型为 double。浮点数可以使用科学计数法来表示，一般使用指数 e 或 E 尾数，如示例 2-2 所示。

【示例 2-2】浮点型变量的使用

```java
package chapter2;
public class DoubleVar2_2 {
    public static void main(String []args){
        double PI = 3.14;                           //定义浮点型变量
        double round = 3.5;
        double lround = PI * round * 2;

        System.out.println("半径为 3.5 的圆的周长为： " + lround);
    }
}
```

程序编译后，运行结果如下：

半径为 3.5 的圆的周长为： 21.98

示例 2-2 中定义了两个 double 类型变量，用来表示两个小数，并且使用新的变量来表示周长。

> **注　意**
>
> float 类型的数据，结尾要有 "f" 或 "F" 来表明浮点型的身份；double 类型的数据，结尾可加 "d" 或 "D"，也可以不加，因为浮点数默认是 double。

2.3.3　字 符 型

字符型主要用来表示单个字符。字符需要使用单引号引起来，例如：

```java
char a = 'a';
char asciiChar = 65;
```

对于第一个示例来说，定义了一个字符型变量 a，其数值为'a'。而对于第二个示例来说，定义一个字符型变量 asciiChar，并赋值为 65。二者都是对的，因为所有的字符都是按照 ASCII 码的数值存储在系统中的，所以使用字符'a'和 65 都可以表示字符型变量，其中 65 对应的字符为'A'。字符型变量的使用如示例 2-3 所示。

【示例 2-3】字符型变量的使用

```java
package chapter2;
public class CharVar2_3 {
    public static void main(String []args){
        int num = 65;                    //定义整型变量
        char assicChar = 65;             //定义字符型变量
        char ch = 'a';

        System.out.println("输出整型变量 num： " + num);
        System.out.println("输出 ASSIC 码变量 assicChar： " + assicChar);
        System.out.println("输出字符变量 ch： " + ch);
    }
}
```

程序编译后，运行结果如下：

```
输出整型变量 num： 65
输出 ASSIC 码变量 assicChar： A
输出字符变量 ch： a
```

通过示例 2-3 的运行结果可以看出，虽然数值都是 65，但是变量 num 属于整型变量，因此其值就是 65，不会发生任何变化；对于变量 assicChar 来说，因为是字符类型，所以在输出时会转换为 ASSIC 字符'A'。

2.3.4 布 尔 型

布尔型一般用来标识逻辑判断的结果，使用 true 标识逻辑真，使用 false 标识逻辑假。布尔型变量的使用如示例 2-4 所示。

【示例 2-4】布尔型变量的使用

```java
package chapter2;
public class BooleanVar2_4 {
    public static void main(String []args){
        int a = 2;
        int b = 3;
        boolean isMax = (a > b);         //定义布尔型变量
        boolean isMin = (a < b);

        System.out.println("2 < 3 = " + isMin);
        System.out.println("2 > 3 = " + isMax);
    }
}
```

程序编译后，运行结果如下：

```
2 < 3 = true
2 > 3 = false
```

对于整数 2 和 3 来说，2 小于 3 是成立的，因此其逻辑判断的结果为 ture，反之亦然。

2.4 变 量

要计算一个复杂的数学问题往往会产生许多中间量，在现实生活中我们可以把它记录在纸上供以后使用，而在程序开发中可以使用变量来进行存储，换句话说变量就是程序中数据的临时存放场所。

2.4.1 变量的定义

变量由 3 个部分组成：变量类型、变量名和变量值。我们将变量的这 3 个部分与酒店的客房进行类比，变量类型可以类比为客房的类型，如标准间、商务间或是总统套房等；变量名可以类比为房间号，如 101、201、307 等；变量值可以类比为入住的客人，同样一间客房可以入住不同的客人。

变量名的命名规则如下：

- 满足标识符的命名规则。
- 遵照驼峰式（Camel-Case）命名法进行命名。
- 尽量简单且能够反映其作用。
- Java 变量名的长度没有限制。

Java 规则规定，在使用变量前首先需要声明变量。使用未声明的变量属于违法操作，在编译时会提示变量不存在的错误。变量的定义语法格式如下所示：

数据类型 变量名；

变量的定义示例如下：

```
int number;
double price;
```

第一个示例定义一个整型的变量，变量名为 number。第二个示例定义一个双精度浮点型的变量，变量名为 price。在定义之后，就可以在后续的编码过程中使用前面定义的变量了。

2.4.2 变量的赋值

定义变量对于计算机操作系统来说，就是给变量开辟一块符合条件的内存来存储对应的数据。如果不给变量赋值而直接使用，那么在进行编译时会直接提示错误。错误内容一般如下所示：

可能尚未初始化变量***

在 Java 编程中，一般使用赋值运算符 "=" 来进行变量的赋值，其作用是将运算符右边的值赋给左边的变量。例如：

```
int n;
n = 3;
```

在上面的示例中，第一个语句是定义一个整型的变量，变量名为 n；第二个语句的作用是将数值 3 赋给变量 n。

运算符的右边是要赋给的值，左边是要接受的变量，例如以下的语句都是错误的赋值表达方式：

```
3 = n;
1 + 2 = n;
```

因为赋值运算符的使用方式是将运算符右边的数值给左边的变量，所以变量的位置只能在等号运算符的左边。关于变量赋值的使用如示例 2-5 所示。

【示例 2-5】变量赋值

```java
package chapter2;
public class Assignment_2_5{
    public static void main(String[] args) {
        int tempVar;                    //定义变量
        
        tempVar = 100;                  //变量赋值
        System.out.println("变量赋值后，变量的数值为： " + tempVar);
    }
}
```

程序编译后，运行结果如下：

```
变量赋值后，变量的数值为： 100
```

2.4.3　变量的初始化

在 Java 编程中，可以在需要的时候给出变量的值，也可以在定义之后立即给变量赋值。这种在变量声明的同时给变量赋值的方式，一般称之为变量的初始化，例如：

```java
char a = 'a';                   //定义一个字符型变量a，并赋值为'a'
boolean isRain = false;         //定义一个布尔型变量isRain，并赋值为false
```

上面的示例分别定义了一个字符型变量和一个布尔型变量，并在定义之后分别将其初始化为'a'和 false。

2.4.4　变量的分类

在 Java 编程中，根据变量的作用范围一般可以分为以下 3 类：

- 局部变量。

- 实例变量。
- 静态变量。

局部变量一般在方法、函数块中定义。当进入方法或者函数被调用时，变量被定义；而退出方法或函数时，变量被系统自动销毁。其作用域仅在方法中有效。

实例变量又可称为成员变量。该类型的变量定义在类的内部，在整个类中都能使用。当调用类定义一个对象时，变量被定义。当对象被释放后，变量随之消失。关于局部变量和实例变量的简单使用如示例2-6所示。

【示例2-6】变量类型

```java
package chapter2;
public class VarType2_6 {
    int temp;                                           // 定义变量
    public  void fun1(int temperatuer) {
        double Tp = -273.15;                            // 定义局部变量
        double t = Tp + temperatuer;
        System.out.println("摄氏度" + temperatuer + "对应的热力学温度为" + t);
    }

    public static void main(String[] args) {
        VarType2_6 vartype = new VarType2_6();
        vartype.temp = 20;
        vartype.fun1(vartype.temp);
    }
}
```

程序编译后，运行结果如下：

摄氏度 20 对应的热力学温度为-253.14999999999998

这里只是简单介绍变量的类型以及使用方式。在实际操作过程中，根据使用的数据范围来确定需要定义什么类型的变量。

注 意
关于3种变量，将在第7章中详细介绍。

2.5 常　量

在日常过程中，除了变量之外，还有一种不会发生变化的量，如常用的圆周率3.14、重力加速度9.8等。这类数据在计算过程中不会发生变化，为了和其他的变量进行区分，在Java编程中一般使用常量来表示，即不会发生变化的数据。

常量通常用于一个不可改变且会多次使用的值，一般使用final关键字进行修饰。常量定义后，其值不可改变。在进行常量的命名时，为了和普通变量区分，一般使用大写字母表示，例如 PI、

GRAVITY。常量的使用如示例 2-7 所示。

【示例 2-7】 利用常量计算圆的面积

```
package chapter2;

public class Constant2_7 {
    public static void main(String[] args) {
        double PI = 3.14;               //定义一个常量 PI
        double radius = 2.5;            //定义半径 radius

        System.out.println("圆的面积为" + radius * radius * PI);
    }
}
```

程序编译后，运行结果如下：

圆的面积为 19.625

从上面的运行结果可以看出，常量在使用时与变量类似。

2.6 数据类型转换

数据类型转换可分为自动（隐式）类型转换和强制（显式）类型转换两种。我们可以将两种类型的数值类比为两个大小不同的盒子：自动类型转换就是将小盒子装在大盒子里，无疑是可以的，所以可以自动完成；强制类型转换则是将大盒子装在小盒子里，会导致大盒子损坏，所以需要手动完成且会导致信息丢失，如图 2.2 所示。

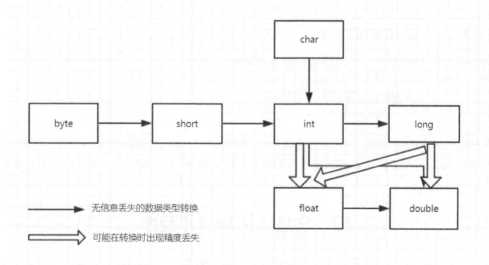

图 2.2 数据类型转换

数据类型强制转换的使用方式非常简单，其语法形式如下：

目标变量 = （目标类型的数据类型） 数值

在需要进行强制转换时，将需要进行转换的数值前面加上需要转换成的类型修饰符即可。强制数据类型转换如示例 2-8 所示。

【示例 2-8】数据类型转换

```
package chapter2;
public class TypeExchange2_8 {
    public static void main(String[] args) {
        //定义变量
        int intNumber = 65;
        char character;
        double doubleNumber = 65.435;

        character = (char) 65;                    //强制类型转换
        System.out.println("强制类型转换整型变量65为字符。其对应关系为： "+ intNumber + "－" + character );
        intNumber = character;                    //自动类型转换
        System.out.println("自动类型转换整型变量65为字符。其对应关系为： " + intNumber + "－" + character );
        int intTmp = (int)doubleNumber;           //整型和双精度型的类型转换
        System.out.println("双精度型数值 " + doubleNumber + "强制转换为整型,结果为 " + intTmp);
        doubleNumber = intNumber;                 //自动类型转换
        System.out.println("整型数值 " + intNumber + "转换为双精度型,结果为 " + doubleNumber);

    }
}
```

程序编译后，运行结果如下所示：

强制类型转换整型变量 65 为字符。其对应关系为： 65：A
自动类型转换整型变量 65 为字符。其对应关系为： 65：A
双精度型数值 65.435 强制转换为整型，结果为 65
整型数值 65 转换为双精度型，结果为 65.0

通过运行结果可以看出，当双精度型数值转为整型时，会把小数部分全部舍弃。因为 char 类型在存储时是按照 ASCII 码的形式进行存储的，因此二者可以自由转换，而不会发生数据精度的丢失。

2.7 实战——Java 小程序

本章重点介绍了 Java 的数据类型、数据类型之间的转换，以及如何定义变量和常量。下面通过一个小程序来对前面的知识进行巩固。

题目要求：尝试定义一些基础变量，并进行变量的初始化操作。参考程序如实战 2-1 所示。

【实战 2-1】实战操作

```java
package chapter2;
public class VariableWork2_9 {
    public static void main(String[] args) {
        int intOne, intTwo;                             //同时声明两个整型变量
        intOne = 1;                                     //给第一个变量赋值
        System.out.println("numberOne = " + intOne);

        intTwo = intOne;                                //通过变量向另一个变量赋值
        System.out.println("numberTwo = " + intTwo);
        int numberThree = 2;                            //定义变量时直接初始化
        System.out.println("numberThree = " + numberThree);
        System.out.println("===============================");

        float floatOne = 1.23f;                         //初始化一个单精度浮点型变量
        System.out.println("floatOne = " + floatOne);
        double doubleOne = 54321.987;                   //初始化一个双精度浮点型变量
        System.out.println("doubleOne = " + doubleOne);
        double doubleTwo = 567;                         //将整型值赋给浮点型变量
        System.out.println("doubleTwo = " + doubleTwo);
    }
}
```

程序编译后，运行结果如下：

```
numberOne = 1
numberTwo = 1
numberThree = 2
===============================
floatOne = 1.23
doubleOne = 54321.987
doubleTwo = 567.0
```

第3章 运算符

运算符是一种特殊的符号,用以表示数据的运算、赋值和比较等。根据运算符的作用可以分成以下几组:

- 算术运算符
- 关系运算符
- 位运算符
- 逻辑运算符
- 赋值运算符
- 条件运算符(三元或三目运算符)
- 其他运算符

本章的主要内容就是介绍如何使用这些运算符来进行各种操作。

3.1 算术运算符

算术运算符用来进行一些常规的算术运算操作,比如两个数相加、相减、相乘等。Java 中所有的算术运算符如表 3-1 所示。

表 3-1 算术运算符

运算符	描述
+	正号
-	负号
+	加
-	减
*	乘
/	除
%	取余
++	自增(前置):先运算,后返回值
++	自增(后置):先返回值,后运算
--	自减(前置):先运算,后返回值
--	自减(后置):先返回值,后运算
+	字符串连接

在表 3-1 中的算术运算符中，除了基本的加减乘除运算之外，还有自增、自减、取余运算等。这些运算符的特点如下所示：

- +：一个单目运算符，就是正号的意思。
- -：一个单目运算符，就是负号的意思。
- +：一个双目运算符，表示加。
- -：一个双目运算符，表示减。
- *：一个双目运算符，表示乘。
- /：一个双目运算符，表示除。
- %：一个双目运算符，表示取余，如 5%3 的结果是 2。
- ++（前置）：一个单目运算符，表示自增 1，如 1 自增之后变成 2。前置时先自增，将自增后的值返回。
- ++（后置）：一个单目运算符，表示自增 1，如 1 自增之后变成 2。后置时先自增，将自增前的值返回。
- --（前置）：一个单目运算符，表示自减 1，如 1 自减之后变成 0。前置时先自减，将自减后的值返回。
- --（后置）：一个单目运算符，表示自减 1，如 1 自减之后变成 0。后置时先自减，将自减前的值返回。
- +：一个双目运算符，表示连接字符串，必须有一侧为字符串，其他类型都会自动转换成字符串。

算术运算符的使用如示例 3-1 所示。

【示例 3-1】算术运算符

```
package chapter3;
public class ArithmeticOperator {
    public static void main(String[] args) {
        int a = 3;                      //定义整型变量
        int b = 5;
        int c = 10;

        System.out.println("正号运算符");
        System.out.println(+10);

        System.out.println("负号运算符");
        System.out.println(-a);

        System.out.println("加号运算符");
        System.out.println(a + b);

        System.out.println("减号运算符");
        System.out.println(a - b);
```

```java
        System.out.println("乘号运算符");
        System.out.println(a * b);

        System.out.println("除号运算符");
        System.out.println(a / b);

        System.out.println("取余运算符");
        System.out.println(a % b);

        System.out.println("前置自增运算符");
        c = ++a;
        System.out.println("c = " + c + ", a = " + a);

        c = 10;
        System.out.println("后置自增运算符");
        c = a++;
        System.out.println("c = " + c + ", a = " + a);

        c = 10;
        System.out.println("前置自减运算符");
        c = --a;
        System.out.println("c = " + c + ", a = " + a);

        c = 10;
        System.out.println("后置自减运算符");
        c = a--;
        System.out.println("c = " + c + ", a = " + a);

        System.out.println("字符串连接运算符");
        System.out.println("Hello" + " " + "World" + "!");
    }
}
```

程序编译后，运行结果如下所示：

```
正号运算符
10
负号运算符
-3
加号运算符
8
减号运算符
-2
乘号运算符
15
除号运算符
0
取余运算符
3
```

```
前置自增运算符
c = 4, a = 4
后置自增运算符
c = 4, a = 5
前置自减运算符
c = 4, a = 4
后置自减运算符
c = 4, a = 3
字符串连接运算符
Hello World!
```

在示例 3-1 中，简单地使用了常用的算术运算符。在进行自增或自减运算时，首先将变量 c 置为 10，其作用是防止前面的数值的变化对后面的操作造成影响，从而将影响降到最低。

关于算术运算符，下面有一些细节部分需要注意：

- 如果对负数取模，可以把模数负号忽略不计，如 5%-2=1，若被模数是负数，则不可忽略。此外，取模运算的结果不一定总是整数，取模的符号取决于被模数。
- 对于除号"/"，它的整数除和小数除是有区别的：整数之间做除法时，只保留整数部分而舍弃小数部分。
- "+"除字符串相加功能外，还能把非字符串转换成字符串。
- +0 与-0 在浮点类型变量存储中，符号位是不同的。当-0 和+0 参与浮点类型的相关运算（例如相除与求余运算）时，可以产生不同的结果。
- 对于除号"/"，分母不能为 0，否则会有 ArithmeticException 异常。

3.2 关系运算符

关系运算符主要用于两个数值的判断，比如两个值是否相等、谁大谁小等。其运算结果一般是布尔型。常用的关系运算符如表 3-2 所示。

表 3-2 关系运算符

运算符	运算
==	相等
!=	不相等
<	小于
>	大于
<=	小于等于
>=	大于等于

在表 3-2 中展示了 Java 编程中常用的关系运算符。他们之间的特征如下所示：

- ==：一个双目运算符，用于比较左右两侧值是否相等，相等返回 true，否则返回 false。但是浮点数存在精度问题，一般不能用==去判断两个浮点数是否相等，而应该去判断它们的绝对值之差的范围。
- !=：一个双目运算符，用于比较左右两侧值是否相等，不相等返回 true，否则返回 false。
- <：一个双目运算符，用于比较左侧值是否小于右侧值，小于返回 true，否则返回 false。
- >：一个双目运算符，用于比较左侧值是否大于右侧值，大于返回 true，否则返回 false。
- <=：一个双目运算符，用于比较左侧值是否小于等于右侧值，小于等于返回 true，否则返回 false。
- >=：一个双目运算符，用于比较左侧值是否大于等于右侧值，大于等于返回 true，否则返回 false。

关系运算符的使用如示例 3-2 所示。

【示例 3-2】关系运算符

```java
package chapter3;
public class ComparisonOperator {
    public static void main(String[] args) {
        int a = 2;                       //定义变量
        int b = 3;
        boolean isTrue;

        isTrue = (a == b);
        System.out.println("2 == 3 的结果为： " + isTrue);

        isTrue = (a != b);
        System.out.println("2 != 3 的结果为： " + isTrue);

        isTrue = (a < b);
        System.out.println("2 < 3 的结果为： " + isTrue);

        isTrue = (a > b);
        System.out.println("2 > 3 的结果为： " + isTrue);

        isTrue = (a <= b);
        System.out.println("2 <= 3 的结果为： " + isTrue);

        isTrue = (a >= b);
        System.out.println("2 >= 3 的结果为： " + isTrue);
    }
}
```

程序编译后，运行结果如下：

```
2 == 3 的结果为： false
2 != 3 的结果为： true
2 < 3 的结果为： true
2 > 3 的结果为： false
2 <= 3 的结果为： true
```

```
2 >= 3 的结果为: false
```

从示例 3-2 中可以看出，如果算式成立，返回的结果就为 true，否则返回的结果为 false。其运算结果只能是布尔型。

关系运算符在使用时，还有几个点需要注意：

- 关系运算符"=="不能误写成"="。"="为赋值运算符，其最终的结果是将右侧的数值赋值给运算符左侧的变量。就运算符而言，只有赋值不成功时才会返回 false。
- 关系运算符不能进行连写，如 4<a<b，这与数学上的意义不一样，应该写成 4<a && a<b。
- 在示例 3-2 中使用的数值均为整型，对于浮点型、字符型，上述关系运算符均适用。

3.3 逻辑运算符

逻辑运算符主要用作逻辑操作，比如与、或、非操作等，表 3-3 中列出了所有的逻辑运算符。

表 3-3 逻辑运算符

运算符	运算	范例	结果

&	逻辑与	a=1;b=1;
		(a++>1) & (b++>2)
			false
			a=2;
			b=2;

|	逻辑或	a=1;b=1;
		(a++>0)|(b++>0)
			true
			a=2;
			b=2;

&&	短路与	a=1;b=1;
		(a++>1)&&(b++>2)
			false
			a=2;
			b=1;

||	短路或	a=1;b=1;
		(a++>0)||(b++>0)
			true
			a=2;
			b=1;

!	逻辑非	!(3>4)	true

^	逻辑异或	a=1;b=1;
		(a++>0)^(b++>0)
			false
			a=2;
			b=2;

在表 3-3 中展示了 Java 编程中常用的逻辑运算符。它们之间的特征如下所示：

- &：一个双目运算符，左右两侧都有一个布尔值，两侧都为 true 时整个结果返回 true，否则返回 false。无论左侧是 true 还是 false，都会对右侧的值进行运算。
- |：一个双目运算符，左右两侧都有一个布尔值，两侧都为 false 时整个结果返回 false，否则返回 true。无论左侧是 true 还是 false，都会对右侧的值进行运算。

- **&&**：一个双目运算符，左右两侧都有一个布尔值，两侧都为 true 时整个结果返回 true，否则返回 false。当左侧是 false 时，不会再对右侧的值进行运算。
- **||**：一个双目运算符，左右两侧都有一个布尔值，两侧都为 false 时整个结果返回 false，否则返回 true。当左侧是 true 时，不会再对右侧的值进行运算。
- **!**：一个单目运算符，对右侧的结果取反，即!true == false。
- **^**：一个双目运算符，左右两侧都有一个布尔值，两侧布尔值不一样时返回 true，否则返回 false。无论左侧是 true 还是 false，都会对右侧的值进行运算。

逻辑运算符的使用如示例 3-3 所示。

【示例 3-3】逻辑运算符

```java
package chapter3;
public class LogicOperator {
    public static void main(String[] args) {
        int a = 1;
        int b = 1;

        //逻辑与，不存在短路
        System.out.println("(1 > 10) & (1 < 0): " + ((1 > 10) & (1 < 0)));
        //逻辑或，不存在短路
        System.out.println("(1 > 0) | (1 < 0): " + ((1 > 0) | (1 < 0)));
        //逻辑异或，不存在短路
        System.out.println("(1 > 0) ^ (1 > 0): " + ((1 > 0) ^ (1 > 0)));
        //短路与
        System.out.println("(1 > 10) && (1 < 0): " + ((1 > 10) && (1 < 0)));
        //短路或
        System.out.println("(1 > 0) || (1 < 0): " + ((1 > 0) || (1 < 0)));
        System.out.println("!(1 > 1):" + !(b > a));                //逻辑非
    }
}
```

程序编译后，运行结果如下：

```
(1 > 10) & (1 < 0): false
(1 > 0) | (1 < 0): true
(1 > 0) ^ (1 > 0): false
(1 > 10) && (1 < 0): false
(1 > 0) || (1 < 0): true
!(1 > 1):true
```

在示例 3-3 中，需要特别注意的是两个短路运算符，即短路或（||）和短路与（&&）。对于短路或来说，只要是第一个表达式成立，那么第二个表达式不管是什么结果，整个表达式的执行结果都是 true，因此后面的表达式将不再执行。对于短路与来说，只要是第一个表达式不成立，那么后面的表达式的结果对整体的结果也没什么影响，后面的表达式也就不会再执行。因此在使用时需要特别注意。

3.4 位运算符

Java 定义了位运算符，用于整型（int）、长整型（long）、短整型（short）、字符型（char）和字节型（byte）等类型的运算。位运算是直接对二进制进行运算，运算符如表 3-4 所示。

表 3-4 位运算符

操作符	运算	例子（A=60，B=13）
&	按位与运算	（A&B），得到 12，即 0000 1100
|	按位或运算	（A|B）得到 61，即 0011 1101
^	按位异或运算	（A^B）得到 49，即 0011 0001
~	按位计算反码	（~A）得到-61，即 1000011（补码）
<<	按位左移运算	A << 2 得到 240，即 1111 0000
>>	按位右移运算	A >> 2 得到 15，即 1111
>>>	无符号右移运算	A>>>2 得到 15，即 0000 1111

在表 3-4 中展示了 Java 编程中常用的位运算符。它们之间的特征如下所示：

- &：二进制位进行&运算，只有 1&1 时结果是 1，否则是 0。
- |：二进制位进行 | 运算，只有 0|0 时结果是 0，否则是 1。
- ^：相同二进制位进行 ^ 运算，结果是 0，例如 1^1=0、0^0=0；不相同二进制位进行 ^ 运算，结果是 1，例如 1^0=1、0^1=1。
- ~：正数取反，各二进制码按补码各位取反；负数取反，各二进制码按补码各位取反。
- <<：左移一位，被移位的二进制最高位丢弃，左移后，最右侧空缺位补 0。
- >>：被移位的二进制最高位是 0，右移后，空缺位补 0；最高位是 1，空缺位补 1。
- >>>：被移位二进制最高位无论是 0 或者是 1，空缺位都用 0 补。

位运算符的使用如示例 3-4 所示。

【示例 3-4】位运算符

```
package chapter3;
public class ByteOperator {
    public static void main(String[] args) {
        int A = 60;
        int B = 13;

        System.out.println("打印 A 和 B 对应的二进制数");
        System.out.println(A + "<---->" + Integer.toBinaryString(A));
        System.out.println(B + "<---->00" + Integer.toBinaryString(B));

        System.out.println("A&B 操作");
        System.out.println(A + "&" + B + " = " + (A & B) + "(" + Integer.toBinaryString((A & B)) + ")");
        System.out.println("A|B 操作");
```

```
            System.out.println(A + "|" + B + " = " + (A | B) + "(" +
Integer.toBinaryString((A | B)) + ")");
            System.out.println("A ^ B 操作");
            System.out.println(A + "^" + B + " = " + (A ^ B) + "(" +
Integer.toBinaryString((A ^ B)) + ")");
            System.out.println( "~A 操作");
            System.out.println("~" + A + " = " + (~A) + "(" + Integer.toBinaryString((~A))
+ ")");
            System.out.println( "A<<2 操作");
            System.out.println(A + "<<" + 2 + " = " + (A << 2) + "(" +
Integer.toBinaryString((A << 2)) + ")");
            System.out.println( "A>> 2 操作");
            System.out.println(A + ">>" + 2 + " = " + (A >> 2) + "(" +
Integer.toBinaryString((A >> 2)) + ")");
            System.out.println( "A>>>2 操作");
            System.out.println(A + ">>>" + 2 + " = " + (A >>> 2) + "(" +
Integer.toBinaryString((A >>> 2)) + ")");
    }
}
```

程序编译后，运行结果如下：

```
打印 A 和 B 对应的二进制数
60<---->111100
13<---->001101
A&B 操作
60&13 = 12(1100)
A|B 操作
60|13 = 61(111101)
A ^ B 操作
60^13 = 49(110001)
~A 操作
~60 = -61(11111111111111111111111111000011)
A<<2 操作
60<<2 = 240(11110000)
A>> 2 操作
60>>2 = 15(1111)
A>>>2 操作
60>>>2 = 15(1111)
```

示例 3-4 展示了位运算符的使用方式。在日常的操作中，除非特殊需要，此类操作符使用的概率很小。一般用在对硬件设备进行操作的程序中。

3.5 复合运算符

在第 2 章中介绍变量的定义时，使用等号作为赋值运算符，将一个数值赋值给一个变量。常用的操作方式是将某些记录进行运算后，再将结果赋值给另外一个变量，这就需要使用复合运算符来解决。

复合运算符就是将普通的运算符和赋值运算符相结合，组成复合运算符。常用的复合运算符如表 3-5 所示。

表 3-5 复合运算符

操作符	描述	例子
+=	加和赋值操作符，把左操作数和右操作数相加赋值给左操作数	A += C 等价于 A = A + C
-=	减和赋值操作符，把左操作数和右操作数相减赋值给左操作数	A -= C 等价于 A = A − C
*=	乘和赋值操作符，把左操作数和右操作数相乘赋值给左操作数	A *= C 等价于 A = A * C
/=	除和赋值操作符，把左操作数和右操作数相除赋值给左操作数	A /= C 等价于 A = A / C
(%)=	取模和赋值操作符，把左操作数和右操作数取模后赋值给左操作数	A%= C 等价于 A = A%C
<<=	左移位赋值运算符	A <<= 2 等价于 A = A << 2
>>=	右移位赋值运算符	A >>= 2 等价于 A = A >> 2
&=	按位与赋值运算	A&= 2 等价于 A = A&2
^=	按位异或赋值操作符	A^= 2 等价于 A = A^2
|=	按位或赋值操作符	A|= 2 等价于 A = A|2

表 3-5 介绍了各种赋值运算符的作用。其使用方式比较简单，在此不做赘述。后面的章节中会多次遇到该运算符。如果有暂时不理解的读者，可以在学习过程中逐步了解。

3.6 条件运算符

根据运算符需要的操作数的不同，可以将运算符分为一目运算符、二目运算符、三目运算符。自增、自减运算符均属于一目运算符。常用的加减乘除等算术运算符、关系运算符和逻辑运算符等，都需要两个操作数，因此属于双目运算符。在 Java 中，还存在唯一一个三目运算符，即条件运算符。条件运算符的语法格式如下所示：

布尔表达式 ？ 表达式1 ： 表达式2；

该运算符的使用方式是当布尔表达式的值为 true 时，返回表达式 1 的值，否则返回表达式 2 的值。在逻辑上等同于后面将要讲述的 if-else 语句。条件运算符的使用如示例 3-5 所示。

【示例 3-5】获取两个数的最大值和最小值

```
package chapter3;
public class ConditionOperator {
    public static void main(String[] args) {
        int a = 60;
        int b = 13;

        int max = (a > b ) ? a: b;
```

```
        System.out.println("60 和 13 中较大的数值为： " + max);

        int min = (a < b ) ? a: b;
        System.out.println("60 和 13 中较小的数值为： " + min);
    }
}
```

程序编译后，运行结果如下：

60 和 13 中较大的数值为： 60
60 和 13 中较小的数值为： 13

示例 3-5 展示了条件运算符的使用方式。当进行简单的操作时，可以使用条件运算符代替简单的逻辑操作。这样可以提高程序的执行效率。

3.7 运算符的优先级

在前面的篇幅中介绍了 Java 中常用的运算符，这些运算符部分不可能每次都单独出现，一般是几个运算符同时出现。这就需要明确先执行哪些运算符再执行哪些运算符。这些规则由运算符优先级来控制。

运算符优先级按照从高到低排序，如表 3-6 所示。

表 3-6 运算符优先级

运算符	结合性
[ ] . ( )	从左向右
! ~ ++ -- +	从右向左
* / %	从左向右
+ -	从左向右
<< >> >>>	从左向右
< <= > >= instanceof	从左向右
== !=	从左向右
&	从左向右
^	从左向右
|	从左向右
&&	从左向右
||	从左向右
?:	从右向左
=（包含复合运算符）	从右向左

通过表 3-6 可以看出，方法调用类运算符的优先级是最高的，其次为算术运算符，逻辑运算符的优先级仅高于条件运算符和复合运算符。

3.8 实战——Java 小程序

本章主要介绍了在 Java 编程中各种运算符的使用方式。下面我们使用一个示例巩固一下所讲述的内容。

题目要求：使用 if-else 语句判断输入的年份是否是闰年（提示：能被 4 整除但不能被 100 整除或者能被 400 整除的年份是闰年）。参考代码如实战 3-1 所示。

【实战 3-1】判断输入的年份是不是闰年

```
package chapter3;
import java.util.Scanner;
public class LeapYear {
    public static void main(String[] args) {
        System.out.println("请输入年份：");
        Scanner sc = new Scanner(System.in);
        int year202 = sc.nextInt();

        if (((year % 4 == 0) && (year % 100 != 0)) || (year % 400 == 0)) {
            System.out.println(year + "是闰年");
        } else {
            System.out.println(year + "不是闰年");
        }
    }
}
```

程序编译后，运行结果如下：

请输入年份：
2020
2020 是闰年

当输入年份 2018 时，运行结果如下：

请输入年份：
2018
2018 不是闰年

第4章 流程控制

计算机在执行可执行程序时，会将指令按照一定的顺序依次来执行。这个顺序的控制一般称为流程控制。在 Java 编程中，一般有以下 3 种控制语句：顺序、选择和循环。

本章重点介绍选择结构和循环结构如何在 Java 编程中实现，主要内容包括：

- if 语句
- switch 语句
- while 语句
- for 语句
- break 语句
- continue 语句

4.1 条件结构

在实际生活中，我们会遇到各种选择。比如在买房子的时候，需要选择公寓还是商品房，需要选择学区房还是普通住房，需要选择期房、现房还是二手房。在进行编程时，实现这些不同的选择就需要使用条件语句。本节将重点介绍如何使用条件语句。

4.1.1 if 语句

最基本的条件语句是 if 语句，基本格式如下：

```
if (表达式) {
语句块
}
```

在上述格式中，表达式为逻辑表达式。当表达式成立时，最终的结果为 true，大括号内的语句块才会执行。如果表达式不成立，语句块就不会被执行，直接跳转到语句块之外而执行后面的语句。使用方式如示例 4-1 所示。

【示例 4-1】if 语句基本使用

```
package chapter4;
public class SimpleIf {
    public static void main(String[] args) {
        int a = 10;                              //定义变量
        int b = 20;
```

```
        if (a > b) {                          //判断a是否大于b
            System.out.println(a + " > " + b);
        }
        if ( a < b) {                         //判断a是否小于b
            System.out.println(a + " < " + b);
        }
    }
}
```

程序编译后，运行结果如下：

```
10 < 20
```

从示例 4-1 可以看出，在程序中有多少种可能性存在，就需要编写多少个 if 语句来对所有可能出现的情况进行处理。然而这种方式在书写时有一点烦琐，需要使用 if else 语句来弥补这种缺陷。

4.1.2 if else 结构

if else 语句弥补了 if 语句带来的缺陷，增加了当表达式不成立时程序的处理方式。其基本用法如下所示：

```
if (表达式) {
语句块 1;
} else {
语句块 2;
}
```

在上面的结构中，当逻辑表达式成立时，程序执行语句块 1；当表达式不成立时，不再像 if 语句那样执行其他的内容，而是执行 else 语句中的语句块 2。这样在逻辑上就实现了处理方式的完整性。if else 语句的使用如示例 4-2 所示。

【示例 4-2】if else 语句基本使用

```
package chapter4;
public class SimpleIfElse {
    public static void main(String[] args) {
        int a = 10;                           //定义变量
        int b = 20;

        if (a > b) {                          //判断a是否大于b
            System.out.println(a + " > " + b);
        } else {                              //a不大于b时进行的操作
            System.out.println(a + " < " + b);
        }
    }
}
```

程序编译后，运行结果如下：

```
10 < 20
```

通过示例 4-2 的运行结果可以看出,相对于示例 4-1 来说,示例 4-2 增加了 else 语句,实现了当表达式不成立时数据的处理方式,增加了逻辑的完整性。

4.1.3 if else 语句嵌套

在实际的编程中,常常会出现多重条件同时存在的情况。这就需要使用 if else 语句的嵌套式调用。if else 语句的嵌套方式如下所示:

```
if(表达式1) {
语句块1;
} else if (表达式2) {
语句块2;
}
……
else if  (表达式n) {
语句块n;
} else {
语句块n+1;
}
```

上面表达式的执行过程如图 4.1 所示。

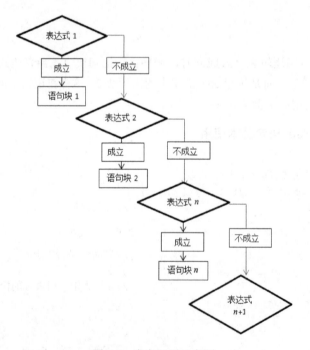

图 4.1 嵌套调用示意图

图 4.1 表示了 if else 语句嵌套调用时的执行过程。当表达式 1 成立时,执行语句块 1。如果表

达式 1 不成立，那么就会判断表达式 2 是否成立。如果表达式 2 成立，就会执行语句块 2；否则就再去判断后面的表达式是否成立。直至判断表达式 n 是否成立。如果表达式 n 成立，那么语句块 n 就会被执行，否则就会执行最后一个 else 中的语句块 n+1。下面使用示例来展示 if else 语句的嵌套使用。

在学校考试结束后，可以根据分数得到"优""良""中""不及格"4 种等级，划分规则如下：

- 成绩大于等于 90 分，输出"优"。
- 成绩大于等于 80 分且小于 90 分，输出"良"。
- 成绩大于等于 60 分且小于 80 分，输出"中"。
- 成绩小于 60 分，输出"不及格"。

参考示例如示例 4-3 所示。

【示例 4-3】if 语句基本使用

```
package chapter4;
import java.util.Scanner;
public class IfElse {
    public static void main(String[] args) { System.out.println("请输入成绩：");
    Scanner sc = new Scanner(System.in);                              //输入分数
    int score = sc.nextInt();

        if (score >= 90) {                                             //判断等级
            System.out.println("成绩" + score + "对应的等级为优");
        } else if (score >= 80) {   //相当于((score >= 80) & (score < 90))
            System.out.println("成绩" + score + "对应的等级为良");
        } else if (score >= 60) {
            System.out.println("成绩" + score + "对应的等级为中");
        } else {
            System.out.println("成绩" + score + "对应的等级为不及格");
        }
    }
}
```

程序编译后，运行结果如下：

请输入成绩：
85
成绩 85 对应的等级为良

通过示例 4-3 可以看出，在输入了分数后，程序会根据输入的分数依次判断成绩属于哪个等级。当都不符合时，就可以判定成绩属于不及格的等级。

4.1.4 switch 语句

在条件结构中，还存在一类特殊的语句，即 switch 语句结构。该结构在进行判断时并不像 if 结构一样判断条件是布尔型，也不是一个范围，switch 结构的判断条件是常量值，基本用法如下：

```
switch(表达式)
{
case 常量表达式1：语句块1;
    break;  //可省略
case 常量表达式2：语句块2;
    break;  //可省略
……
case 常量表达式n：语句块n;
    break;  //可省略
 default：语句块3;//可省略
}
```

在上面的结构中，首先比较表达式是否和常量表达式 1 一致，如果一致就执行语句块 1；否则继续和常量表达式 2 进行比较，如果一致就执行语句块 2；否则继续往下比较。如果所有的常量表达式都和表达式不一致，就会执行 default 中的语句块 3。

使用 switch 结构可以方便地实现从键盘输入 1~7 之间的任意数字，分别输出对应星期几。参考代码如示例 4-4 所示。

【示例4-4】switch 语句基本使用

```java
package chapter4;
import java.util.Scanner;
public class Switch {
    public static void main(String[] args) {
        Scanner sc = new Scanner(System.in);
        System.out.println("请输入1~7之间的数字：");   //输入数字
        int week = sc.nextInt();

        switch (week) {                                //适用switch进行判断
            case 1: System.out.println("星期一");
                break;
            case 2: System.out.println("星期二");
                break;
            case 3: System.out.println("星期三");
                break;
            case 4: System.out.println("星期四");
                break;
            case 5: System.out.println("星期五");
                break;
            case 6: System.out.println("星期六");
                break;
            case 7: System.out.println("星期日");
                break;
            default: System.out.println("输入错误");   //输入为错误数据的处理
        }
    }
}
```

程序编译后，运行结果如下：

请输入 1~7 之间的数字：
3
星期三

JDK 7.0 以后表达式的值除了可以是基本数据类型的 byte、short、int 和 char 以外，还可以是 String 类型。使用 String 类型的 switch 语句使用如示例 4-5 所示。

【示例 4-5】 switch 语句使用 String 类型作为 case 表达式

```java
package chapter4;
import java.util.Scanner;
public class SwitchString {
    public static void main(String[] args) {
        Scanner sc = new Scanner(System.in);            //输入数据
        System.out.println("请输入对应星期的英文单词: ");
        String week = sc.next();

        switch (week) {                                 //判断
            case "monday":
                System.out.println("星期一");
                break;
            case "tuesday":
                System.out.println("星期二");
                break;
            case "wednesday":
                System.out.println("星期三");
                break;
            case "thursday":
                System.out.println("星期四");
                break;
            case "friday":
                System.out.println("星期五");
                break;
            case "saturday":
                System.out.println("星期六");
                break;
            case "sunday":
                System.out.println("星期日");
                break;
            default:
                System.out.println("输入错误");
        }
    }
}
```

程序编译后，运行结果如下：

请输入对应星期的英文单词：

```
monday
星期一
```

在示例 4-5 中,展示了使用 String 类型的数值作为 case 语句的表达式,从而丰富了 switch 语句的使用范围,便利了在实际过程中的操作。

4.2 循环结构

在进行条件结构的操作中,每次程序运行后都输入一次数据,然后程序就退出了。如果想再次进行数据的输入和程序的验证操作,需要再次运行程序才能完成操作。如果需要多次反复验证,就需要频繁地启动程序。此时需要循环结构,将多次重复执行的操作放在循环体中,就不需要多次运行程序了。

本节将重点介绍 Java 循环结构形式:while 循环、do-while 循环、for 循环、循环嵌套。

4.2.1 while 循环

while 循环的基本格式如下:

```
//为避免死循环,小括号后面不要写分号
while (循环条件){
语句块;
}
```

在上面的表达式中,如果循环表达式成立,就执行循环体中的语句块,否则退出循环体,执行循环体下面的语句。

在写循环语句时,除非特殊要求,都需要能够退出循环,而不能一直在循环体中执行,那样会形成死循环。形成死循环的方式如循环条件永远成立等。如果循环体中的语句块只有一条语句,也可以省略大括号。为了使得程序看起来结构比较清晰,建议不要去掉大括号。while 循环的简单使用如示例 4-6 所示。

【示例 4-6】while 基本用法

```
package chapter4;
import java.util.Scanner;
public class SimpleWhile {
    public static void main(String[] args) {
        System.out.println("请输入成绩: (输入负数退出) ");          //数据输入
        Scanner sc = new Scanner(System.in);
        int score = sc.nextInt();

        while (score > 0) {                                        //进入循环
            if (score >= 90) {
                System.out.println("成绩" + score + "对应的等级为优");
            } else if (score >= 80) {    //相当于((score >= 80) & (score < 90))
                System.out.println("成绩" + score + "对应的等级为良");
            } else if (score >= 60) {
```

```
            System.out.println("成绩" + score + "对应的等级为中");
        } else {
            System.out.println("成绩" + score + "对应的等级为不及格");
        }
        System.out.println("请再次输入成绩：(输入负数退出)  ");         //再次输入
        score = sc.nextInt();
    }
    System.out.println("退出程序 ");
    }
}
```

程序编译后，运行结果如下：

```
请输入成绩： (输入负数退出)
85
成绩 85 对应的等级为良
请再次输入成绩：(输入负数退出)
90
成绩 90 对应的等级为优
请再次输入成绩：(输入负数退出)
55
成绩 55 对应的等级为不及格
请再次输入成绩：(输入负数退出)
-1
退出程序
```

通过示例 4-6 可以看出，在使用了循环后，可以很方便地进行多次的分数输入和判断输入的分数属于哪个等级，并且在输入-1 时退出循环。

4.2.2 do while 循环

do while 循环的基本格式如下：

```
do {
语句块;
} while (循环条件);
```

do while 循环方式在执行时，首先执行循环体中的语句块，执行完毕之后再对循环条件进行判断。如果循环条件结果为假，循环就不再执行。如果循环条件的结果为真，就会继续执行循环体中的语句块。由此可以看出，do while 循环至少执行一次；而 while 循环可能一次也不会执行。do while 语句的使用如示例 4-7 所示。

【示例 4-7】do while 基本用法

```
package chapter4;
import java.util.Scanner;
public class SimpleDoWhile {
    public static void main(String[] args) {
        int score = 0;
```

```java
    do {
        System.out.println("请输入成绩： (输入负数退出) ");              //输入数据
        Scanner sc = new Scanner(System.in);
        score = sc.nextInt();
        if (score >= 90) {
            System.out.println("成绩" + score + "对应的等级为优");
        } else if (score >= 80) {   //相当于((score >= 80) & (score < 90))
            System.out.println("成绩" + score + "对应的等级为良");
        } else if (score >= 60) {
            System.out.println("成绩" + score + "对应的等级为中");
        } else {
            System.out.println("成绩" + score + "对应的等级为不及格");
        }
    } while (score > 0);                                          //循环判断
    System.out.println("退出程序 ");
    }
}
```

程序编译后，运行结果如下：

```
请输入成绩： (输入负数退出)
90
成绩 90 对应的等级为优
请输入成绩： (输入负数退出)
65
成绩 65 对应的等级为中
请输入成绩： (输入负数退出)
20
成绩 20 对应的等级为不及格
请输入成绩： (输入负数退出)
-1
成绩-1 对应的等级为不及格
退出程序
```

在示例程序 4-7 中，使用 do while 语句取代了 while 循环语句。在执行操作时，首先进行数据的输入，然后进行等级的划分。都执行完之后，再进行循环条件的判断。当输入-1 时，循环结果为 false，因此退出循环。

在编程过程中，使用哪种循环语句需要明确最终的需求是什么。根据需要进行什么操作来决定使用哪个循环。

4.2.3 for 循环

循环结构中除了使用 while 语句之外，还有 for 循环语句。for 循环语句常用的语法格式如下：

```
for (表达式1；表达式2；表达式3){
语句块；
}
```

在 for 循环中，表达式 1 的作用是给循环变量初始化，执行一次；表达式 2 是循环条件，当表达式 2 结果为 true 时，循环体中的语句块才会被执行，否则跳出循环体；表达式 3 的作用一般是改变循环变量的值。其使用方式如示例 4-8 所示。

【示例 4-8】 for 语句基本用法

```java
package chapter4;
public class SimpleFor {
    public static void main(String[] args) {
        int sum = 0;
        int i;

        for (i = 1; i < 101; i++) {              //for 循环
            sum += i;                            //进行累加计算
        }
        System.out.println("1...100 的和为： " + sum);   //输出最终结果
    }
}
```

程序编译后，运行结果如下：

```
1...100 的和为： 5050
```

示例 4-8 实现了计算从 1 到 100 的和。在示例代码中，语句 i=1 的作用是给循环变量 i 进行初始化，并将其赋值为 1。语句 i<101 的作用是判断 i 的值是否小于 101，当小于 101 时就退出循环。在退出循环时，i 的数值正好为 100。i++的作用是将循环变量 i 加 1，从而使得变量发生变化。最终得到从 1 到 100 的和。

在 Java 编程中，for 循环除了上面的常用方式之外，在进行数组的操作时还可以使用增强型 for 循环的方式。其基本使用方式如下：

```
for(循环变量类型 循环变量名称 : 要被遍历的对象){
语句块;
}
```

在增强型的 for 循环中，循环变量一般设置为 for 循环内部生效的局部变量，并且其类型要与遍历的对象中的元素类型一致。使用方式如示例 4-9 所示。

【示例 4-9】 增强型 for 语句用法

```java
package chapter6;
public class sepcialFor {
    public static void main(String[] args) {
        String num[] ={"Java", "C++", "C#", "C", "Python"};      //定义字符串数组

        for (String language : num){                    //使用增强型 for 循环
            System.out.println("编程语言： " + language);
        }
    }
```

}

程序编译后，运行结果如下：

```
编程语言： Java
编程语言： C++
编程语言： C#
编程语言： C
编程语言： Python
```

在示例 4-9 中展示了如何使用增强型 for 循环来遍历数组。首先定义了一个字符串数组，里面包含字符串"Java" "C++" "C#" "C" "Python"。然后使用增强型 for 循环来逐个展示数组中的元素。

> **提 示**
>
> 关于数组的使用方式将在第 5 章进行介绍。此处可等学习完数组之后再进行学习。

4.2.4 循环嵌套

前面介绍了 3 种循环方式的基本使用。这些循环一般被称为单层循环。在实际编程过程中，单层循环往往无法满足需求。例如，打印一个 10 行 10 列的星号，如果使用单层循环，就需要将输出部分重复编写 10 次。如果循环的次数更多，那么仅重复编写代码的工作量就会非常大。此时需要使用多重循环（循环的嵌套）来实现这种操作。

while 循环嵌套的语法格式如下：

```
while(循环条件){
    //外重循环
    while(循环条件){
    //内重循环
    ……
    } ……
}
```

for 循环嵌套的语法格式如下：

```
for(表达式1; 表达式2; 表达式3){
    //外重循环
    for(表达式1; 表达式2; 表达式3){
    //内重循环
    ……
    }
}
```

嵌套结构一般是在一个循环中套用另外一个循环，从而达到多重循环的目的。嵌套结构的使用如示例 4-10 所示。

【示例 4-10】循环嵌套打印 5×5 的星号

```
package chapter4;
public class SimpleNest {
```

```
    public static void main(String[] args) {
        for (int i = 0; i < 5; i++) {                    //进入第一重循环
            for (int j = 0; j < 5; j++) {                //进入第二重循环
                System.out.print("*");
            }
            System.out.println();
        }
    }
}
```

程序编译后，运行结果如下：

```
*****
*****
*****
*****
*****
```

在示例 4-10 中展示了如何使用双重循环控制输出 5 行 5 列的星号：外层循环一般用来控制循环次数，内层循环用来控制在每一行中循环输出星号。通过控制每行输出的星号数、空格数等，还可以输出不同的样式，如示例 4-11 所示。

【示例 4-11】循环嵌套打印星号组成三角形

```
package chapter4;
public class SimpleNestTrapezium {
    public static void main(String[] args) {

        for (int i = 1; i <= 5; i++) {
            for (int j = 1; j <= 5 - i; j++) {
                System.out.print(" ");              // 输出空格
            }
            for (int j = 1; j <= 2 * i - 1; j++) {
                System.out.print("*");               // 输出星号
            }
            System.out.println();
        }
    }
}
```

程序编译后，运行结果如下：

```
    *
   ***
  *****
 *******
*********
```

在示例 4-11 中输出了一个三角形，外层循环依然控制输出的行数，在内层循环中，首先控制输出的空格数（和行号的关系是空格数=5−行数），再输出星号（和行数的关系是星号数=行数×2+1），从而得到输出结果。

4.3 break 语句和 continue 语句

前面讲述了条件结构和循环结构，在循环结构执行过程中，只有当循环条件不再满足才会退出循环。某些特殊情况下，需要在循环的中间跳出，或者跳过中间部分代码，这就需要使用 break 语句和 continue 语句来实现退出功能。这两个语句的功能如下：

- break 语句：用于结束当前循环的执行；执行完 break 语句后，循环体中位于 break 语句后的语句不再执行；在多重循环中 break 语句只向外跳出一层循环。
- continue 语句：只能用于循环结构，作用是结束当前循环的执行，继续下一次循环的执行。

break 语句和 continue 语句的使用如示例 4-12 所示。

【示例 4-12】判断一个数是否为素数

```
package chapter4;
public class SimpleBreak {
    public static void main(String[] args) {
        int iflag = 1;                                    //设定标志位

        for (int i = 3; i < 10; i++) {                    //第一重循环
            for (int j = 2; j <= i / 2; j++) {            //第二重循环
                if ( i % j == 0) {
                    iflag = 0;
                    System.out.println(i + " 不是素数");   //不是素数，就直接退出循环
                    break;
                } else {
                    iflag = 1;
                    continue;
                }
            }
            if (iflag == 1) {
                System.out.println(i  + " 是素数");
            }
        }
    }
}
```

程序编译后，运行结果如下：

```
3 是素数
4 不是素数
5 是素数
6 不是素数
```

```
7 是素数
8 不是素数
9 不是素数
```

在示例 4-12 中，程序主要的功能是获取 1~10 的素数，即除了 1 和数字本身之外，不能被其他的任何数值整除。在进行数据筛选过程中，如果被某一个数值整除，那么这个数就不是素数。再对其后面的数值做取余操作对结果也没有什么影响，因此使用 break 语句跳出本次循环，进行下一个数值的筛选。

4.4　实战——Java 小程序

本章主要介绍了条件结构、循环结构以及 break 语句和 continue 语句的使用方式。下面通过一个简单的示例来对知识进行巩固。

题目要求：在小学的时候，一般会要求学生牢记乘法口诀。下面我们使用 for 循环来输出九九乘法口诀表。参考代码如实战 4-1 所示。

【实战 4-1】九九乘法表

```java
package chapter4;
public class Multiplication {
    public static void main(String[] args) {
        int i, j;

        for (i = 1; i <= 9; i++) {                    //控制第二个乘数因子
            for (j = 1; j <= i; j++) {                //控制第一个乘数因子
                System.out.print(j + " × " + i + "= " + i * j + "  ");   //数据结果
            }
            System.out.println();
        }
    }
}
```

程序编译后，运行结果如下：

```
1 × 1= 1
1 × 2= 2  2 × 2= 4
1 × 3= 3  2 × 3= 6  3 × 3= 9
1 × 4= 4  2 × 4= 8  3 × 4= 12  4 × 4= 16
1 × 5= 5  2 × 5= 10  3 × 5= 15  4 × 5= 20  5 × 5= 25
1 × 6= 6  2 × 6= 12  3 × 6= 18  4 × 6= 24  5 × 6= 30  6 × 6= 36
1 × 7= 7  2 × 7= 14  3 × 7= 21  4 × 7= 28  5 × 7= 35  6 × 7= 42  7 × 7= 49
1 × 8= 8  2 × 8= 16  3 × 8= 24  4 × 8= 32  5 × 8= 40  6 × 8= 48  7 × 8= 56  8 × 8= 64
1 × 9= 9  2 × 9= 18  3 × 9= 27  4 × 9= 36  5 × 9= 45  6 × 9= 54  7 × 9= 63  8 × 9= 72  9 × 9= 81
```

第5章 数　　组

数组是 Java 中的常用数据类型，主要用于实现对多个相同类型的数据管理，比如对一个班级的学生分数进行存储、求总分、求平均分。另外，其中的数据类型可以是任意的，包括基本数据类型和引用数据类型。总之，数组的出现使我们对"集体"有了更便利的操作。本章将带领大家一起去揭开"数组"神秘的面纱。

本章主要内容如下：

- 数组的概念
- 数组的声明、初始化、赋值
- 一维数组、二维数组、多维数组的使用
- 数组的排序、反转、去重等操作
- 数组的工具类 Arrays
- 数组使用中的一些注意事项
- 一个有关数组的小例子

5.1 基本数据类型的数组

本节将介绍数组的概念和基本数据类型的数组的一个小例子，为后面数组的深入学习打下坚实的基础。

5.1.1 数组的概念

数组是多个相同类型数据的组合，实现对这些数据的统一管理。

举个例子：小甜甜 Java 考试考了 70 分，她想知道自己的成绩是否超过了班级成绩的平均分，所以小甜甜将班上所有同学的 Java 考试分数统计到一张纸上，上面写着[80,90,88,99,100,85,…]，然后把所有的分数加起来，除以班上同学的总数，最后得到了 88 分，大于自己的 70 分，所以自己没有超过班级平均分。

上面将所有成绩统计到一张纸上，其实这张纸就算是一个数组了，它存放了多个相同类型的数据组合，对它们进行统一管理。

> **注　意**
>
> 数组属于引用类型，数组型数据是对象（object），数组中的每个元素相当于该对象的成员变量。

5.1.2 基本数据类型的数组

我们前面提到了，数组中的元素可以是任何数据类型，包括基本数据类型和引用数据类型。其中，基本数据类型包括 byte、short、int、long、float、double、char、boolean。

统计班级所有同学的平均分，假定都是整数，那么我们使用 int 这种基本数据类型的数组就可以了。

5.2 基本类型数组的声明

前面我们已经了解了什么是数组、什么是基本数据类型的数组，那么大家是不是迫不及待地想知道一个基本数据类型的数组是什么样子的呢？下面我们就一起来揭开它神秘的面纱吧！

基本数据类型的数组声明方式如下：

```
type var[]
type[] var;
```

其中，type 用来标识数组的类型名，主要用来表示数组中元素的类型；var 用来声明数组的变量名。其基本的定义方式如下：

```
int[] scores;
char set[];
```

需要说明的是，在 Java 语言中声明数组时不能指定其长度，即不指定数组中元素的个数，类似于"int a[5];"这样的定义方式是非法操作。

经过上面的操作，我们就在栈空间开辟了一个空间，存放着局部变量和对象的引用（数组可以看作一个对象，元素都是它的属性），如图 5.1 所示。

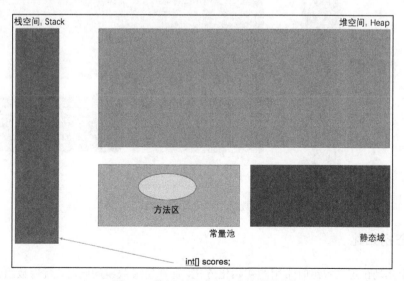

图 5.1　数组声明后在内存中的位置

5.3 基本类型数组的初始化

在上一节我们学会了如何声明一个基本类型的数组，但是它现在还没有存放任何东西，还等着初始化，给它填充内容。现在就让我们一起来初始化它吧！

5.3.1 动态初始化

动态初始化指的是数组声明，且为数组元素分配空间与赋值的操作分开进行。初始化的时候使用关键字 new。创建方式如下面的代码片段所示：

```java
public class Test {
    public static void main(String[] args) {
        int[] scores;                  // 声明数组
        scores = new int[3];           // 分配空间
        scores[0] = 80;                // 为元素赋值
        scores[1] = 99;
        scores[2] = 88;
    }
}
```

声明数组的时候在栈空间开辟了一块区域，用于存储引用值，那么当我们使用关键字 new 为数组分配元素空间的时候发生了什么事呢？其实当我们使用关键字 new 之后，Java 虚拟机在内存中的堆空间开辟了一块区域，用于存放数组中的元素，声明数组的引用就指向这个堆空间，如图 5.2 所示。

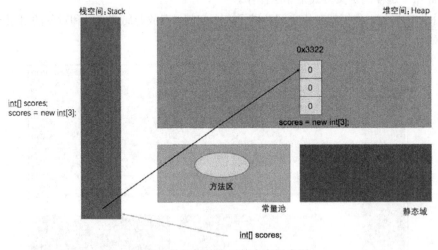

图 5.2 数组初始化后的内存示意图

5.3.2 静态初始化

静态初始化是在定义数组时常用的初始化方式，即在定义数组的同时，就为数组元素分配空间并赋值。一般包含两种方式：声明之后初始化和声明的同时完成初始化。下面介绍如何完成这两种初始化方式。

1. 声明之后初始化

```
public class Test {
   public static void main(String[] args) {
      int[] scores;                          // 声明数组

      scores = new int[]{80,99,88};          // 分配空间并赋值
      scores = {80,99,88};                   //另外一种方式
   }
}
```

2. 声明的同时初始化

```
public class Test {
   public static void main(String[] args) {
      int[] scores1 = new int[]{80,99,88};//声明数组、分配空间、赋值
      int[] scores2 = {80,99,88};              //另外一种方式
   }
}
```

这时候的内存分配与动态初始化方式不同的是：动态初始化数组元素的值是默认值（int 就是 0），而静态初始化在分配空间的同时，就已经为元素赋好了值，如图 5.3 所示。

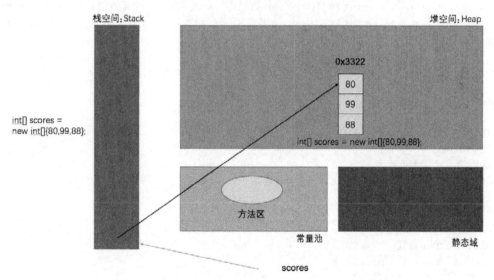

图 5.3　静态初始化数组的内存示意图

5.3.3　默认初始化

数组是引用类型，它的元素相当于类的成员变量，因此数组一经分配空间，其中的每个元素也会按照成员变量同样的方式被隐式初始化。

对于基本数据类型而言，默认初始化值各有不同：

- byte、short、int、long 类型数组的元素的默认初始值是 0。
- float、double 类型数组的元素的默认初始值是 0.0。
- char 类型数组的元素的默认初始值是空格。
- boolean 类型数组的元素的默认初始值是 false。

对于引用数据类型而言，默认初始化值为 null，如示例 5-1 所示。

【示例 5-1】数组的默认初始化

```java
package chapter5;
public class defaultInitClass {
    public static void main(String[] args) {
        int[] ints = new int[5];                              //定义不同数据类型的数组
        double[] doubles = new double[5];
        char[] chars = new char[5];
        boolean[] booleans = new boolean[5];
        String[] strings = new String[5];

        for (int i = 0; i < booleans.length; i++) {           //输出数组中的数值
            System.out.println("int 数组第" + (i + 1) +"个元素值: " + ints[i]);
            System.out.println("double 数组第" + (i + 1) +"个元素值: " + doubles[i]);
            System.out.println("char 数组第" + (i + 1) +"个元素值: " + chars[i]);
            System.out.println("boolean 数组第" + (i + 1) +"个元素值: " + booleans[i]);
            System.out.println("String 数组第" + (i + 1) +"个元素值: " + strings[i]);
        }
    }
}
```

程序编译后，运行结果如下：

```
int 数组第 1 个元素值: 0
double 数组第 1 个元素值: 0.0
char 数组第 1 个元素值:
boolean 数组第 1 个元素值: false
String 数组第 1 个元素值: null
int 数组第 2 个元素值: 0
double 数组第 2 个元素值: 0.0
char 数组第 2 个元素值:
boolean 数组第 2 个元素值: false
String 数组第 2 个元素值: null
int 数组第 3 个元素值: 0
double 数组第 3 个元素值: 0.0
char 数组第 3 个元素值:
boolean 数组第 3 个元素值: false
String 数组第 3 个元素值: null
int 数组第 4 个元素值: 0
double 数组第 4 个元素值: 0.0
char 数组第 4 个元素值:
```

```
boolean 数组第 4 个元素值：false
String 数组第 4 个元素值：null
int 数组第 5 个元素值：0
double 数组第 5 个元素值：0.0
char 数组第 5 个元素值：
boolean 数组第 5 个元素值：false
String 数组第 5 个元素值：null
```

通过示例 5-1 可以看出，在定义了数组之后，系统会给数组进行默认的赋值，如果不对数组的数值进行更改，那么在使用数组时会使用系统的默认数值。

5.4 认识一维数组

现在，我们已经学会了基本类型数组的声明、初始化。数组除了可以按数据类型来进行分类外，还可以按照数组的维数来进行分类，比如一维数组（类似一个数轴）、二维数组（类似一个表格）等。

5.4.1 什么是一维数组

其实，我们前面学习的数组的声明、初始化所使用的例子都属于一维数组的范畴。所以，一维数组的声明形式、初始化形式都和我们前面讲解的方式一致。

一维数组在内存中的结构是一条连续的内存空间。内存结构对应着逻辑结构，我们所使用到的一维数组也是线性的，如图 5.4 所示。

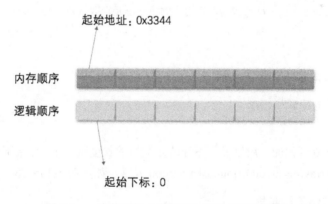

图 5.4　一维数组的内存顺序与逻辑顺序的关系

5.4.2 一维数组的使用及遍历

前面已经学会了一维数组的声明、赋值，并了解了它的物理顺序和逻辑顺序之间的关系，那么一维数组应该如何使用呢？怎么去取得其中的元素呢？怎么去遍历一维数组的所有元素呢？

我们通过图 5.1 了解了一维数组的物理顺序和逻辑顺序，其中指出了数组第一个元素的下标值是 0，所以可以通过以下形式去获得一个数组中某个位置的值：

```
array[index];
```

其中，array 表示数组名，index 表示数组的下标值。其使用方式如示例 5-2 所示。

【示例 5-2】输出数组中的元素

```
package chapter5;
public class getValueOfArray {
    public static void main(String[] args) {
        int[] scores = {80,99,88};
        System.out.println(scores[0]);           // 输出 scores 数组中下标为 0 的元素
    }
}
```

程序编译后，运行结果如下：

```
80
```

如果需要修改数组中某个位置的元素值，也可以通过示例 5-3 所示的方式来进行操作。

【示例 5-3】修改数组中某个位置的元素值

```
package chapter5;
public class updateValueOfArray {
    public static void main(String[] args) {
        int[] scores = {80,99,88};                                      //定义数组
        System.out.println("输出数组中的第一个元素数值为：" + scores[0]);
        scores[0] = 100;                                                //修改数值
        System.out.println("修改后，数组中的第一个元素数值为：" + scores[0]);
    }
}
```

程序编译后，运行结果如下：

```
输出数组中的第一个元素数值为：80
修改后，数组中的第一个元素数值为：100
```

数组的下标是从 0 开始的，所以最大下标值是数组的长度减去 1。如果下标在这个区间之外，就会抛出 java.lang.ArrayIndexOutOfBoundsException 异常，如示例 5-4 所示。

【示例 5-4】数组下标越界

```
public class OutOfBounds{
    public static void main(String[] args) {
        int[] scores = {80,99,88};
        System.out.println(scores[3]);           // 这里下标越界了
    }
}
```

程序编译后，运行结果如下：

```
Exception in thread "main" java.lang.ArrayIndexOutOfBoundsException: -1
    at Test.main(Test.java:6)
```

通过示例 5-4 可以看出，在访问数组中的第 4 个元素（下标为 3）时，数组下标发生越界。因为数组中只有 3 个数值，无法提供第 4 个数值的访问，所以程序抛出了数组越界的异常。

在进行数组操作时，经常要做的是对数组进行遍历。遍历一个数组的时候，一般使用 for 循环来完成。在遍历时，可以使用一个数组的重要属性 length，它存储着这个数组的元素个数。在使用 for 循环时，可以合理地使用该属性。使用普通的 for 循环对数组进行遍历方法如示例 5-5 所示。

【示例 5-5】普通 for 循环遍历数组

```java
package chapter5;
public class traverseArray1 {
    public static void main(String[] args) {
        int[] scores = { 80, 99, 88 };                //定义数组
        for (int i = 0; i < scores.length; i++) {     //使用 for 循环
            System.out.println(scores[i]);            //输出数组的元素
        }
    }
}
```

程序编译后，运行结果如下：

```
80
99
88
```

在对数组操作时，还可以使用增强型的 for 循环，其使用方式如示例 5-6 所示。

【示例 5-6】增强 for 循环遍历数组

```java
package chapter5;
public class enhanceTtraverseArray {
    public static void main(String[] args) {
        int[] scores = {80,99,88};              //定义数组
        for(int i : scores) {                   //使用增强 for 循环
            System.out.println(i);              //输出数组中的元素
        }
    }
}
```

程序编译后，运行结果如下：

```
80
99
88
```

示例 5-5 和示例 5-6 使用了两种 for 循环来操作数组中的元素。对于增强 for 循环来说，临时变量值是用赋值的方式得到的，并不是数组中存放的值的本身。换句话说，它们在栈空间中的地址值

不相等，如图 5.5 所示。我们可以直接通过 array[index]的方式去修改数组中的元素值，但是不能通过临时变量去修改数组中的元素值，如示例 5-7 所示。

【示例 5-7】 增强 for 循环修改数组中的元素

```java
package chapter5;
public class updateEnhanceTArray {
    public static void main(String[] args) {
        int[] scores = {80,99,88};              //定义数组
        for(int i : scores) {                   //把所有元素的值都赋为 0
            i = 0;
        }
        for(int i : scores) {                   //打印现在数组的结果
            System.out.println(i);
        }
    }
}
```

程序编译后，运行结果如下：

```
80
99
88
```

通过示例程序 5-7 可以看出，使用增强 for 循环时，不能通过临时变量去修改数组中的元素值，只能使用普通 for 循环的方式对数组中的元素进行修改。

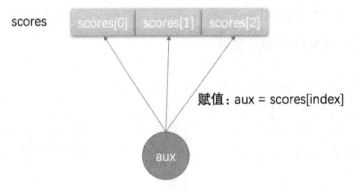

图 5.5　增强 for 循环与普通 for 循环遍历数组的区别

5.5　二维数组及其使用

现在，我们对一维数组的声明、初始化、赋值、使用、遍历都有了认识，也可以用一维数组来解决我们生活中的许多实际问题了，比如统计和处理班级某学科的学生成绩。可是还有一种情况，比如分别统计班级 Java 课程、数据库课程、操作系统课程的学生的总分。这时，更像是一张二维表格，一维数组似乎没有那么适合了。本节就让我们一起来认识一下二维数组！

5.5.1 二维数组的声明

一维数组的声明是一个[]，二维数组是两个[]，第一个[]看作存放的元素是一维数组，第二个[]存放的是基本数据类型。二维数组的定义方式如下：

```
type[][] array;
```

其中，type 表示数组的数据类型，也就是数组中元素的类型；array 表示数组名声明一个简单的二维数组，存储整型元素，其定义方式如下：

```
int scores[][];
```

在上面的示例中，int 用来标识数组中元素的类型，scores 用来指代二维数组名，[][]表示该数组为二维数组。

5.5.2 二维数组的初始化

二维数组的初始化方式和一维数组的初始化方式类似，也是分为静态初始化、动态初始化、默认初始化 3 种方式。

1. 默认初始化

默认初始化是一次性创建所有的行和列，一般使用关键字 new 来完成。其基本方式如下：

```
type[][] array = new type[x][y];
```

在上面的示例中，x 标识这个数组的行数（相当于一维数组的数目），y 标识这个数组的列数（一维数组中的元素个数）。比如：班上有 10 名学生，分别统计他们的 Java 课程、数据库课程、操作系统课程的成绩，就应该用一张 3×10 的表格去存储，用二维数组就可以表示为：

```
public class Test {
    public static void main(String[] args) {
        int[][] scores = new int[3][10];    // 一维数组有 3 个，每个一维数组的长度是 10
    }
}
```

在上面的示例中定义了一个二维数组，其中数组元素的类型是 int，数组名是 scores，申请了一个 3 行 10 列的数组。

2. 动态初始化

动态初始化是先新建行的数目，再分别去新建列的数目，这样就可以实现二维数组的动态初始化。这样做的好处是可以根据情况创建不同的列数来节省空间，不用必须新建一个规则。其基本方式如下：

```
type[][] array = new type[x][];      //新建一维数组的数目
array[0] = new type[10];             //第 1 行添加 10 个元素
```

```
array[1] = new type[20];                    //第2行添加20个元素
```

比如：小甜甜选修了三门课，小粉粉选修了四门课，要求统计他们的课程分数。现在有两种方案：

（1）我们可以按最大的行和列来申请数组，就是2×4，这样小甜甜就浪费了一个空间。

（2）我们可以用不规则的数组初始化方式来新建一个数组，第一行有3个元素，第二行有4个元素，其创建方式如下：

```
public class Test {
    public static void main(String[] args) {
        int[][] scores = new int[2][];
        scores[0] = new int[3];          // 小甜甜
        scores[1] = new int[4];          // 小粉粉
    }
}
```

3. 静态初始化

静态初始化就是在创建二维数组的时候赋值。这种方式能够很直观地看到数组的定义和赋值情况，其基本定义方式如下：

```
type[][] array = new type[][]{{…},{…},{…}};
```

比如：小甜甜选修了三门课，小粉粉选修了四门课，现在来统计他们的课程分数。使用静态初始化定义数组，如下所示：

```
public class Test {
    public static void main(String[] args) {
        int[][] scores = {                    // 前面用new int[][]也是可以的
            {80,90,80},
            {88,99,100,90}
        };
    }
}
```

> **注　意**
>
> 没有new type[][x]这种写法，有new type[x][]这种写法。

上例中的二维数组的结构如图5.6所示。

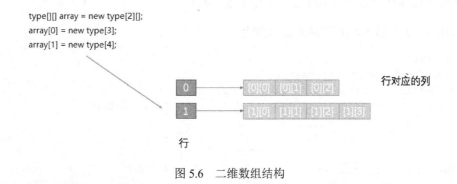

图 5.6　二维数组结构

5.5.3　二维数组的使用

二维数组的使用要分成两部分来理解：第一部分是二维数组中存放的一维数组，第二部分是一维数组中的元素值。第一个[]是用来索取一维数组的，第二个[]是用来索取一维数组中元素的。读取二维数组中的值的基本方式如下：

```
数组名[行下标][列下标]
type[][] array = new type[x][y];
System.out.println(array[0][5]);            // 读取第一行第六个元素
```

二维数组本身可以看作一个数组，它存储的元素的类型是一维数组（行），一维数组中存储的元素是该行列的数量。所以我们遍历的时候的顺序应该是，先取得行，再去取得行中数据对应的列。其操作方式如示例 5-8 所示。

【示例 5-8】遍历二维数组

```
package chapter5;
public class traverseArray2 {
    public static void main(String[] args) {
        int[][] array = new int[][] {                  //定义二维数组
            {1,2,3,4},
            {5,6,7,8},
        };
        for (int i = 0; i < array.length; i++) {        // 遍历行
            for (int j = 0; j < array[i].length; j++) { // 遍历列
                System.out.print(array[i][j] + "\t");
            }
            System.out.println();
        }
    }
}
```

程序编译后，运行结果如下：

```
1   2   3   4
5   6   7   8
```

使用增强 for 循环去遍历二维数组，如示例 5-9 所示。

【示例 5-9】增强 for 循环遍历二维数组

```java
package chapter5;
public class enhanceTtraverseArray2 {
    public static void main(String[] args) {
        int[][] array = {                          //定义二维数组
            { 1, 2, 3, 4 },
            { 5, 6, 7, 8 },
        };
        for (int[] line : array) {                 // 遍历行
            for (int i : line) {                   // 遍历 array[i]这行的列
                System.out.print(i + "\t");
            }
            System.out.println();
        }
    }
}
```

程序编译后，运行结果如下：

```
1    2    3    4
5    6    7    8
```

示例 5-8 和示例 5-9 展示了如何使用 for 循环来遍历二维数组，需要注意的是，增强 for 循环都是进行的赋值操作，并不是元素本身。

5.6 多维数组及其使用

我们已经认识了二维数组的声明、初始化、遍历。我们可以将二维数组抽象为一张二维表格，如果是三维、四维、更高维数组，我们已经没有办法再抽象为一个具体的东西了，那么应该如何去理解更高维的数组呢？其实就一个原则：最终都是一维数组，如下例所示：

```java
new int[3][4];
new int[2][3][4];
```

第 1 个示例表示有 3 个一维数组。第 2 个示例表示有 2 个二维数组，每个二维数组有 3 个一维数组，这样一层一层地拆解下来就可以了。具体如示例 5-10 所示。

【示例 5-10】多维数组的遍历

```java
package chapter5;
public class traverseArray {
    public static void main(String[] args) {
        int[][][] array =                          //定义三维数组
                {{{1, 2, 3}, {4, 5, 6}, {7, 8}},
                {{11, 12, 13}, {14, 15, 16}, {17, 18}},
```

```
                    {{21, 22, 23}, {24, 25, 26}, {27, 28}},};
        for (int i = 0; i < array.length; i++) {             // 遍历三维数组
            for (int j = 0; j < array[i].length; j++) {  //得到二维数组（array[i]）
                // 得到一维数组（array[i][j]）
                for (int k = 0; k < array[i][j].length; k++) {
                    System.out.print(array[i][j][k] + "\t");        // 获取具体的值
                }
                System.out.println();
            }
System.out.println("--------------------------------------------------");
        }
    }
}
```

程序编译后，运行结果如下：

```
1    2    3
4    5    6
7    8
--------------------------------------------------
11   12   13
14   15   16
17   18
--------------------------------------------------
21   22   23
24   25   26
27   28
--------------------------------------------------
```

从示例 5-10 可以看出，在进行多维数组的操作时可以进行逐步的数组分离，最终将其分离为一维数组来处理。

5.7 有关数组的常用操作

数组作为数据的存储容器，必然会涉及许多和数据有关的操作，比如排序、反转、去重等，这些都是平常编程中经常会用到的操作。我们通过前面的学习已经了解了有关数组的基本操作，是时候来进行一些实际的操作了。

5.7.1 数组的排序

数组的排序方法有许多，比如冒泡排序、快速排序、交换排序、堆排序等。这是我们在数据结构中专门学习的内容，这里介绍最基础的冒泡排序。

冒泡排序的原理是：对于数组中的元素，依次比较相邻的两个数，将小数放在前面、大数放在后面。具体就是先比较第 1 个和第 2 个数，将小数放在前面、大数放在后面；然后比较第 2 个和第 3 个数，将小数放在前面、大数放在后面，如此继续，直至比较最后两个数，将小数放在前面、大数放在后面，最终最大的数在最后面。重复以上过程，仍从第一对数开始比较，将小数放在前面、大数放在后面，一直比较到最大数前的一对相邻数，将小数放在前面、大数放在后面，第二趟结束，在倒数第二个数中得到一个新的最大数（比前面的数都大，比后面的数都小）。如此下去，直至最终完成排序。

在排序过程中，总是小数往前放、大数往后放，相当于气泡往上升，所以称作冒泡排序。下面我们对数组 scores 进行排序，其代码如示例 5-11 所示。

【示例 5-11】冒泡排序算法

```java
package chapter5;
import java.util.Random;
public class bubbleSort {
    public static void main(String[] args) {
        int[] scores = new int[10];                               //新建数组，长度为10
        Random random = new Random(System.currentTimeMillis());//使用随机数填充数组
        for( int i = 0; i < scores.length; ++i) {
            scores[i] = random.nextInt(201);
        }
        System.out.println("展示排序前的数组元素");
        for (int aux : scores) {
            System.out.print(aux + "\t");
        }
        System.out.println();
        for (int i = 0; i < scores.length - 1; i++) {             //冒泡排序
            for (int j = 0 ; j < scores.length - i - 1; j++) {
                if( scores[j] > scores[j+1]) {
                    scores[j] ^= scores[j+1];                     // 交换元素
                    scores[j+1] ^= scores[j];
                    scores[j] ^= scores[j+1];
                }
            }
        }
        System.out.println("展示排序后的数组元素");
        for (int aux : scores) {
            System.out.print(aux + "\t");
        }
        System.out.println();
    }
}
```

程序编译后，运行结果如下：

```
展示排序前的数组元素
167 162 16  154 19  55  61  61  88  180
展示排序后的数组元素
16  19  55  61  61  88  154 162 167 180
```

在示例 5-11 中展示了如何使用冒泡排序对一组无序数组进行排序，最终展示出从小到大的新数组。

5.7.2 数组的反转

数组的反转首先要通过图 5.7 来认识一下。

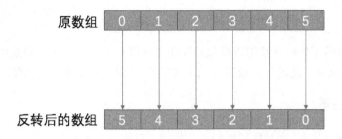

图 5.7 数组的反转

通过观察上图,我们可以得出一个结论:当前位置加上反转后的位置之和是数组的长度值减 1。所以我们定义两个索引变量,一个从最左边开始,一个从最右边开始,它们同时向中间的那个索引位置接近,并在过程中不断地交换彼此的值,直到最左边的索引值大于最右边的索引值时停止。针对上边的例子来说,就是索引 0 和索引 5 交换元素值,然后 0 加 1 变成 1,5 减 1 变成 4。重复上述过程,直到 2 加 1 变成 3、3 减 1 变成 2 时停止,数组也就完成了反转。代码如示例 5-12 所示。

【示例 5-12】数组的反转

```java
package chapter5;
import java.util.Random;
public class arrayReverse {
    public static void main(String[] args) {
        int[] scores = new int[10];                              // 新建数组
        Random random = new Random(System.currentTimeMillis()); // 生成随机数
        for( int i = 0; i < scores.length; ++i) {
            scores[i] = random.nextInt(201);
        }
        System.out.println("展示反转前的数组元素");
        for (int aux : scores) {
            System.out.print(aux + "\t");
        }
        System.out.println();
        int j , i;
        for (i = 0,j = scores.length - 1 ; i < j; i++,j--) {     // 数组反转
            scores[i] ^= scores[j];                              // 交换元素
            scores[j] ^= scores[i];
            scores[i] ^= scores[j];
        }
        System.out.println("展示反转后的数组元素");
        for (int aux : scores) {
            System.out.print(aux + "\t");
        }
        System.out.println();
    }
}
```

程序编译后，运行结果如下：

展示反转前的数组元素
75 129 173 113 161 34 24 188 111 168
展示反转后的数组元素
168 111 188 24 34 161 113 173 129 75

示例 5-12 中展示了如何对数组进行反转操作。索引 0 和索引 9 交换元素值，然后 0 加 1 变成 1，9 减 1 变成 8；重复上述过程，直到 4 加 1 成了 5，5 减 1 成了 4，数组也完成了反转操作。

5.7.3 数组的去重

对数组去除重复的元素也是常用的操作。数组一旦定义了大小之后，就不能再增加或者减小，所以去重后的元素应该存放到一个新的数组中保存。

去重最简单的思路就是：依次把旧数组中的元素存放到新数组中，但是在放入新数组中之前，要先在新数组中查找一次，看该元素是否已经存在了，如果没有存在，就把这个元素添加到新数组中去，存在的话就跳过。前面我们已经说过了，数组的大小一经定义就不能再改变，所以我们可以先按最大长度去新建一个临时数组，再把其中的有效值复制到一个相应大小的数组中去。记得置空临时数组，便于垃圾回收。

在正式进行操作之前，让我们再来一起认识一个方法：System.arraycopy——用于数组的复制。该数组的作用如下：

```
public static void arraycopy(Object src,int srcPos,Object dest,int destPos,int length);
```

该方法从指定源数组中复制一个数组，复制从指定的位置开始，到目标数组的指定位置结束。从 src 引用的源数组到 dest 引用的目标数组，数组组件的一个子序列被复制下来。被复制的组件的编号等于 length 参数。源数组中位置在 srcPos 到 srcPos+length-1 之间的组件被分别复制到目标数组中的 destPos 到 destPos+length-1 位置。其中的参数如下：

- src：源数组。
- srcPos：源数组中的起始位置。
- dest：目标数组。
- destPos：目标数据中的起始位置。
- length：要复制的数组元素的数量。

该方法的使用方式如示例 5-13 所示。

【示例 5-13】数组的去重

```
package chapter5;
public class noRepeat {
    public static void main(String[] args) {
        int[] scores = {                          //新建数组
            1,2,1,3,2,1,4,3,2,1,0,0,5
```

```java
    };
    System.out.println("展示去重前的数组元素: ");
    for (int aux : scores) {
        System.out.print(aux + "\t");
    }
    System.out.println();
    int[] newScores = new int[scores.length];
    int index = 0;                                          // 新数组的长度
    boolean isRepetition = false;                           //标识在数组中是否存在
    newScores[index++] = scores[0];
    for (int i = 0; i < scores.length; i++) {               // 遍历原数组
        for (int j =0; j < index; j++) {

            if(scores[i] == newScores[j]) {                 //元素已经存在
                isRepetition = true;
                break;
            }
        }
        if(isRepetition == false) {
            newScores[index++] = scores[i];                 //存放没有出现过的元素
        }
        isRepetition = false;
    }
    scores = new int[index];                                // 新建存放已经去重后的元素
    System.arraycopy(newScores, 0, scores, 0, index);       // 数组复制
    System.out.println("排重后的数组为: ");
    for (int aux : scores) {
        System.out.print(aux + "\t");
    }
    System.out.println();
    newScores = null;                                       // 指针置空,便于垃圾回收
    }
}
```

程序编译后,运行结果如下:

```
展示去重前的数组元素:
1   2   1   3   2   1   4   3   2   1   0   0   5
排重后的数组为:
1   2   3   4   0   5
```

在示例 5-13 中展示了如何对数组中的重复数据进行排重。在进行原数组的遍历过程中,通过使用标识位 isRepetition 来判断当前元素是否已经出现过,如果当前元素没有出现过,就将其记录下来存放到临时数组中;如果出现过,就直接跳出本次循环,转为判断数组中的下一个元素。在原数组中所有的元素都判断完成之后,使用 arraycopy()方法将临时数组复制到原数组中,从而实现数组的排重。

5.8 操作数据的工具类 Arrays

现在我们对数组比较熟悉了，但是有些常用的操作我们不必每次都自己去实现，可以使用相关的工具类去操作。除了前面学习了的数组复制方法外，Java 中还提供了一个工具类 Arrays，下面我们一起来认识它一下。

java.util.Arrays 类包含了用来操作数组（比如排序和搜索）的各种方法，常用方法如表 5-1 所示。

表 5-1　Arrays 类常用方法

方法名	描述
public static void sort(int[] a)	对指定的 int 型数组按数值升序进行排序。该排序算法是一个经过调优的快速排序法，此算法在许多数据集上提供 $n\log(n)$ 性能，导致其他快速排序会降低二次型性能。 参数： ● a：要排序的数组
public static int binarySearch(int[] a,int key)	使用二分搜索法来搜索指定的 int 型数组，以获得指定的值。必须在进行此调用之前对数组进行排序（通过 sort(int[]) 方法），如果没有对数组进行排序，则结果是不确定的。如果数组包含多个带有指定值的元素，就无法保证找到的是哪一个。 参数： ● a：要搜索的数组 ● key：要搜索的值 返回值： 如果包含在数组中，就返回搜索键的索引；否则，返回 (-(插入点) - 1)。"插入点"被定义为将键插入数组的那一点，即第一个大于此键的元素索引，如果数组中的所有元素都小于指定的键，就为 a.length。注意，这保证了当且仅当此键被找到时返回的值将大于等于 0
public static boolean equals(int[] a,int[] a2)	如果两个指定的 int 型数组彼此相等，就返回 true。如果两个数组包含相同数量的元素，并且两个数组中的所有相应元素对都是相等的，就认为这两个数组是相等的。换句话说，如果两个数组以相同顺序包含相同的元素，那么两个数组是相等的。此外，如果两个数组引用都为 null，就认为它们是相等的。 参数： ● a：将测试其相等性的一个数组 ● a2：将测试其相等性的另一个数组 返回值： 如果两个数组相等，就返回 true

Arrays 类的使用方式如示例 5-14 所示。

【示例5-14】Arrays 类的使用

```
package chapter5;
import java.util.Arrays;
public class ArraysClass {
    public static void main(String[] args) {
        int[] scores = {75,63,19,94,63,93,64,82,86};

        System.out.println("排序前的数组元素如下：");
        for (int score : scores) {
            System.out.print(score + "\t");
        }
        System.out.println();
        System.out.println("排序后的数组元素如下：");
        Arrays.sort(scores);                           // 进行排序
        for (int score : scores) {
            System.out.print(score + "\t");
        }
        System.out.println();

System.out.println("-----------------------------------------------------------");

        System.out.println("查找数值94：");
        int binarySearch = Arrays.binarySearch(scores, 94);  // 数值查找
        System.out.println("排序后，数值94的位置索引为：" + binarySearch);

System.out.println("-----------------------------------------------------------");

        int[] scores1 = new int[] {75,63,19,94,63,93,64,82,86};
        System.out.println("未对新数组进行排序，比较大小，结果为：" + Arrays.equals(scores1,scores));
        Arrays.sort(scores1);
        System.out.print("对新数组排序后，再比较大小，结果为：" + Arrays.equals(scores1,scores));
    }
}
```

程序编译后，运行结果如下：

```
排序前的数组元素如下：
75   63   19   94   63   93   64   82   86
排序后的数组元素如下：
19   63   63   64   75   82   86   93   94
-----------------------------------------------------------
查找数值94：
排序后，数值94的位置索引为：8
```

```
未对新数组进行排序，比较大小，结果为： false
对新数组排序后，再比较大小，结果为：true
```

通过示例 5-14 可以看出，使用 Arrays 类中的方法之后，可以很方便地实现数组的比较、排序和查找操作。在进行比较、查找等操作之前，最好先对数组进行排序，从而获取到统一格式的数组，防止进行误操作。

5.9　关于数组使用中的一些注意点

对于数组的使用，还有一些常见问题需要关注。这些问题才是我们使用数组的时候真正要注意到的。下面所有的注意点不一定大家都遇见过，但是终究会遇见，所以提前认识一下它们，今后对数组的使用将会更加得心应手。

（1）数组存放的元素只能是统一类型的，在后面学习的集合中可以存放不同类型的元素。
（2）数组本身是对象，是在堆中存放的。
（3）数组有两种声明形式：

```
int[] arr;
int arr[];
```

推荐使用前者，因为这符合 Sun 的命名规范，而且容易知道这是一个 int 数组对象，而不是一个 int 类型的普通变量。

（4）多维数组构造时，比如"int[][][] scores = new int[10][][];"，第一维的长度必须写上，其余的可以在后面再写。
（5）注意，对于数组的索引范围，数组的索引值是从 0 开始的，到 length-1 结束。每个数组对象都有一个 length 属性，存储着数组的长度。
（6）Java 有数组下标越界检查。当下标越界之后，会在运行时抛出异常，异常的内容一般为"ArrayIndexOutOfBoundsException 运行时异常"。
（7）比较两个数组的元素是否相等不可以使用"=="，使用"=="仅仅是比较它们的引用值，对于其中元素的比较应该是一个个的比较，或者使用 Arrays 类中的 equals 方法。
（8）数组的大小一经定义就不能再改变。

5.10　实战——Java 小程序

通过本章的学习，已经学会了一维数组、二维数组、多维数组的使用，接下来一起来完成一个小例子，巩固本章所学习的知识。

题目：软件工程班级有小甜甜、小粉粉、小灰灰、小羊羊 4 个同学。其中，小甜甜、小粉粉、小灰灰、小羊羊都选修了 Java 课程；小甜甜、小粉粉选修了数据库课程；小灰灰、小羊羊选择了 C++课程。他们的得分情况如表 5-2 所示。

表 5-2 选修课情况

姓名\课程	Java	数据库	C++
小甜甜	100	90	未选修
小粉粉	98	95	未选修
小灰灰	95	未选修	90
小羊羊	86	未选修	92

存储他们的分数，并计算各科的平均分以及个人的平均分，参考代码如下：

【实战 5-1】二维数组的使用

```
package chapter5;
public class shizhan1Class {
    public static void main(String[] args) {
        int[][] scores = {                              // 存储分数
            {100,90,-1},                                // -1 表示未选修
            {98,95,-1},
            {95,-1,90},
            {86,-1,92},
        };
        double[][] classAverageScores = new double[2][scores[0].length];
        double[][] personAverageScores = new double[scores.length][2];
        for (int i = 0; i < scores.length; i++) {
            for (int j = 0; j < scores[i].length; j++) {    //有选修该门课
                if(scores[i][j] >= 0) {
                    classAverageScores[0][j] += scores[i][j];    // 统计每门课总分数
                    classAverageScores[1][j]++;                  // 统计每门课总人数
                    personAverageScores[i][0] += scores[i][j];   // 统计个人总分
                    personAverageScores[i][1]++;                 // 统计个人选课门数
                }
            }
        }
        System.out.println("班级平均分：");
        String[] className = new String[] {
            "Java",
            "数据库",
            "C++"
        };
        for (int i = 0; i < classAverageScores[0].length; i++) {  //计算班级平均分
            classAverageScores[0][i] /= classAverageScores[1][i];
            System.out.println(className[i] + "平均分："+classAverageScores[0][i]);
        }

System.out.println("-----------------------------------------------------");
```

```
        System.out.println("个人平均分: ");
        String[] personName = new String[] {
                "小甜甜",
                "小粉粉",
                "小灰灰",
                "小羊羊"
        };
        for (int i = 0; i < personAverageScores.length; i++) {    /计算个人平均分
            personAverageScores[i][0] /= personAverageScores[i][1];
            System.out.println(personName[i] + "平均分: " + personAverageScores[i][0]);
        }
    }
}
```

程序编译后，运行结果如下：

```
班级平均分：
Java 平均分：94.75
数据库平均分：92.5
C++平均分：91.0
----------------------------------------------------
个人平均分：
小甜甜平均分：95.0
小粉粉平均分：96.5
小灰灰平均分：92.5
小羊羊平均分：89.0
```

在实战 5-1 程序中，我们使用二维数组 scores 来存储分数。其中，-1 表示未选修本门课。二维数组 classAverageScores 中的第一行（下标为 0）用来存储该门课的总成绩，最后转为平均成绩；第二行（下标为 1）存储选择该门课的人数。对于个人成绩来说，使用二维数组 personAverageScores 来存储，其中第一列（下标为 0）存储个人总分，最后转成平均成绩；第二列（下标为 1）存储个人选修课的门数。

第6章 方法

在 C 语言中，会将一些语句集合到一块来执行某些功能，这些操作的集合称为函数。而在 Java 中，类似的集合一般称为方法。在前面的章节中，经常使用 System.out.println()来将我们需要展示的内容输出到屏幕上。println()作为系统标准输出类中的一个方法，可供代码进行调用。

在本章中将重点介绍以下内容：

- 如何定义方法
- 方法的类型
- 数组作为方法参数
- 方法重载
- 方法传值
- 课表参数列表
- 方法覆盖

6.1 如何定义方法

方法就是用来解决一类问题的代码的有序组合，是一个功能模块。将常用的语句集合到一块，在使用的时候通过调用方法的方式执行这些语句，从而提高代码的复用性，同时也使得程序变得更加简洁和清晰，提高代码的可读性和可维护性。

方法一般由方法头和方法体组成，其定义的基本格式如下：

```
[修饰符] [返回值类型] 方法名(参数列表) {
    [方法体]
    return 返回值;// 如果有需要
}
```

在上面的定义中：

- 修饰符是可选的，用来修饰方法的类型，如公有、私有、是否属于静态方法等。
- 返回值类型标识该方法返回的数值的类型。方法可以有返回值，也可以没有返回值。如果需要返回数值，就需要和返回的数值类型相对应；如果没有返回值，就需要使用 void 关键字。
- 方法名用来标识方法的名称，在调用时，直接使用方法名和参数列表即可完成调用。其命名方式一般采用驼峰式。参数列表一般由一个或多个"参数类型 参数名"组成，其作用是将外部数据传递给方法，供方法内部使用。
- 方法体是方法的主体部分，定义了方法的功能，是由一条或多条语句构成的，能完成一个或多个功能。
- return 语句为返回值语句，作用是将方法中的某些内容返回给 main 方法，用来和当前方法之外的方法进行交互。如果不需要返回任何东西，可以不写 return 语句。

说　明
驼峰式命名方式中的第一个单词首字母小写，其余单词的首字母大写。

方法定义之后，就可以在声明了类的对象后使用点运算符（.）进行调用了，基本形式如下：

对象名.方法名(参数列表)

示例 6-1 展示了如何定义简单的方法。

【示例 6-1】方法定义和调用

```java
package chapter6;
public class basicFun {
    private int num;
    void setParam(int a){                               // 定义方法
        num = a;
    }
    int getParam(){
        return num;
    }
    public static void main(String[] args) {

        basicFun fun  = new basicFun();                 //创建类的对象
        fun.setParam(100);                              //使用对象名.方法名()调用方法
        System.out.println("变量num的值为: " + fun.getParam());
    }
}
```

程序编译后，运行结果如下：

变量num的值为：100

方法在类的内部定义，不能嵌套定义，即不能定义在另一个方法里；但是在一个方法中可以直接调用其他方法，如示例 6-2 所示。

【示例 6-2】方法嵌套调用

```java
package chapter6;
public class basicFun1 {
    void showStar(){                                    // 定义方法
        System.out.println("**************");
```

```
    }
    void showContext(){
        showStar();                              // 嵌套调用方法
        System.out.println("Java 入门教材系列");
        showStar();
    }
    public static void main(String[] args) {
        basicFun1 bfun = new basicFun1();        // 定义类的对象
        bfun.showContext();                      //调用方法
    }
}
```

程序编译后,运行结果如下:

```
*************
Java 入门教材系列
*************
```

从程序运行结果可以看出,可以在一个方法中调用另外一个方法。通俗来讲,在 main()方法中调用外部定义的方法也属于方法调用的一种。

6.2 方法类型

类中的方法一般按照有无参数和返回值进行归类,可以分为以下 4 类:

- 无参数无返回值
- 无参数有返回值
- 有参数无返回值
- 有参数有返回值

下面我们通过具体的实例来介绍这 4 种方法的使用。

无参数无返回值方法的使用如示例 6-3 所示。

【示例 6-3】无参数无返回值

```
package chapter6;
public class rroundArea1 {
    public void area(){                                          // 定义方法
        int a = 10;
        System.out.println("半径为" + a + "的面积为: " + 3.14 * a * a);
    }
    public static void main(String[] args) {
        rroundArea1 round = new rroundArea1();                   //创建类的对象
        round.area();                                            //调用方法
    }
}
```

程序编译后，运行结果如下：

半径为 10 的面积为： 314.0

示例 6-3 运行展示了无参数无返回值的方法的定义以及调用方式。在不需要参数返回的时候，方法使用 void 修饰符，在方法体中则不需要出现 return 语句。

如果方法需要返回值，那么在定义方法时就要根据返回值的类型限定方法的返回值类型，并且在方法体中使用 return 语句返回需要的记录，如示例 6-4 所示。

【示例 6-4】无参数有返回值

```java
package chapter6;
public class roundArea2 {
    public double area(){                           //定义无参数有返回值的方法
        int a = 10;
        return 3.14 * a * a;                        //返回记录
    }
    public static void main(String[] args) {
        roundArea2 round = new roundArea2();        //创建类的对象
        double area;
        area = round.area();                        //使用变量接收方法的返回值
        System.out.println("面积为：" + area);
    }
}
```

程序编译后，运行结果如下：

面积为：314.0

示例 6-3 和示例 6-4 展示了无参数方法的定义方式。在程序中，如果需要得到多种半径的圆形的面积，可以编写多个方法来实现。此时需要将半径作为参数，传递给自定义方法，从而实现能获取多个半径的圆的面积。有参数无返回值的情况如示例 6-5 所示。

【示例 6-5】有参数无返回值

```java
package chapter6;
public class roundArea3 {
    public void area( int a){                       //定义有参数无返回值的方法
        double area;
        area = 3.14 * a * a;
        System.out.println("半径为" + a + "的面积为：" + area);
    }
    public static void main(String[] args) {
        roundArea3 round = new roundArea3();        //创建类的对象

        round.area(10);                             //给方法传递不同的参数
        round.area(20);
    }
}
```

程序编译后,运行结果如下:

```
半径为10 的面积为: 314.0
半径为20 的面积为: 1256.0
```

通过上面的示例程序可以看到,在定义方法的时候添加了参数,可以很方便地处理那些参数不同但是功能相同的操作。

示例 6-6 将展示有参数有返回值的方法。

【示例 6-6】有参数有返回值

```
package chapter6;
public class roundArea4 {
    public  double area( int a){                              //定义方法
        double area;
        area =  3.14 * a * a;
        return area;
    }
    public static void main(String[] args) {
        roundArea4 round  =  new roundArea4();                //创建类的对象
        int r = 10;
        double area;
        area = round.area(r);                                 //变量作为参数
        System.out.println("半径为" + r + " 的面积为: " + area);
        r = 20;
        //常量作为参数
        System.out.println("半径为" + r + " 的面积为: " + round.area(r));
    }
}
```

程序编译后,运行结果如下:

```
半径为10 的面积为: 314.0
半径为20 的面积为: 1256.0
```

上面的 4 个示例程序分别演示了 4 种不同类型的方法的定义方式。在实际操作的时候,需要根据实际需要选择合适的类型来定义方法。

6.3 方法传值

前面介绍了方法的几种类型,其中有两种是需要传递参数的。本节重点介绍对于传递参数的方法是如何进行调用的。

6.3.1 参数类型

参数根据其使用情况,可以分为两种形式:

- 形式参数
- 实际参数

形式参数不能离开方法,并且只能在方法内部使用。形式参数不代表具体的对象,只能通过实际参数传递给形式参数。在示例 6-5 中,int a 就是形式参数,只能在方法 area()中使用。在 main()方法中,调用方法 area()时,参数 10 和 20 为实际参数可以直接使用。

6.3.2 基本数据类型的传值

参数在传递时,一般的传递方式是基本数据类型的传值。基本数据类型传值,形式参数的改变对实际参数没有影响,传递的是具体的数值,如示例 6-7 所示。

【示例 6-7】基本数据类型的传值

```
package chapter6;
public class exchange1 {
    public void swap(int a, int b) {                              //定义方法
        int temp;
        System.out.println("在方法 swap()中,交换前: a = " + a + ", b = " + b);
        temp = a;
        a = b;
        b = temp;
        System.out.println("在方法 swap()中,交换后: a = " + a + ", b = " + b);
    }
    public static void main(String[] args) {
        int m = 4, n = 5;
        exchange1 swapDemo = new exchange1();                     //定义对象
        System.out.println("交换前: m = " + m + ", n = " + n);
        swapDemo.swap(m, n);                                       //调用方法
        System.out.println("交换后: m = " + m + ", n = " + n);
    }
}
```

程序编译后,运行结果如下:

```
交换前: m = 4, n = 5
在方法 swap()中,交换前: a = 4, b = 5
在方法 swap()中,交换后: a = 5, b = 4
交换后: m = 4, n = 5
```

从示例 6-6 的运行结果可以看出,通过普通的传值方式进行处理后,数值仅在方法内部发生变化,在方法调用结束后,顺序维持原样,不会发生变化。

6.3.3 数组作为方法参数

上面介绍了普通的传值操作,而在数组作为参数的时候,传递的参数一般为数组的首地址。此时,在方法调用后,结果的返回又会发生不同的变化,如示例 6-8 所示。

【示例 6-8】数组作为方法参数

```java
package chapter6;
public class arrayUpdate {
    public void update(int[] arr) {                     //数组作为方法的参数
        arr[3] = 15;
        System.out.println("修改后数组 arr 的元素为：");
        for (int n : arr) {                             //for 循环
            System.out.print(n + " ");
        }
        System.out.println(); }
    public static void main(String[] args) {
        arrayUpdate arrayDemo = new arrayUpdate();      //定义对象
        int[] array = {1, 2, 3, 4, 5};                  //定义数组
        System.out.println("方法调用前数组 array 的元素为；");
        for (int n : array) {
            System.out.print(n + " ");
        }
        System.out.println();
        arrayDemo.update(array);                        //调用方法
        System.out.println("方法调用后数组 array 的元素为：");
        for (int n : array) {
            System.out.print(n + "  ");
        }
    }
}
```

程序编译后，运行结果如下：

```
方法调用前数组 array 的元素为；
1 2 3 4 5
修改后数组 arr 的元素为：
1 2 3 15 5
方法调用后数组 array 的元素为；
1 2 3 15 5
```

从上面的运行结果可以看出，在数组作为参数时，如果在方法内部修改了数组中某个元素的数值，那么在方法外部，其修改仍然有效。

6.4 方法重载和可变参数列表

在实际的编码过程中，我们经常会遇到类似的一种情况，那就是方法的功能是一样的，但是可能会需要不同个数、不同类型的参数，如各种类型参数的求和、取最大值等，此时就需要进行方法的重载。

6.4.1 方法重载

简单来讲，方法的重载就是用一个方法名来实现差不多的功能，在调用时通过选用的参数类型和参数个数来进行区分，从而避免了编写代码时出现众多不同的方法名。方法重载如示例 6-9 所示。

【示例 6-9】不同参数类型的方法重载

```
package chapter6;
public class overLoad {
    int add(int a, int b){                                  //定义整型类方法
        System.out.println("包含两个整型变量的方法被调用");
        return a + b;
    }
    double add(double a, double b){                         //定义浮点型类方法
        System.out.println("包含两个浮点型变量的方法被调用");
        return a + b;
    }
    String add(String a, String b){                         //定义字符串型类方法
        System.out.println("包含两个字符串的方法被调用");
        return a + b;
    }
    public static void main(String[] args) {
        overLoad over = new overLoad();                     //定义对象
        System.out.println("传递两个整型变量，结果为： " + over.add(10, 20));
        System.out.println();
        System.out.println("传递两个浮点型变量，结果为： " + over.add(10.8, 20.4));
        System.out.println();
        System.out.println("传递两个字符串，结果为: " + over.add("Hello", "World!"));
        System.out.println();
    }
}
```

程序编译后，运行结果如下：

```
包含两个整型变量的方法被调用
传递两个整型变量，结果为： 30

包含两个浮点型变量的方法被调用
传递两个浮点型变量，结果为： 31.2

包含两个字符串的方法被调用
传递两个字符串，结果为： Hello World!
```

从程序运行结果可以看到，当方法名一致时，编译器会根据参数的类型进行自动匹配，从而获取到应该调用的方法。

在进行方法重载时，除了使用参数类型来进行重载之外，一般还会使用参数的个数来进行方法的重载，也就是说在定义方法时可以定义不同参数个数的方法，在调用时根据传递的参数个数来确

定调用哪个方法，如示例 6-10 所示。

【示例 6-10】不同参数个数的方法重载

```
package chapter6;
public class overLoadSum {
    public int sumArgs(int a, int b){                    //定义 2 个参数的方法
        System.out.println("带 2 个参数的方法被调用");
        return   a + b;
    }
    public int sumArgs(int a, int b,int c){              //定义 3 个参数的方法
        System.out.println("带 3 个参数的方法被调用");
        return   a + b + c;
    }
    public static void main(String[] args) {
        overLoadSum varPara  = new overLoadSum();        //创建类的对象
        System.out.println("传递 2 个参数");
        System.out.println("传递的参数的和为： " + varPara.sumArgs(10, 20));
        System.out.println();
        System.out.println("传递 3 个参数");
        System.out.println("传递的参数的和为： " + varPara.sumArgs(10, 20, 30));
        System.out.println();
    }
}
```

程序编译后，运行结果如下：

传递 2 个参数
带 2 个参数的方法被调用
传递的参数的和为： 30

传递 3 个参数
带 3 个参数的方法被调用
传递的参数的和为： 60

从程序的运行结果可以看出，当参数个数不同时，根据在调用方法时传递的参数个数不同而选择调用不同的方法。

6.4.2 可变参数列表

在进行方法的定义时，一般会确定需要多少个参数。此外，还有一种特殊情况，就是在定义方法的时候不确定在调用时会有几个参数，只有在最终调用的时候，才会确定需要几个参数。在此种情况下，需要使用可变参数列表来解决这个问题。

可变参数列表又称为可变元参数或者可变参数类型，定义方式如下：

```
fun(类型修饰符... args){
方法体
}
```

在定义时，可变参数只能是一个类型，而不能出现多种类型共同作为参数。如果需要多个不同类型的参数，那么可以定义多个参数。但是一个方法只能有一个可变长参数，并且这个可变长参数必须是该方法的最后一个参数。

在进行方法调用时，可以指定参数，也可以不指定参数。如果有固定参数的方法和可变参数方法同名，那么一般会调用含有固定参数的方法。可变参数的使用方式如示例6-11所示。

【示例6-11】可变参数列表的使用

```java
package chapter6;
public class variablePara {
    public int sumArgs(int...n){                           //定义带有可变参数的方法
        int sum = 0;
        for (int i : n) {
            sum += i;
        }
        System.out.println("带可变参数列表的方法被调用");
        return sum;
    }
    public int sumArgs(int a, int b){                      //定义固定参数个数的方式
        System.out.println("不带可变参数列表的方法被调用");
        return   a + b;
    }
    public static void main(String[] args) {
        variablePara varPara  = new variablePara();         //创建类的对象
        System.out.println("传递1个参数");                    // 传递1个数的参数
        System.out.println("传递的参数的和为： " + varPara.sumArgs(10));
        System.out.println();
        System.out.println("传递2个参数");                    // 传递2个数的参数
        System.out.println("传递的参数的和为： " + varPara.sumArgs(10, 20));
        System.out.println();
        System.out.println("传递3个参数");                    // 传递3个数的参数
        System.out.println("传递的参数的和为： " + varPara.sumArgs(10, 20, 30));
        System.out.println();
        System.out.println("传递4个参数");                    // 传递4个数的参数
        System.out.println("传递的参数的和为： " + varPara.sumArgs(10, 20, 30, 40));
    }
}
```

程序编译后，运行结果如下：

```
传递1个参数
带可变参数列表的方法被调用
传递的参数的和为： 10

传递2个参数
不带可变参数列表的方法被调用
传递的参数的和为： 30
```

```
传递 3 个参数
带可变参数列表的方法被调用
传递的参数的和为： 60

传递 4 个参数
带可变参数列表的方法被调用
传递的参数的和为： 100
```

从上面的运行结果可以看出，在定义方法时给出了可变参数列表后，编译器会自动根据调用时参数的个数进行匹配。如果找不到固定参数的方法，就会调用含有可变参数列表的方法。

> **说　明**
>
> 如果调用的方法可以和两个可变参数匹配，就会出现编译错误。因为编译器不知道具体要调用哪种方法。

6.5　实战——Java 小程序

本章介绍了在 Java 编程中方法的定义和使用方式，主要介绍方法的传值和重载相关的知识。下面我们使用一个示例来巩固一下前面的知识。

题目：定义方法，获取传递参数的最大值，要求能够实现整型、浮点型，参数个数限定为两个参数。参考代码如下：

【实战 6-1】获取传递参数的最大值

```java
package chapter6;
public class testJava6 {
    public int max(int a, int b) {                              //定义整型方法
        System.out.println("获取整型参数的最大值");
        return (a > b) ? a : b;
    }
    public double max(double a, double b) {                     //定义浮点型方法
        System.out.println("获取浮点型参数的最大值");
        return (a > b) ? a : b;
    }
    public static void main(String[] args) {
        testJava6 t6  = new testJava6();                        //创建类的对象
        //传递整型参数
        System.out.println("获取整型参数中的最大值为:  " + t6.max(10, 20));
        System.out.println();
        //传递浮点型
        System.out.println("获取整型参数中的最大值为:  "+ t6.max(10.8, 3.5));
    }
}
```

程序编译后，运行结果如下：

```
获取整型参数的最大值
获取整型参数中的最大值为： 20

获取浮点型参数的最大值
获取整型参数中的最大值为： 10.8
```

第 2 篇

面向对象编程技术

第7章 类和对象

Java 是一类面向对象的语言。在面向对象编程中，最重要的概念就包括类和对象。本章将重点介绍类和对象。

本章主要内容如下：

- 类的定义
- 对象的定义
- 类中成员变量和局部变量的使用
- 构造方法
- static 和静态变量、静态方法以及静态初始块

7.1 类和对象概述

在自然界中，很多东西按照一定的规则都可以归并为一类，还有形形色色的对象。对于我们经常看到的狗来说，所有的狗可以统称为狗类，而作为宠物存在于每个家庭中的小狗就是具体的对象了。在面向对象编程思想中，大体遵循这种方式。

7.1.1 什么是类和对象

如果用面向对象编程思维来阐述上述问题，那么狗类就是一个模板，描述一类对象（狗类）的行为和状态；对象则是类的具体实例化（现实中看到的具体的狗），用来表述具体对象的行为和状态。例如，一条狗就是一个狗类的对象，将狗类中抽象的狗的行为（摇尾巴、叫等）和状态（颜色、品种等）具体化。

在 Java 编程中，类也是作为这种高度的抽象存在的。可将众多事务中相同或相似的操作抽象为类，因此类可以作为创建对象的模板存在。使用类创建了"具体的存在"之后，这个"具体的存在"就是对象了。

7.1.2 如何定义 Java 中的类

在 C 语言编程中，结构体作为一类构造性数据类型存在，有着极其重要的作用。它的主要作用是将不同的数据类型集合到一个变量里面，从而方便数据的组织和操作。

在 Java 编程中，类作为一种构造性数据类型存在。与结构体不同的是，在类的内部不但有不同的数据类型组成的变量，还有描述变量是如何操作的函数（也称方法）。类的定义示例如下代码段所示。

```
public class dog {
```

```
                        // 成员变量
    int age;            // 记录狗的年龄
    String colour;      // 记录狗的颜色
    String variety;     // 记录狗的品种
                        // 类中的方法
    void WaggingTail() {
        System.out.println("摇尾巴");
    }
    void bark()(){
        System.out.println("汪汪汪");
    }
}
```

上面的类定义了一个狗类，其中：

- public：类的类型修饰符，表明该类为公共类，可以被其他类无限制地调用。对于其他的修饰符，将在第 8 章中进行介绍。
- class：定义类的关键字，其作用和普通的类型定义符一样，表明其后面定义的为类而不是其他类型。
- dog：类名，用来表述类的名字，在后面需要使用该类时可以直接使用。其作用类似于普通的变量名。
- age、colour、variety：类中的成员变量名。在类中可以和结构体一样定义不同的变量，用来作为类自有的变量。
- WaggingTail、bark：类中的成员函数（方法）名，用来表述类的"抽象行为"，一般习惯称为方法。

7.1.3 如何使用 Java 中的对象

定义了类之后，仅相当于定义了一个模板。对于实际操作来说，模板只是作为抽象存在，而无法发生实际的操作行为。只有定义了类的对象，类才能发生实际的操作。

对象的定义方法一般如下：

```
dog yellowDog = new dog();
```

定义类的对象，一般使用关键字 new。一般来说，创建对象可以分为 3 步：

- 声明：声明一个对象，包括对象名称和对象类型。
- 实例化：使用关键字 new 来创建一个对象。
- 初始化：使用 new 创建对象时，会调用构造方法初始化对象。

完整的对象定义如示例 7-1 所示。

【示例 7-1】使用类中的对象

```
public class dog {
    void waggingTail() {                     // 定义类中的方法
        System.out.println("摇尾巴");
```

```
    }
    void bark()(){
        System.out.println("汪汪汪");
    }
}
public static void main(String []args){
    dog yellowDog = new dog();              //创建一个 yellowDog 对象
    
    yellowDog. WaggingTail();                //调用方法 waggingTail()
    yellowDog. bark() ;                      //调用方法 bark ()
}
```

程序编译后,运行结果如下:

摇尾巴
汪汪汪

对于示例 7-1 来说,首先定义了一个类 dog,然后在 main()函数中使用 new 关键字定义了一个类 dog 的对象 yellowDog,最后通过点运算符(.)来调用类中的方法。

说　　明
只有类的对象能调用类中的成员变量或方法,通过类名无法直接调用。

7.2　类中的成员

在类中,变量和方法都称为类的成员,类功能的实现也主要靠这些变量和方法来实现。本节将重点介绍如何使用类的成员。

7.2.1　Java 中的成员变量和局部变量

在 7.1 节中介绍了类以及如何定义类的对象,通过对象可以访问类中的变量。然而,在类中存在各种变量,根据变量定义的位置可以将其分为以下两种:

- 成员变量
- 局部变量

成员变量定义在类的内部,其作用范围是在类的整个定义范围内,即在类中定义的所有方法都能操作该变量。局部变量定义在类的方法之中,其作用范围仅在其存在的方法之中,在其存在的方法之外无法使用。成员变量和局部变量的使用如示例 7-2 所示。

【示例 7-2】使用类中的变量

```
package chapter7;

public class var {
    int memberVariable;              // 定义成员变量
    void  fun1() {                   // 类中的方法
        memberVariable = 100;
```

```
        int localVariable= 10;
        System.out.println("成员变量值为: " + memberVariable + "; 成员变量值为: " +
localVariable);
    }
    void  fun2(){
        memberVariable = 1;
        int localVariable = 10;
        System.out.println("成员变量值为: " + memberVariable + "; 成员变量值为: " +
localVariable);
    }
    void fun() {
        //System.out.println(localVariable);
    }
    public static void main(String []args){
        var tmpval = new var();                    //创建对象

        tmpval.fun1();                             //调用类中的方法
        tmpval.fun();
        tmpval.fun2();
    }
}
```

程序编译后，执行结果如下：

```
成员变量值为: 100; 成员变量值为: 10
成员变量值为: 1; 成员变量值为: 10
```

对于代码示例 7-2 来说，定义的变量 memberVariable 为成员变量，其作用域为定义语句之后，一直到类的定义结束，简单来讲，就是在类内部都有效。在类中的方法 fun1()和 fun2()，都定义了一个局部变量 localVariable，仅在变量存在的方法中有效，在方法之外无法进行操作，如果强行使用（如在方法 fun()中去掉注释符号，使语句生效），就会提示下列错误：

```
localVariable cannot be resolved to a variable
```

报错意思为：无法将 localVariable 解析为变量。因为在方法 fun()中不存在变量 localVariable，所以无法进行任何操作。

在 Java 中，不可避免的问题是成员变量和局部变量重名。例如，在示例 7-2 中，方法 fun1()和 fun2()中都存在变量 localVariable。在此种情况下，如果是在局部变量所在的方法之中，那么局部变量会覆盖成员变量的值，而在局部变量所在的方法之外使用的变量依然是成员变量，如示例 7-3 所示。

【示例7-3】变量重名

```
public class var {
    String var = "in class var";                // 定义成员变量
    void fun1() {
        String var = "in fun1()";               // 定义同名变量
        System.out.println(var);
    }
    void fun2(){
        String var = "in fun2()";               // 定义同名变量
```

```
        System.out.println(var);
    }
    void fun(){
        System.out.println(var);                    //未定义变量 var 时输出同名变量
    }
    public static void main(String []args){
        var tmpval = new var();                     //创建对象

        tmpval.fun1();
        tmpval.fun();
        tmpval.fun2();
    }
}
```

程序编译后，运行结果如下：

```
in fun1()
in class var
in fun2()
```

从示例 7-3 的运行结果可以看出，当出现局部变量和成员变量重名时，如果在方法内部，那么局部变量会覆盖成员变量；而在类中的方法之外并且没有重名的局部变量时，起作用的就是成员变量。原因是当程序执行到方法中时会给重名的变量分配相应的内存空间，而在方法内部，读取的是新分配的空间中的记录。在方法外部，分配的空间已经被收回，只有成员变量还存在，所以操作的是成员变量。

7.2.2 Java 中的构造方法

在类中可以定义很多方法，而有一类方法是在 Java 中默认存在的，即构造方法。构造方法的特殊之处在于：该方法只在对象创建时进行调用，在对象创建之后无法再次调用。

构造方法一般用来对对象进行初始化，如对成员变量赋初始值等。所有需要在对象创建时的操作，都可以放在构造方法中进行。构造函数的定义规则一般为：

- 方法名称与类名相同。
- 没有返回值类型。如果加了任何返回类型，那么哪怕是 void 类型构造方法也会变成一般的方法，而不会在创建类的对象时进行调用。
- 一个类中可以存在多个构造方法，从而使类的对象有不同的创建方式。每一个构造方法的名字都必须和类相同，不同的地方在于需要的参数个数不同。
- 在类中定义的一般方法也不能调用构造方法。

在定义类的过程中，系统一般会给出一个默认的构造方法，是一个空方法，没有任何参数，也没有返回值。如果定义了构造方法，那么编译器将不会给出默认的构造方法，如示例 7-4 所示。

【示例 7-4】默认构造方法

```
public class car {
    public car() {
        System.out.println("默认构造函数");
```

```
    }
    public static void main(String[] args) {
        car tmpcar = new car();
    }
}
```

程序编译后，运行结果如下：

默认构造函数

示例 7-4 中展示了存在一个构造函数的情况。如果只有一个构造函数，那么在创建对象时会默认进行调用。如果存在多个构造函数，那么系统会通过构造参数个数的不同来进行区分，如示例 7-5 所示。

【示例 7-5】多个构造方法

```
public class car {
    public car() {                                       //默认构造方法
        System.out.println("不带任何参数的构造函数，仅为定义一个对象");
    }
    public car(String colour) {                          //存在一个参数的构造方法
        System.out.println("存在一个参数");
        System.out.println("车子的颜色为:" + colour);
    }
    public car(String colour, String gas) {              //存在一个参数的构造方法
        System.out.println("存在两个参数");
        System.out.println("车子的颜色为:" + colour);
        System.out.println("车子的油耗为:" + gas);
    }
    public static void main(String[] args) {
        car tmpcar = new car();                          //调用不需要参数的构造方法
        System.out.println();
        car tmpcar1 = new car("black", "95 号汽油");      //调用两个参数的构造方法
        System.out.println();
        car tmpcar2 = new car("white");                  //调用一个参数的构造方法
    }
}
```

程序编译后，运行结果如下：

不带任何参数的构造函数，仅为定义一个对象

存在两个参数
车子的颜色为:black
车子的油耗为:95 号汽油

存在一个参数
车子的颜色为:white

从示例 7-5 可以看出，在创建对象时会根据给定的参数个数来自动决定使用哪个构造函数。在编程过程中，可以根据使用方便和实际需要来定义需要的构造方法，从而方便创建类的对象。

7.3 修饰符

在进行 Java 编程时，通常使用一些修饰符来限制类、变量、方法等具有什么属性。例如，哪些类的对象可以访问这些变量和方法，甚至可以控制类本身的属性。这些限制主要是由修饰符来进行控制的。类中的修饰符主要包含 3 类：类修饰符、成员变量修饰符和方法修饰符。

7.3.1 类修饰符

类修饰符主要用来修饰类，说明类的一些属性。常用的类修饰符如表 7-1 所示。

表 7-1 类修饰符

关键字	类型说明	作用
public	公共类	将一个类声明为公共类，可以被任何对象访问
abstract	抽象类	没有实现的方法，需要子类提供方法实现，一般作为接口类来使用
final	结束类	将一个类生命为最终（非继承类），表示它不能被其他类继承
friendly	默认修饰符	同一个包中的类可以互相调用

表 7-1 介绍了常用的类的修饰符。这些修饰符能够将类定义成不同的类型，如将其定义为公共类、接口类、结束类和友元类等。可以根据实际需要来选择不同的修饰符。如果不需要特殊的操作，可以选择使用友元类修饰符 friendly。

7.3.2 成员变量修饰符

成员变量修饰符用来修饰类中的成员变量，用来限定成员变量的使用方式。常用的修饰符如表 7-2 所示。

表 7-2 成员变量修饰符

关键字	类型说明	作用
public	公共类型	将一个变量声明为公共变量，可以被任何对象访问
private	私有类型	指定该变量只允许自己的类的方法访问，除此之外的其他任何类（包括子类）中的方法均不能访问
protected	保护类型	指定该变量可以被自己的类和子类访问，在子类中可以覆盖此变量
friendly	友元类型	在同一个包中的类可以访问，其他包中的类不能访问
final	最终修饰符	指定此变量的值不能变
static	修饰符	指定变量被所有对象共享，即所有实例都可以使用
transient	过度修饰符	指定该变量是系统保留，暂无特别作用的临时性变量
volatile	易失修饰符	指定该变量可以同时被几个线程控制和修改

表 7-2 中展示类中常用的成员变量修饰符。这些修饰符能够限定类中成员变量的作用范围及使

用方式。其默认的修饰符为 private，即成员变量仅能在自己的类中使用，除此之外，其他的任何类都不能使用。

7.3.3 方法修饰符

方法修饰符用来控制类中的方法的访问方式，如哪些对象可以访问哪些方法等。常用的方法修饰符如表 7-3 所示。

表 7-3 方法修饰符

关键字	类型说明	作用
public	公共类型	将一个方法声明为公共方法，可以被任何对象访问
private	私有类型	指定该方法只允许自己的类的对象访问，除此之外的其他任何类（包括子类）中的对象均不能访问
protected	保护类型	指定该方法可以被自己的类和子类的对象访问。在子类中可以覆盖此方法
friendly	友元类型	在同一个包中的类的对象可以访问，其他包中的类的对象不能访问
final	最终修饰符	指定此方法不能被重载
static	静态修饰符	指定不需要实例化就可以激活的一个方法
transient	过度修饰符	指定该变量是系统保留，暂无特别作用的临时性变量
volatile	易失修饰符	指定该变量可以同时被几个线程控制和修改

表 7-3 中展示了常用的方法修饰符。这些修饰符能够限定类中方法的使用方式和使用范围。选择何种修饰符主要取决于定义的方法的使用范围：如果可以被任何对象使用，就定义为 public 类型；如果只能在自己的类中使用，就需要定义为 private 类型……

7.4 static 的用法

在前面编写程序时，main() 方法前面都会使用 static 关键字进行修饰。关键字 static 不仅能用于修饰方法，还能用于修饰变量和初始化程序块。下面就介绍一下该如何使用 static 关键字。

7.4.1 static 与静态变量

类中会存在成员变量，一般只有类的对象才能访问成员变量，而每个对象都是单独的对象。在某些情况下，我们需要所有的类的对象都能访问某些变量，而不是某个对象所独有。这时需要使用 static 修饰符定义静态变量。

定义静态变量的方式如下：

static 变量类型修饰符 变量名

定义静态变量后，可以通过类的对象进行访问；也可以不创建对象，而直接通过类名访问。鉴于静态变量的特殊性，建议使用类名访问的方式。其访问方式如下：

```
类名.静态变量名
对象名.静态变量名
```

静态变量的使用方式如示例 7-6 所示。

【示例 7-6】静态变量的使用

```java
package chapter7;
public class staticVar {
    static String name = "Ben";
    public static void main(String[] args) {
        // 通过类名访问静态变量
        System.out.println("通过类名访问静态变量：" + staticVar.name);
        staticVar.name = "Mike";
        System.out.println("通过类名修改变量后，名字为：" + staticVar.name);

        staticVar  var = new staticVar();                //定义类的对象访问静态变量
        System.out.println("通过对象名访问静态变量：" + var.name);
        name = "jack";
        System.out.println("通过对象名修改变量后，名字为：" + var.name);

        staticVar var2  = new staticVar();               //定义第二个变量访问静态变量
        System.out.println("另外一个对象访问静态变量：" + var2.name);
    }
}
```

程序编译后，运行结果如下：

```
通过类名访问变量，名字为：Ben
通过类名修改变量后，名字为：Mike
通过对象名访问变量，名字为：Mike
通过对象名修改变量后，名字为：jack
另外一个对象访问静态变量，名字为：jack
```

从程序运行结果可以看出，静态变量既可以由类的对象操作，也能通过类名直接访问（不需要定义对象）。当存在多个类的对象时，静态变量对于所有的对象来说是共享的，其获取到的值是一致的。

7.4.2 static 与静态方法

在 Java 中，static 修饰符还可以直接修饰方法，从而构成静态方法。其定义方式如下：

```
static 方法返回值 方法名(参数列表){
方法内容
}
```

定义了静态方法之后，同样可以通过类名和对象名两种方式来访问。普通的方法只能通过对象名的方式进行访问。静态方法的访问方式如下：

类名.静态方法名
对象名.静态方法名

静态方法与普通的实例方法存在一定的区别：静态方法中只能访问静态变量，而不能访问普通的成员变量；实例方法既可以访问静态变量，也可以访问普通的成员变量。这是因为在创建静态方法时，普通的成员变量还未创建，只能在创建了类的对象之后才能使用成员变量。如果在静态方法中使用普通成员变量，一般会提示错误，错误信息如下：

```
Non-static field 'name' cannot be referenced from a static context
```

关于静态方法的使用方式，如示例 7-7 所示。

【示例 7-7】静态方法的使用

```java
public class staticFun {
    static  String staticName = "Ben";       // 定义静态变量
    String  name = "Mike";                   // 定义静态变量
    static void  staticShowName() {          // 定义静态方法
        System.out.println(staticName);      // 静态方法中访问静态变量
        // System.out.println(name);         // 静态方法中访问普通变量，提示错误
    }
    void  showName() {                       // 定义普通方法
        System.out.println(staticName);      // 普通方法中访问静态变量
        System.out.println(name);            // 普通方法中访问普通变量，可以正常使用
    }
    public static void main(String[] args) {
        System.out.println("通过类名调用静态方法");
        staticFun.staticShowName();

        System.out.println("通过对象名调用静态方法");
        staticFun fun = new staticFun();     // 定义对象
        fun.staticShowName();
        fun.showName();
    }
}
```

程序编译后，运行结果如下：

```
通过类名调用静态方法
Ben
通过对象名调用静态方法
Ben
Ben
Mike
```

从示例 7-7 可以看出，静态方法既可以通过类名直接访问，也可以通过类的对象来访问。在实际的调用过程中，可以根据需要选择不同的调用方式。

7.4.3　static 与静态初始化块

静态方法在类加载的时候就已经加载，可以用类名直接调用。在某些情况下，需要在项目启动的时候调用某些操作，如加载基本参数、初始化某些记录等。此时静态方法就不能解决此类需求了。在 Java 中，一般使用静态初始化块来实现这种操作。

静态初始化块是自动执行的，在项目创建的时候就已经执行，其执行顺序永远在第一位。定义方式为：

```
static {
//静态代码块主体
}
```

如果不加 static 修饰符，一般是非静态块。其执行顺序在静态块之后、普通的构造函数之前，如示例 7-8 所示。

【示例 7-8】静态初始化代码块的使用

```
public class staticfield {                              //创建静态类
    static{                                             //静态代码块
        System.out.println("父类中，静态块被执行");
    }
    {                                                   //非静态代码块
        System.out.println("父类中，非静态块被执行");
    }
    staticfield(){                                      //构造函数
        System.out.println("父类中，构造函数被执行");
    }
}
class childstaticfield extends staticfield {            //定义子类
    static {                                            //定义静态代码块
        System.out.println("子类中，静态块被执行");
    }
    {                                                   //非静态代码块
        System.out.println("子类中，非静态块被执行");
    }
    childstaticfield(){                                 //子类构造函数
        System.out.println("子类中，构造函数被执行");
    }
    public static void main(String[] args) {

        childstaticfield tmp = new childstaticfield();  //定义子类对象
    }
}
```

程序编译后，运行结果如下：

```
父类中，静态块被执行
子类中，静态块被执行
```

父类中，非静态块被执行	
父类中，构造函数被执行	
子类中，非静态块被执行	
子类中，构造函数被执行	

从程序运行结果可以看出，对于单个类来说，类在创建对象时首先执行静态块，然后执行非静态块，最后执行构造函数。对于有继承的子类对象来说，在创建对象时，首先查找父类中是否有静态块，如果有就先执行父类的静态块，然后执行子类的静态块。当静态块都执行完毕后，再执行父类中的非静态块和构造函数。都执行完之后，再依次执行子类的非静态块和构造函数。

7.5 实战——Java 小程序

通过本章的学习，我们了解了面向对象编程中重要的概念：类和对象。接下来我们通过一个简单的四则运算示例来巩固上面学过的东西。

题目：创建一个类 arithmeticOperation，类中包含构造函数和加减乘除 4 个方法。参考代码如下：

【实战 7-1】实现整数的四则运算

```java
public class arithmeticOperation {
   private int a;
   private  int b;
   static int i;
   static int j;
   static {                                              // 静态变量初始化
      System.out.println("执行静态代码块");
      i = 10;
      j = 5;
   }
   arithmeticOperation(int x, int y){                    // 构造函数，包含两个参数
      System.out.println("执行构造函数");
      a= x;
      b = y;
   }
   int add(){
      System.out.println("静态变量加法操作后，结果为： " + (i + j));
      return a + b;
   }
   int minus() {
      System.out.println("静态变量减法操作后，结果为： " + (i - j));
      return a - b;
   }
   static int multiplied (){
      return i * j;
   }
   static int divided() {
      return i / j;
```

```
    }
    public static void main(String[] args) {
        arithmeticOperation arith = new arithmeticOperation(8, 2);  // 创建对象
        System.out.println(arith.add());// 使用对象调用普通方法
        System.out.println(arith.minus());

        System.out.println("类名调用静态方法");
        System.out.println(arithmeticOperation.multiplied());    // 类名调用静态方法

        System.out.println("对象调用静态方法");
        System.out.println(arith.divided());                      // 对象调用静态方法
    }
}
```

程序编译后，运行结果如下：

```
执行静态代码块
执行构造函数
静态变量加法操作后，结果为： 15
10
静态变量减法操作后，结果为： 5
6
类名调用静态方法
50
对象调用静态方法
2
```

第8章 封 装

在日常生活中，有些东西是不方便被所有人知道的。例如，女士的年龄、公司中每个人的薪酬等，一般是不会使用表格或其他的方式对所有人公布的。当需要获取这部分信息时，就需要通过特定的途径来获取。这就需要提供某个方式，将这些信息"包裹"起来，不能全部对外公布。只能通过特殊的"接口"来获取。在 Java 编程中，这种操作称为封装。

本章主要内容包括：

- 封装的使用
- 包的使用
- this 关键字
- 内部类

8.1 什么是 Java 中的封装

封装是面向对象编程的三大特征之一，也是面向对象编程中常用的程序设计方式之一。其主要的方式就是为了将部分内部实现细节包装、隐藏起来，只对外提供接口。在调用相关方法时，只能通过提供的对外接口来进行调用，而不会知道内部的细节。就像一个黑盒子一样，不知道盒子的内部是什么样子的，只能知道这个盒子的作用。封装可以被认为是一个保护屏障，防止该类的代码和数据被外部类定义的代码随机访问。

简单的封装示例如示例 8-1 所示。在示例 8-1 中简单模拟了一下员工入职时的情况。在员工入职时，需要给新员工建立档案，对员工的基本信息进行登记。如果有人需要获取这些数据，也只能通过特定的接口来获取。接口返回的记录只能是包含本员工的信息，不能返回其他的信息。具体代码如下所示。

【示例 8-1】封装的简单应用

```
package chapter8;
public class MyEmployee {                    //定义类
    private String name;                     //定义成员变量
    private int   age;
    private long  income;

    public int  getAge() {                   //获取变量值 age
        return age;
```

```java
    }
    public long getIncome() {                        //获取变量值 income
        return income;
    }
    public String getName() {                        //获取变量值 name
        return name;
    }
}

    public void setAge(int age) {                    //设置变量值 age
        this.age = age;
    }
    public void setIncome(long income) {             //获取变量值 income
        this.income = income;
    }
    public void setName(String name) {               //获取变量值 name
        this.name = name;
    }
    public static void main(String args[]) {
        MyEmployee mary = new MyEmployee();          //定义类的对象
        System.out.println("员工入职信息登记");
        mary.setAge(25);                             //变量设定
        mary.setName("Mary");
        mary.setIncome(3500);
        System.out.println();
        System.out.println("通过接口获取信息");       //输出变量值
        System.out.println("姓名: " + mary.getName());
        System.out.println("年龄: " + mary.getAge());
        System.out.println("薪酬: " + mary.getIncome());
    }
}
```

程序编译后，运行结果如下：

```
员工入职信息登记

通过接口获取信息
姓名: Mary
年龄: 25
薪酬: 3500
```

在示例 8-1 中，通过创建新的对象 mary 来模拟给员工创建档案，并且通过调用 setName()、setAge()、setIncome()方法来完善员工的信息。当需要获取信息的时候，如员工本人进行信息查询的时候，通过使用接口 getName()、getAge()、getIncome()来进行数据获取。返回的记录中也只有员工本人的信息，而不会返回除员工本人之外的其他人的信息。

8.2　Java 中的 this 关键字

在 Java 中经常使用的一个关键字是 this 关键字。这个关键字的基本作用是显示调用对象对应的类中的方法和属性，而不会根据系统选择去调用其他的方法和属性。this 关键字的主要作用如下：

- this 调用本类中的属性，也就是类中的成员变量。
- this 调用本类中的其他方法。
- this 调用本类中的其他构造方法，调用时要放在构造方法的首行。

从示例 8-1 中的方法 setName()可以看到，成员变量和形参同名。如果不对两个变量进行区分，在赋值的时候直接写成 name=name，那么其作用仅是将参数 name 赋值为参数变量本身，而类中成员变量的数值并没有发生变化。在使用了 this 关键字之后，赋值双方就变成了形参变量 name 和类的成员变量 name，这样就实现了最终的效果。

this 除了能够调用类的成员变量和方法之外，还能作为方法的返回值，返回类本身，如示例 8-2 所示。

【示例 8-2】this 关键字的使用

```java
package chapter8;
public class baseThis {
    public baseThis getBaseThis(){
        return this;                                    //返回类本身
    }
    public void show(){
        System.out.println("使用this关键字返回类本身");
    }
    public static void main(String args[]) {
        baseThis baseThis = new baseThis();
        baseThis baseThis1 = baseThis.getBaseThis();
        baseThis1.show();
    }
}
```

程序编译后，运行结果如下：

使用 this 关键字返回类本身

从示例 8-2 可以看出，方法 getBaseThis()的作用就是返回类 baseThis 本身；而在 return 语句中，可以使用 this 关键字替代类本身。

8.3　使用包管理 Java 中的类

在实际进行 Java 编程的过程中，经常会出现各种方法、类名称重复或者相近的情况。尤其是在不同的模块中，功能类似的类的名称通常会被定义为同一个名字。这样在进行调用的时候就会发生类名冲突的现象。解决此类问题的方法就是使用包对类进行管理。

8.3.1 包的引入

包是 Java 中提供的，区别于类的名字的命名空间，是类的一种组织方式，一般而言是将一组相关的类和接口放到一个包中，提供了访问权限和命名的管理机制。

包主要有以下 3 种用途：

- 将功能相近的类放在同一个包中，可以方便查找与使用。
- 由于在不同包中可以存在同名类，因此使用包在一定程度上可以避免命名冲突。
- 在 Java 中，某次访问权限是以包为单位的。

创建包可以通过在类或接口的源文件中使用 package 语句实现。package 语句的语法格式如下：

```
package 包名;
```

其中，包名用于指定包的名称，包的名称为合法的 Java 标识符。当包中还有包时，可以使用"包1.包2.….包n"进行指定，其中，包1为最外层的包，而包n则为最内层的包，并且 package 语句通常位于类或接口源文件的第一行。在示例 8-2 中，在源文件的开头首先定义了"package chapter8;"，这样定义了包 chapter8。

8.3.2 创 建 包

在 IDEA 2018 中创建包的基本步骤如下所示：

步骤 01 在项目的 src 节点右击，然后依次选择"New→Package"选项，打开创建包的对话框，如图 8.1 所示。

图 8.1 新建包

步骤 02 在新建包对话框中，输入新包的名字，然后单击"OK"按钮，一个包就创建成功了。

步骤 03 在创建类的时候，可以在建立的包上右击，然后依次选择"New→Java Class"选项。也可以在创建了类之后手动指定新建类所在的包。

8.3.3 导 入 包

在实际的 Java 编程过程中，经常会需要应用其他包中的方法、属性。这些包可以是自己编写的自定义包，也可以是系统已经创建好的包。在导入了需要的包之后，就能够调用包中包含的方法、属性等。

导入包的方法是使用 import 关键字导入需要的包,基本规则如下:

```
import 包名
```

在使用 import 关键字导入包时,可以使用包的完整描述,比如使用日期类时,一般使用如下方式导入 date 包:

```
import java.util.Date
```

如果为了使用包中的很多类,可以使用通配符*来标识使用包中的所有类,其使用方式如下:

```
import java.util.Date.*
```

使用 import 关键字还可以用来导入类中的静态方法和静态变量。导入静态方法和静态变量可以使编程更加方便。其基本使用方式如下:

```
import static 静态成员
```

导入静态成员的示例如示例 8-3 所示。

【示例 8-3】导入静态成员实例

```java
package chapter8;
import static java.lang.Math.max;
import static java.lang.Math.min;
import static java.lang.System.out;                    //引入包

public class importStatic {
    public  static void main(String args[]) {
        int a = 10;
        int b = 20;
        //使用静态成员 max()
        out.println(a + "和" + b + "中较大的值为: " + max(a, b));
        out.println(a + "和" + b + "中较小的值为: " + min(a, b));
    }
}
```

程序编译后,运行结果如下:

```
10 和 20 中较大的值为: 20
10 和 20 中较小的值为: 10
```

在调用 out.println()方法时与平时的书写方式不一样,这是因为在定义类之前使用 import 引入了静态成员 out,所以在调用成员中的方法 println()时可以直接使用,而不需要写上完整的路径。对于 max()和 min()方法的调用方式,也是因为在文件开始引入了成员 Math,所以可以直接使用成员中的各种方法。

> **说　明**
>
> 示例 8-3 仅是为了说明 import 关键字的使用方式，在日常的编程中建议使用大家常用的引用方式，防止引起误解。

8.4　Java 中的内部类

在前面的章节中定义的类，都是在一个文件中定义多个类，并没有出现在一个类中定义另外一个类的情况。在 Java 编程中，允许出现这种类定义"嵌套"，一般将定义在一个类内部的类称为一般内部类。本节将重点介绍如何使用内部类。

8.4.1　成员内部类

在一个类中定义内部类的方法和定义普通类的方法类似，只不过需要将内部类定义在另外的一个类中，作为外部类的成员存在。其基本语法形式如下：

```
public class outclass{
                            //定义外部类的成员和方法
    public class innerclass{
                            //定义内部类的成员和方法
    }
}
```

通过上面的语法格式可以看出，内部类可以作为外部类的一个"特殊成员"存在，不仅可以定义属于自己的成员和方法，还可以调用外部类中定义的成员和方法。

在调用内部类的属性和方法时，需要通过内部类的对象来进行调用。如果在外部类中使用 new 关键字定义一个内部类的对象，那么内部类的对象就会直接绑定到外部类的对象上。内部类的基本使用方式如示例 8-4 所示。

【示例 8-4】成员内部类

```
package chapter8;
public class innerClass1 {
    innerClass1(){                                      //外部类的构造函数
        System.out.println("外部类构造函数");
    }
    private int num;
    baseInnerClass baseInnerClass = new baseInnerClass();
    public int getNum() {                               //获取变量数值
        return num + 100;
    }
    public void setNum(int num) {                       //设置数值
        this.num = num;
    }

    class baseInnerClass{
```

```
        baseInnerClass(){
            System.out.println("内部类构造函数");              //内部类构造函数
        }
        public int getNum() {
            return num + 100;
        }
    }
    public static void main(String args[]){
        innerClass1 innerClass = new innerClass1();           //定义类
        innerClass.setNum(100);

        System.out.println("返回内部类计算后的数值为: " + innerClass.baseInnerClass.getNum());
        System.out.println("使用外部类方法返回数值: " + innerClass.getNum());
    }
}
```

程序编译后，运行结果如下：

内部类构造函数
外部类构造函数
返回内部类计算后的数值为：200
使用外部类方法返回数值：200

在示例 8-4 中，在外部类 innerClass1 中定义了一个内部类 baseInnerClass，并且在外部类 innerClass1 中定义了内部类的对象 baseInnerClass，从而将内部类的对象绑定到了外部类的对象上，因此在创建外部类的对象时，先创建内部类的对象再创建外部类的对象。在对成员变量 num 的操作上，虽然变量 num 被定义成了 private 类型，但是内部类也可以直接对其进行操作。

在使用内部类的时候，不可避免会发生内部类的成员变量和外部类的成员变量重名的情况。默认情况下，在内部类时使用的是内部类中定义的成员变量，如果需要使用外部类的成员变量，需要使用 this 关键字，以显式地说明调用的是外部类的成员。外部类如果要调用内部类中的成员，那么需要通过使用内部类对象来调用。关于成员内部类的使用如示例 8-5 所示。

【示例 8-5】成员内部类的使用

```
package chapter8;
public class innerThis {
    private int num ;
    public innerClass inner = new innerClass();              //内部类对象
    public void setNum(int num) {
        this.num = num;
    }
    class innerClass{                                         //定义内部类
        private int num;
        public void setNum(int num) {
            this.num = num;
        }
        public void showAll(){
```

```
            System.out.println("内部类中,调动外部类的方法");
            innerThis.this.setNum(80);
            System.out.println("外部类中,变量的值为: " + innerThis.this.num );
            this.setNum(33);
            System.out.println("内部类中,变量的值为: " + num);
        }
    }
    public void showAll(){
        this.setNum(30);
        System.out.println("外部类中,变量的值为: " + num );
        innerClass inner = new innerClass();
        inner.setNum(100);
        System.out.println("内部类中,变量的值为: " + inner.num);
    }
    public static void main(String args[]) {
        innerThis innerthis = new innerThis();
        innerthis.setNum(100);
        System.out.println("调用外部类方法");
        innerthis.showAll();
        
        System.out.println("调用内部类方法");
        innerthis.inner.showAll();
    }
}
```

程序编译后,运行结果如下:

```
调用外部类方法
外部类中,变量的值为: 30
内部类中,变量的值为: 100
调用内部类方法
内部类中,调动外部类的方法
外部类中,变量的值为: 80
内部类中,变量的值为: 33
```

在内部类中调用外部类的方法和变量时,需要使用 this 关键字来指定调用的是外部类的内容。在外部类中调用内部类的方法和变量时,需要通过内部类的对象来进行调用,无法直接使用。

8.4.2 局部内部类

局部内部类是定义在外部类方法之中的特殊类,局部内部类的访问权限仅局限在定义的方法之中,并且局部内部类就像是方法里面的一个局部变量一样,不能使用 public、protected、private 以及 static 修饰符。局部内部类的使用方式如示例 8-6 所示。

【示例 8-6】局部内部类的使用

```
package chapter8;
public class localInner {
    private int num;
```

```
    localInner(){                                    //外部类构造方法
        System.out.println("外部类localInner的构造方法");
    }
    public void setNum(int num) {
        this.num = num;
    }
    public int getNum() {
        return num;
    }
    public localInner getLocalInner(){
        class local extends localInner{              //局部内部类
            private int age = 10;
            local(){
                System.out.println("局部内部类中的构造方法");
            }
        }
        return new local();
    }
    public static  void main(String args[]){
        localInner localInner = new localInner();
        localInner.getLocalInner();
    }
}
```

程序编译后，运行结果如下：

外部类localInner的构造方法
外部类localInner的构造方法
局部内部类中的构造方法

在示例 8-6 中，在类 localInner 的方法 getLocalInner()中定义了局部内部类 local，通过外部类的对象调用了局部内部类 local，并且返回了类的对象。

8.4.3 匿名内部类

每一个类都会有自己的类名，匿名内部类可以作为特例存在。该类不需要类的名字，但是只能使用一次，并且是在实现一个接口或者继承一个父类的时候使用。其作用经常是用来简化代码。

对于一般情况来说，如果子类需要复用父类的方法，就会将父类中的方法进行重写，以实现自己的功能需求。如果子类仅需要使用一次，那么使用定义一个新的子类的方式就显得非常的烦琐了。此时需要使用内部类来简化这种操作，如示例 8-7 所示。

【示例 8-7】匿名内部类的使用

```
package chapter8;
abstract class animal {
    public abstract void name();                     //定义抽象方法
    public static void main(String[] args) {
        animal pig = new animal() {
```

```
            public void name() {
                System.out.println("这种动物是猪");
            }
        };
        pig.name();
    }
}
```

程序编译后，运行结果如下：

这种动物是猪

在示例 8-7 中，在抽象类的方法中实现了匿名内部类，省略了一个类的书写，在定义对象时再对该类进行具体的实现。

8.4.4 静态内部类

在内部类定义时，同样可以添加 static 关键字，使其变为静态内部类。静态内部类和普通的静态类类似，创建静态内部类的对象不依赖于外部类的对象，并且静态内部类的对象不能访问外部类的非静态成员。静态内部类一般被称为嵌套类，其使用方式如示例 8-8 所示。

【示例8-8】静态内部类的使用

```
package chapter8;
public class staticInnerClass {
    private int num = 100;
    public static int staticNum = 33;
    InnerClass inner = new InnerClass();
    static class InnerClass{                                    //静态类
        public void show(){
            System.out.println("静态内部类中，访问外部类的静态成员");
            System.out.println("静态成员的数值为: " + staticNum);
        }
    }
    public static void main(String args[]){
        staticInnerClass staticClass = new staticInnerClass();
        System.out.println("访问静态内部类中的方法");
        new InnerClass().show();                                //访问静态内部类的方法

        System.out.println("访问类中的普通方法");
        staticClass.show();                                     //访问类的普通方法
    }
}
```

程序编译后，运行结果如下：

访问静态内部类中的方法
静态内部类中，访问外部类的静态成员
静态成员的数值为：33

访问类中的普通方法
非静态内部类中，访问普通成员
非静态内部类成员的数值为： 100

从示例 8-8 可以看出，在使用 static 修饰了内部类之后，仅能调用内部的静态成员，对于非静态成员，可以使用普通的类的方法来调用。在调用静态内部类中的成员时，可以不依赖于外部类的对象存在而直接进行访问。

8.5 实战——Java 小程序

（1）封装一个方法，判断输入的数值是否为水仙花数。水仙花数是一个 3 位数，其各位数字的立方和要等于该数本身。其参考代码如下：

【实战 8-1】求水仙花数

```
package chapter8;
public class shuixianhuashuClass {
   Boolean isShuiXianHuaShu(int num){
      boolean isFlag = false;
      if (num < 100 || num > 999){                          //确定取值范围
         System.out.println("取值范围不对，正常取值：100-999");
         isFlag = false;
      }
         int bai = num/100;
         int shi = (num - bai * 100) / 10;
         int ge = num % 10;
         if ((bai*bai*bai + shi*shi*shi + ge*ge*ge) == num){ //水仙花数的标准
            System.out.println( num + "是水仙花数");
            isFlag = true;
         }else {
            System.out.println( num + "不是水仙花数");
            isFlag = false;
         }
   return isFlag;
   }
   public static void main(String[] args){
      int num1 = 153;
      int num2 = 888;
      shuixianhuashuClass sxh = new shuixianhuashuClass();

      System.out.println("判断" + num1 +"是否为水仙花数: " + sxh.isShuiXianHuaShu(num1));
      System.out.println("判断" + num2 +"是否为水仙花数: " + sxh.isShuiXianHuaShu(num2));
   }
}
```

程序编译后，运行结果如下：

```
153 是水仙花数
判断 153 是否为水仙花数：true
888 不是水仙花数
判断 888 是否为水仙花数：false
```

（2）匿名内部类不仅能用于抽象类，还能用于接口上。使用匿名内部类将示例 8-7 改为接口调用的方式可参考代码实战 8-2 所示。

【实战 8-2】 匿名内部类的使用

```java
interface Person {
    public void eat();
}
public class Demo {
    public static void main(String[] args) {
        Person p = new Person() {
            public void eat() {
                System.out.println("eat something");
            }
        };
        p.eat();
    }
}
```

第9章 继 承

继承是面向对象编程（OOP）的三大特性之一。在编写程序的过程中，不可避免会发生一个类会和另一个类有继承关系。如果重复编写代码，那么整个工程将变得非常庞大和臃肿。使用继承就可以使工程变得更加简洁明了。

本章主要内容如下：

- 继承的概念和基本实现
- 多重继承
- 继承初始化的顺序
- 方法重写
- 继承的权限控制
- 特殊关键字 final 和 super
- Object 类的使用

9.1 继承基础

继承简单来说就是首先声明一个父类，然后声明一个子类，子类直接复制父类中的方法和属性，而不需要重复定义。这种关系类似于现实中的父子关系，儿子直接继承父亲的全部。这种类之间的关系就称为继承。

9.1.1 继承的概念

继承是一种类与类之间的关系，可以使用已存在的类的定义作为基础建立新类。已经存在的基础类一般称为父类、基类或超类，新生成的类一般称为子类或派生类。为什么会存在继承呢？我们首先看一下不使用继承的情况，代码如示例 9-1 所示。

【示例 9-1】不使用继承

```
package chapter9;
public class Person {                              // 定义person类
    private int age;
    public void personType(String type){           //定义方法
        System.out.println("在类 Person 中");
        System.out.println("人员类型: " + type);
```

```
    }
    public void personName(String name) {
        System.out.println("在类 Person 中");
        System.out.println("姓名: " + name);
    }
    public int getAge() {
        System.out.println("在类 Person 中");
        return age;
    }
    public void setAge(int tmpAge) {
        System.out.println("在类 Person 中");
        age = tmpAge;
    }
}
package chapter9;
public class Student {                              // 类 student
    private int age;
    public void personType(String type){            //定义方法
        System.out.println("人员类型: " + type);
    }
    public void personName(String name) {
        System.out.println("in class Person");
        System.out.println("姓名: " + name);
    }
    public int getAge() {
        System.out.println("in class Person");
        return age;
    }
    public void setAge(int tmpAge) {
        System.out.println("in class Person");
        age = tmpAge;
    }
    public static void main(String args[]) {
        Student stu = new Student ();               // 创建子类的对象

        stu.personType("学生");
        stu.personName("Mike");
        stu.setAge(18);
        System.out.println("年龄为: " + stu.getAge());
    }
}
```

程序编译后，运行结果如下：

```
人员类型: 学生
in class Person
姓名: Mike
in class Person
in class Person
```

年龄为: 18

类 Student 和类 Person 中定义的方法和变量完全相同。在不使用继承时，会造成重复编写和实现相关方法。如果存在更多类似的情况，那么整个工程将会被重复的代码所充斥，因此需要使用继承的方式来减少这种代码的冗余。

9.1.2 继承的实现

当两个类满足"A is a B"的关系时，就可以形成继承关系，一般通过 extents 关键字来实现。其语法格式如下：

```
class 子类 extends 父类
```

在使用了继承之后，子类的对象就能像父类的对象一样，能够使用父类中所有合适的方法、变量等。即使子类中没有定义方法或变量，仍然可以进行调用，从而实现和父类一样的功能和操作。使用示例如示例 9-2 所示。

【示例 9-2】继承的实现

```java
package chapter9;
public class Person {                                    // 定义person类
    private int age;
    public void personType(String type){                 //定义方法
        System.out.println("人员类型: " + type);
    }
    public void personName(String name) {
        System.out.println("in class Person");
        System.out.println("姓名: " + name);
    }
    public int getAge() {
        System.out.println("in class Person");
        return age;
    }
    public void setAge(int tmpAge) {
        System.out.println("in class Person");
        age = tmpAge;
    }
}
package chapter9;
public class studentPerson extends Person {              // 类 studentPerson
    public static void main(String args[]) {
        studentPerson stu = new studentPerson();         // 创建子类的对象
        stu.personType("学生");
        stu.personName("Mike");
        stu.setAge(18);
        System.out.println("年龄为: " + stu.getAge());
    }
}
```

程序编译后，运行结果如下：

```
人员类型：学生
in class Person
姓名：Mike
in class Person
in class Person
年龄为：18
```

从示例 9-2 可以看出，类 studentPerson 继承了类 Person，而类 studentPerson 中没有定义任何方法，完全使用父类 Person 中的方法。这样避免了对重复代码的编写，减少了代码量，便于后期的维护工作。

9.2 继承的特性

在上面介绍了继承的优势，但是继承不是能任意操作的。因此本节重点介绍继承中的特性，使得大家可以更加深刻地了解如何使用继承。

9.2.1 多重继承

Java 只能实现单继承，即子类一次只能继承一个父类，不能同时继承多个父类。如果需要继承多个父类，那么需要使用嵌套的方式，即孙类继承子类、子类继承父类，如此循环继承的方式来实现多重继承。例如：

```
// 错误的方式
class A{};
class B{};
//class C extends A, B{}

//正确的方式
class A{};
class B extends A{};
class C extends B{};
```

对于上面的示例来说，类 C 作为类 A 和类 B 的子类存在，需要继承类 A 和类 B 中所有合法的方法和属性。错误的方式是使用 C++面向对象编程中的继承方式，而在 Java 中，只能使用类 C 作为类 B 的子类、类 B 作为类 A 的子类的方式实现。

9.2.2 继承初始化顺序

在使用继承时，尤其是多重继承时，不可避免地会遇到继承的顺序问题。在继承时一般会遇到的就是父类和子类、孙类构造方法的执行顺序问题。我们通过示例 9-3 来具体说明首先要执行哪个构造方法。

【示例 9-3】初始化顺序

```
package chapter9;
public class InheritOrder {                          //类 InheritOrder
    InheritOrder() {
        System.out.println("执行类 InheritOrder 构造方法中");
    }
}
package chapter9;
public class InheritOrderA extends InheritOrder {    //类 InheritOrderA
    InheritOrderA() {
        System.out.println("执行类 InheritOrderA 构造方法中");
    }
}
package chapter9;
public class InheritOrderB extends InheritOrderA {   //类 InheritOrderB
    InheritOrderB() {
        System.out.println("执行类 InheritOrderB 构造方法中");
    }
    public static void main(String args[]) {
        InheritOrderB initB = new InheritOrderB();   // 实例化的是子类
    }
}
```

程序编译后，运行结果如下：

```
执行类 InheritOrder 构造方法中
执行类 InheritOrderA 构造方法中
执行类 InheritOrderB 构造方法中
```

从示例 9-3 可以看出，在使用了继承之后，在进行类的初始化时，首先执行的是父类的构造函数，然后是子类的构造函数，最终构造子类的对象。如果是多重继承，其继承顺序也是从父类到子类，即继承的初始化顺序为：类的加载→父类的静态成员→子类的静态成员→父类对象构造→子类对象构造（访问修饰符不影响成员加载的顺序，跟书写位置有关）。

9.2.3 方法重写

新类的定义中可以增加新的数据或新的功能，也可以用父类的功能，但不能选择性地继承父类中的部分功能，必须完全继承过来。继承之后，如果不想使用父类功能，可以对功能进行重新定义，即对父类的方法进行重写。子类对象调用的则是重写后的方法。方法重写的使用如示例 9-4 所示。

【示例 9-4】方法重写

```
package chapter9;
public class Person {                               // 定义 Person 类
    private int age;
    public void personType(String type){
        System.out.println("在类 Person 中");
```

```
            System.out.println("人员类型: " + type);
    }
    public void personName(String name) {
        System.out.println("在类 Person 中");
        System.out.println("姓名: " + name);
    }
    public int getAge() {
        System.out.println("在类 Person 中");
        return age;
    }
    public void setAge(int tmpAge) {
        System.out.println("在类 Person 中");
        age = tmpAge;
    }
}
package chapter9;
public class SimpleInherit extends Person{            // 类SimpleInherit
    int age;
        public void personType(String type){          //重写方法personType()
        System.out.println("在 类SimpleInherit 中");
        System.out.println("人员类型为学生");
    }
    public void setAge(int tmpAge) {
        System.out.println("在 类SimpleInherit 中");
        System.out.println("年龄在 8~18 岁之间");
        this.age = tmpAge;
    }
    public int getAge() {
        System.out.println("在 类SimpleInherit 中");
        return age;
    }
    public static void main(String args[]) {
        int tmpAge = 18;
        SimpleInherit stu = new SimpleInherit();      // 实例化子类

        stu.personType("学生");
        stu.personName("Mike");
        stu.setAge(tmpAge);                           // Person 类定义
        System.out.println("年龄为: " + stu.getAge());
    }
}
```

程序编译后，运行结果如下：

```
在 类SimpleInherit 中
人员类型为学生
在类 Person 中
姓名: Mike
在 类SimpleInherit 中
```

年龄在 8~18 岁之间
在 类 SimpleInherit 中
年龄为： 18

从示例 9-4 可以看出，如果在子类中重写了父类的方法，那么子类的对象在调用方法时会直接调用子类重写后的方法。如果不对父类的方法进行重写，那么被调用的还是父类中的方法。

9.2.4 继承的权限

在子类继承父类的方法和变量时，并不是父类所有的方法和变量都可以被子类继承。在继承过程中，只有符合条件的方法和变量才会被继承。继承的权限如表 9-1 所示。

表 9-1 继承的权限

父类中的类型	是否可被继承	子类中的类型
public 类型方法和变量	可以被继承	public
protected 类型方法和变量	可以被继承	public 或 protected
private 类型方法和变量	不能被继承	无

在表 9-1 中简单介绍了父类的方法和变量中哪些能够被子类继承、哪些不能够被继承。这些类型的限定可以帮助编程者对权限进行良好的控制，防止出现子类权限过大或者父类的数据被修改等问题。

> **说 明**
> 继承的权限控制同样适用于封装之后对类中方法和变量的访问权限控制。

9.3 继承的注意事项

上面介绍了继承过程中的一些特性，而在继承时还有些需要特别注意的地方。下面我们就对其进行简单的介绍。

9.3.1 Object 类

在讲述"多重继承"时，我们提到了 Java 编程中继承是单一继承，任何一个类都是从另外一个类继承而来。所有类的父类是 Object 类。如果一个类没有使用 extends 关键字明确标识继承关系，就默认继承 Object 类。同样，Java 中的每个类都可以使用 Object 类中定义的方法。Object 类中的方法如表 9-2 所示。

表 9-2 Object 类中的方法

方法名	作用
object()	构造函数
clone()	用来另存一个当前存在的对象
equale()	判断两个对象是否相同（地址是否相同）

(续表)

方法名	作用
hashCode()	获取对象的哈希值
toString()	返回一个 String 对象,用来标识自己
getClass()	返回一个 Class 对象
wait()	用于让当前线程失去操作权限,当前线程进入等待序列
wait(long),wait(long,int)	设定下一次获取锁距离当前释放锁的时间间隔
notify()	用于随机通知一个持有对象的锁的线程获取操作权限
notifyAll()	用于通知所有持有对象的锁的线程获取操作权限
finalize()	在进行垃圾回收的时候会用到,匿名对象回收之前会调用到

Object 类中方法的使用方式如示例 9-5 所示。

【示例 9-5】 Object 类中方法的使用

```
package chapter9;
public class ObjectClass {
    public static void main(String args[]) {
        ObjectClass object1 = new ObjectClass();              //创建类的对象
        ObjectClass object2 = new ObjectClass();

        System.out.println("调用 hashCode()方法");              //调用 hashCode 方法
        System.out.println("object1 的哈希值为: " + object1.hashCode());
        System.out.println("object2 的哈希值为: " + object2.hashCode());
        System.out.println();
        System.out.println("调用 equals()方法");                //调用 equals 方法
        System.out.println(object1.equals(object2) ? "object1 和 object2 相同 ":"object1 和 object2 不相同 ");
        System.out.println();
        System.out.println("调用 toString()方法");              //调用 toString 方法
        System.out.println(object1.toString());
        System.out.println();
        System.out.println("调用 getClass()方法");              //调用 getClass 方法
        System.out.println(object1.getClass());
    }
}
```

程序编译后,运行结果如下:

```
调用 hashCode()方法
object1 的哈希值为: 257895351
object2 的哈希值为: 1929600551

调用 equals()方法
object1 和 object2 不相同

调用 toString()方法
```

```
chapter9.ObjectClass@f5f2bb7
```
调用 getClass()方法
```
class chapter9.ObjectClass
```

在示例 9-5 中，在定义了类 ObjectClass 后并未定义任何方法，但是可以继承父类 Object 中的方法，而不需要再次声明和定义。

9.3.2 final 关键字

在进行继承操作时，并不是所有的类或方法都允许被继承。如果某个类或者某个方法不能被继承，那么可以使用 final 关键字来进行修饰。final 关键字的使用方式如下：

```
final class 类名 extends 父类{}              //声明类为final类
class B extends A{
    修饰符 final 返回值类型 函数名();         //声明方法为final方法
}
class B extends A{
    final 变量类型 变量名;                     //变量声明为final变量
}
```

当类中的成员变量被定义为 final 类型的变量后，其数值不能被修改，一般作为常量存在。一个类被声明为 final 类之后，类中的所有方法都会被自动改为 final 类型，而实例变量可以不是 final 类型。

9.3.3 super 关键字

在前面的章节中，我们讲述了 this 关键字可以用来对当前对象进行引用，访问当前类的成员方法或成员变量。在发生了类的继承后，存在父类和子类两个类，如果在子类中明显地调用父类的成员，就需要使用 super 关键字来引用父类的成员。super 关键字的使用方式如示例 9-6 所示。

【示例 9-6】super 关键字的用法

```
package chapter9;
public class SuperBase {                        //类 SuperBase
    private int x = 10;
    SuperBase() {
        System.out.println("执行父类 SuperBase 构造方法中");
    }
    void showtext() {
        System.out.println("执行父类 SuperBase 的普通方法");
    }
    int getX() {
        return x;
    }
}
package chapter9;
public class SuperSub extends SuperBase {       //类 SuperSub
```

```
    private int x =11;
    SuperSub() {
        super();                                // 显示调用父类构造函数
        System.out.println("执行类 InheritSubSuper 构造方法中");
    }
    void showSuperBase() {
        super.showtext();
        System.out.println("父类中的变量值为: " + super.getX());
    }
    public static void main(String args[]) {
        SuperSub sumSuper = new SuperSub();     // 实例化的是子类
        sumSuper.showSuperBase();
    }
}
```

程序编译后,运行结果如下:

执行父类 SuperBase 构造方法中
执行类 InheritSubSuper 构造方法中
执行父类 SuperBase 的普通方法
父类中的变量值为: 10

从示例 9-6 可以看出,使用 super 可以显式地调用父类中的方法、变量等属性,而 this 关键字只能调用本类中的方法和变量。

9.4 实战——Java 小程序

设计父类运动类,类中包含一个构造方法和一个普通方法(普通方法用来描述一般几个人参加),然后设计子类篮球运动类、足球运动类。根据实际情况重写父类中的方法,参考代码如下所示。

【实战 9-1】重写父类方法实战

```
package chapter9;
public class work1SportsClass {                              //创建父类
    public String name;
    public int num;
    public void getSportNmae(String name){
        this.name = name;
    }
    public void needHuman(int num){
        System.out.println(name + " 运动一般需要 " + num + " 人 同时参加");
    }
}
package chapter9;
public class workBasketBallClass extends work1SportsClass {   //创建子类

    public static void main(String[] args){
        workBasketBallClass basketball = new workBasketBallClass(); //创建子类对象
```

```
        basketball.getSportNmae("篮球");
        basketball.needHuman(10);
    }
}
```

程序编译后，执行结果如下：

篮球 运动一般需要 10 人 同时参加

第 10 章　多　态

在前面的章节已经介绍了面向对象编程三大特性中的两个——封装和继承。简单来说，封装实现了代码内部的"黑盒化"，从而使得代码可以尽可能模块化；继承实现了代码块的扩展，能够尽可能地实现代码的复用。对于多态来讲，除了能更好地进行代码复用之外，主要的目的是提高代码的耦合度，从而提高程序的可扩展性。

本章的主要内容如下：

- 多态的基本使用
- 抽象类的使用
- 接口的使用

10.1　Java 中的多态

在日常使用计算机的过程中，我们经常会使用一些快捷键，如组合键 Ctrl+A，在 Word 文档中按下该组合键将会选中当前文档中的所有内容；在打开的网页中，其作用就变成了选择网页中所有的内容。其操作方式都是按组合键 Ctrl+A，而在不同的环境中其作用又变得不太一样了。这在编程的世界中就是多态的使用。本节将讲述如何使用多态来简化编程操作。

在使用多态时，一般需要满足以下 3 个条件：

- 子类继承父类
- 子类重写父类的方法
- 父类引用子类的对象

例如，开头我们说的组合键 Ctrl+A，首先创建父类组合键类，里面创建方法 selectAllfun()。该方法可以是空方法。在实际使用该组合键时，分别创建对应的子类，如 Word 文档类、网页类等。在这些子类中重写方法 selectAllfun()，分别让其首先选择特定内容的功能。在进行调用时，使用父类引用子类的对象，这就在调用方法时调用到子类中重写的方法，从而实现了多态的操作。多态的使用如示例 10-1 所示。

【示例 10-1】多态的使用

```
package chapter10;
public class basePolymorphism {                                      // 定义父类
    basePolymorphism(){
        System.out.println("父类的构造方法");
    }
    public void fun1(){
```

```
        System.out.println("父类中的普通方法");
    }
    public void fun(){
        System.out.println("父类中将要被重载的方法");
    }
}
package chapter10;
public class childPolymorphism extends basePolymorphism {        // 定义子类
    childPolymorphism(){
        System.out.println("子类的构造方法");
    }
    public void fun() {
        System.out.println("子类重写父类的方法");
    }
    public static void main(String[] args){
        //使用父类创建父类的对象
        basePolymorphism basePolymorphism = new basePolymorphism();//创建父类对象
        basePolymorphism.fun();
        basePolymorphism.fun1();
        System.out.println();

        basePolymorphism child = new childPolymorphism();        //创建子类的对象
        child.fun();
        child.fun1();
    }
}
```

程序编译后，运行结果如下：

```
父类的构造方法
父类中将要被重载的方法
父类中的普通方法

父类的构造方法
子类的构造方法
子类重写父类的方法
父类中的普通方法
```

从示例 10-1 可以看出，在使用父类创建属于父类的对象时，该对象调用父类的方法属于普通的调用方式，并没有使用多态。只有在使用了父类的对象引用子类中的方法时，才会调用子类中的方法，从而实现多态的使用。

10.2 Java 中的抽象类

通过前面内容的介绍，我们知道在 Java 编程中，每一个类都能创建对应的对象，通过对象调用类中的方法。在使用多态特征时，会出现一种特殊的类：抽象类，这种类只能作为基类存在，而不能直接用来创建类的对象。本节将介绍如何使用抽象类。

10.2.1 抽象类基础

抽象类一般用abstract关键字声明,其类中的方法一般被称为抽象方法。在声明方法时,也需要使用关键字abstract声明。抽象类和抽象方法的基本定义方式如下:

```
public abstract class abstractBaseClass {//定义抽象类
   public abstract fun();//抽象方法
   public fun1(){//普通方法
     //方法体
   }
}
```

抽象方法和普通的方法不同,其方法体为空,只能是通过子类重写该方法才能出现具体的方法体。在调用时,也只能使用子类的对象来调用子类重写后的方法体来进行调用。如果一个类中有一个抽象方法,那么这个类就称为抽象类。抽象类的基本定义方式如下:

```
package chapter10;
public abstract class abstractBaseClass {              //定义抽象类
   abstractBaseClass(){
      System.out.println("父类 抽象类的 构造方法");
   }
   public abstract int add();                          //定义抽象方法
   public void show(){                                 //定义普通方法
      System.out.println("运算后,结果为: " + add());
   }
}
```

总体来说,抽象类和普通类的区别主要包含以下3点:

- 抽象类不能创建对象,普通类可以任意创建对象。
- 抽象类只能作为父类存在,并且子类继承父类之后,必须重写父类中的抽象方法。如果不重写抽象方法,那么子类也必须作为抽象类存在。
- 抽象方法的访问权限必须为public或者protect,否则子类将无法访问该方法。

10.2.2 抽象类的实现

抽象类和抽象方法的使用方式如示例10-2所示。

【示例10-2】抽象的实现

```
package chapter10;
public class abstractClass extends abstractBaseClass{     //创建类
   public int a = 3 ;
   public int b = 4;
   abstractClass(){
      System.out.println("子类 的 构造方法");
   }
   public  int add(){                                      //重写父类方法
```

```
        return a + b;
    }
    public static void main(String[] args) {
        abstractBaseClass child = new abstractClass();   //创建子类对象
        child.show();
    }
}
```

程序编译后,运行结果如下:

```
父类 抽象类的 构造方法
子类 的 构造方法
运算后,结果为: 7
```

从示例 10-2 可以看出,在定义了抽象类之后,一般用来作为父类存在。父类中的抽象方法也是空方法,里面没有方法体存在。而子类在继承了父类之后,需要重写父类中的抽象方法,从而实现最终的两个数相加的功能。对于构造方法来说,仍然遵守先执行父类构造方法后执行子类构造方法的顺序。

10.3 Java 中的接口

在面向对象编程时,除了使用抽象类来描述抽象的特性之外,还可以使用接口来阐述抽象的特性。从某些程度上讲,接口可以看作是抽象类的延伸。本节将重点介绍如何使用接口。

10.3.1 接口的基础

在声明接口时一般使用关键字 interface,其基本定义方式如下:

```
public interface baseInterface {          //定义接口
    void fun();                           //接口中的方法
}
```

在定义接口中的方法时,关键字 abstract 一般省略不写,而其访问控制权限也需要定义为 public 类型,否则不能被子类继承。该权限默认类型为 public,因此可以忽略不写。

接口和抽象类一样,不能被实例化。只能通过"子类"来实例化。在接口中只能定义空方法,而不能定义任何的方法体。在子类实例化时,需要将接口中的所有方法都"实例化"。接口的定义如下列代码所示:

```
package chapter10;
public interface baseInterface {          //定义接口
    public int add();                     //定义接口中的方法,均为空方法
    public int min();
    public int mul();
    public int div();
}
```

10.3.2 接口的实现

当通过类实现接口时,需要使用关键字 implements 来实现某个接口。其作用类似于继承中的 extends 关键字。其基本用法如下:

```
public class 类名 implements 接口名 {
    //类中的方法
}
```

在重写接口中的方法时,其返回值、形式参数等需要和接口中的定义方式一致,否则会被认为是类中自己的方法,而不是重写的接口中的方法。接口实现的代码如示例 10-3 所示。

【示例 10-3】 接口的实现

```java
package chapter10;
public class interfaceClass implements baseInterface {           //继承接口
    private int a;
    private int b;

    public void setA(int a) {                                    //实现接口中的方法
        this.a = a;
    }
    public void setB(int b) {
        this.b = b;
    }
    public int add(){
        return a+b;
    }
    public int min(){
        return a-b;
    }
    public int mul(){
        return a*b;
    }
    public int div(){
        return a/b;
    }
    public static void main(String[] args){
        interfaceClass interfaceClass = new interfaceClass();    //定义接口类的对象
        interfaceClass.setA(3);
        interfaceClass.setB(5);
        System.out.println(interfaceClass.a + " + " + interfaceClass.b + " = " + interfaceClass.add());
        System.out.println(interfaceClass.a + " - " + interfaceClass.b + " = " + interfaceClass.min());
        System.out.println(interfaceClass.a + " * " + interfaceClass.b + " = " + interfaceClass.mul());
        System.out.println(interfaceClass.a + " / " + interfaceClass.b + " = " + interfaceClass.div());
```

```
    }
}
```

程序编译后，运行结果如下：

```
3 + 5 = 8
3 - 5 = -2
3 * 5 = 15
3 / 5 = 0
```

从示例 10-3 可以看出，在使用接口作为基类时，接口中的方法均为空方法，而没有任何的方法体出现。当某类继承了这个接口之后，就需要将接口中的所有方法都实现，而在调用的时候也只能是通过子类的对象调用这些方法。

10.4 实战——Java 小程序

编写接口来获取图形的面积，并以圆形的实例来实现。

【实战 10-1】使用接口类计算圆形的面积

```java
package chapter10;
public interface work1Interface {                          //定义接口类
    public double getArea();
}
package chapter10;
public class work1circleGetAreaClass {                     //圆形获取面积
    static class circle implements work1Interface{         //定义静态类
        double r;
        public circle(double r){
            this.r = r;
        }
        public double getArea(){
            return (double)3.14 * r * r;
        }
    }
    public static void main(String[] args){
        circle cir = new circle(10.0);                     //创建对象
        System.out.println("圆形的面积为： " + cir.getArea());
    }
}
```

程序编译后，执行结果如下：

```
圆形的面积为： 314.0
```

第11章 异 常

对于任何一个程序员来说,编写一个毫无 bug 的程序或软件是一直为之奋斗的目标。然而实际情况是上到操作系统,下到简单的程序,都会或多或少地存在 bug。这些 bug 在 Java 编程中一般被称为异常。对异常的处理是检验一个程序健壮性的重要指标。本章我们将重点介绍一下如何处理异常。

本章的主要内容如下:

- 异常的简介
- 异常的处理方式
- 注解相关知识

11.1 异常简介

异常本质上是程序中的错误,是在程序运行过程中发生的。背离程序原本设计意图的表现都可以理解为异常。通过 Java 的异常处理机制,可以有效地提升程序的健壮性。

11.1.1 什么是异常

在 Java 编程中,异常一般作为一个异常类的对象存在。在这个对象中,描述了异常发生的原因。当代码运行时,如果有异常发生,就会生成一个异常类的对象,然后在相应的异常类的处理模块进行异常的处理,从而使程序能够正常运行下去。简单的异常如示例 11-1 所示。

【示例 11-1】简单异常

```
package chapter11;
public class SimpleException {
    public static void main(String args[]) {
        int num = 3;
        for (int i = 0; i < num; i--) {
            System.out.println(num + " / " + i + " = " + num/i);   //此处会出现异常
        }
    }
}
```

程序编译后,运行结果如下:

```
Exception in thread "main" java.lang.ArithmeticException: / by zero
    at chapter11.SimpleException.main(SimpleException.java:8)
```

示例 11-1 展示了一个简单的除法运算，当程序运行到 i=0 时，除数就变成了 0。对于除法运算来说，除数为 0 属于异常操作。程序在运行时抛出了一个异常类的对象：java.lang.ArithmeticException，并记录了异常发生的原因"/ by zero"，并且给出错误的位置是在 chapter11.SimpleException.main(SimpleException.java 文件中的第 8 行，即"System.out.println(num + " / " + i + " = " + num/i);"。

根据上述信息，可以很容易地找到错误的位置和原因，使得编程者能够快速地修改异常，从而满足程序的运行要求。

11.1.2 异常的分类

Java 系统中的异常一般包含异常和错误两大类。

异常可以通过异常处理机制来解决。异常可以分为编译期间异常和运行期间异常。编译异常又称为检查异常，编译器在编译时需要强制处理。例如，括号没有正确的配对、语句末尾缺少分号等，这些就属于编译器需要强制处理的异常。运行异常一般是编译器不需要强制处理的异常，在进行编译检查时也不会发现此类异常，但是在程序的运行过程中会出现此类异常。例如之前接触过的空指针异常、数组下标越界等。

Java 运行时发生的错误是程序无法处理的，并且也无法通过异常处理机制来处理，一般是 Java 虚拟机的错误，如内存溢出、线程死锁等。

在 Java 编程中，异常的结构及分类如图 11.1 所示。

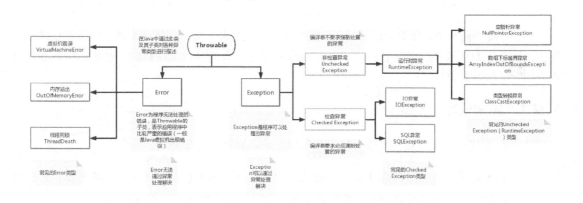

图 11.1　异常的分类

Java 中的异常类主要有两个：Error 类和 Exception 类。这两个类都是 Throwable 类的子类。其中，Error 类为程序无法处理的错误，表示应用程序中一些比较严重的错误，一般是 Java 虚拟机出现了问题，如虚拟机错误、内存溢出、线程死锁等。Error 类的异常是无法通过异常处理来解决的。能进行异常处理的主要是 Exception 类。一般还可以分为两类：非检查异常和检查异常。非检查异常是编译器不要求强制处理的异常，如除数为 0、数组越界等。这部分异常一般称为运行时异常；检查异常一般包含 I/O 异常和 SQL 异常等。这些异常编译器要求必须强制处理，如果不处理，程序将无法运行。

11.1.3 常见系统异常类介绍

在 Java 中提供了一些异常类，用来描述经常发生的错误，这些被封装为异常类。常见的异常类如表 11-1 所示。

表 11-1 常见异常类

异常类	异常名	作用
runtimeException	java.lang.ArrayIndexOutOfBoundsException	数组索引越界异常。当数组的索引值为负数或大于等于数组大小时抛出
	java.lang.ArithmeticException	算术条件异常，譬如整数除零等
	java.lang.NullPointerException	空指针异常。当应用试图在要求使用对象的地方使用了 null 时抛出该异常
IOException	OException：	操作输入流和输出流时可能出现的异常
	EOFException	文件已结束异常
	FileNotFoundException	文件未找到异常

表 11-1 仅展示了常用的异常类，除此之外，还有很多异常类存在。有兴趣的读者可以阅读相关的资料进行深入学习，在此不再赘述。

11.2 异常处理机制

在程序编写过程中，异常会经常发生，发生了异常就要及时处理，从而使得程序能够正常运行下去，不会因为异常导致程序中断。Java 编程中提供了完善的异常处理机制，在本节中，我们重点介绍一下如何对异常进行处理。

11.2.1 异常处理机制简介

在 Java 程序中，异常处理机制一般包含抛出异常、捕获异常两部分。其中：

- 抛出异常：当程序发生异常时，会生成异常对象，其中包含异常类型、异常出现时程序状态等。可以通过 throw 关键字手动抛出异常，通过 throws 关键字声明异常。
- 捕获异常：在抛出了异常之后，系统会寻找合适的异常处理器来处理这些异常。如果未找到合适的异常处理器，那么程序会被终止，不会继续往下运行。

运行时异常具有不可查性，为了更合理、更容易地实现应用程序，Java 规定运行时异常将由 Java 运行时系统自动抛出，允许应用程序忽略运行时异常。异常的抛出一般是由 throw 语句完成的。任何的 Java 代码都可以使用 throw 语句抛出异常，而任何异常都必须使用 throw 语句抛出。

异常抛出后，需要提供相应类型的异常处理器。也就是说，由相应的异常处理器捕获抛出的异常，从而进行相应的处理。捕获异常一般是用 try-catch 语句完成的，除此之外，还可以使用 try-catch-finally 语句实现。

除此之外，Java 规定：对于可查异常必须捕获，或者声明抛出。允许忽略不可查的 RuntimeException（及子类）和 Error（及子类）。简单来说，异常只能是先抛出后捕获，并且在某个方法中抛出异常之后，在另一个方法中能够捕获到该异常。下面我们看一下如何使用异常处理机制来处理编程中的异常。

11.2.2 使用 try-catch 语句捕获异常

捕获异常最常用的语句就是 try-catch 语句，其基本使用方式如下：

```
try{
                // 抛出异常
} catch (type 1){
                //处理类型为 type 1 的异常
} catch (type 2){
                //处理类型为 type 2 的异常
......
} catch (type n){
                //处理类型为 type n 的异常
}
```

在使用 try-catch 语句时，一般使用 try 语句实现正常的业务逻辑和数据操作，并且在其中抛出可能会出现的异常。异常抛出后，会根据创建的异常类来寻找对应的 catch 语句中的 type 是否匹配，如果匹配，就进入对应的 catch 语句中执行异常处理语句。匹配的一般原则是：如果抛出的异常对象属于 catch 子句的异常类，或者属于该异常类的子类，就认为生成的异常对象与 catch 块捕获的异常类型相匹配。其使用方式如示例 11-2 所示。

【示例 11-2】使用 try-catch 语句抛出、捕获异常

```java
package chapter11;
public class TryCatch {
   public static void main(String args[]) {
      int num = 3;
      try {
         for (int i = 0; i < num; i--) {
            if (num == 0) {
               throw new ArithmeticException();              //抛出异常
            } else {
               System.out.println(num + " / " + i + " = " + num / i);
            }
         }
      } catch (ArithmeticException e) {                     // 捕获异常
         System.out.println("除数为 0，导致系统异常退出。");
      }
   }
}
```

程序编译后，运行结果如下：

除数为 0，导致系统异常退出。

从示例 11-2 可以看出，在 try 监控区域通过 if 语句进行判断，使用 throw 语句抛出 ArithmeticException 异常，系统自动寻找匹配的异常处理器 catch，并运行相应异常处理代码，处理完成后，程序自动退出。

在实际编写程序时，"除数为 0" 等 ArithmeticException 是 RuntimeException 的子类。这些异常是由系统在运行时自动抛出的，而不需要使用 throw 语句进行显式的抛出，如示例 11-3 所示。

【示例 11-3】不使用 throw 语句抛出异常

```java
package chapter11;
public class TryCatchNoThrow {
    public static void main(String args[]) {
        int num = 3;
        try {                                                    //抛出异常
            for (int i = 0; i < num; i--) {
                System.out.println(num + " / " + i + " = " + num / i);
            }
        } catch (ArithmeticException e) {                        // 捕获异常
            System.out.println("除数为 0，导致系统异常退出。");
        }
    }
}
```

程序编译后，运行结果如下：

除数为 0，导致系统异常退出。

从示例 11-3 可以看出，在 try 语句块中，并没有显式地使用 throw 语句抛出异常，然而在异常程序运行后仍然能捕获异常并能进行正常的处理。

如果一个 try 语句对应多个 catch 来捕获异常，那么系统会自动进行匹配，选择最合适的异常类型对应的 catch 语句块来进行异常的处理。一旦处理了之后，整个 try-catch 语句就会宣告执行完毕，而不会顺序执行其他的 catch 语句。因此，在编写 catch 语句时需要格外注意，尽量使用正确的错误类型来进行捕获异常。

11.2.3　使用 try-catch-finally 捕获异常

使用 try-catch 语句进行异常处理时，一般是在 try 语句块中抛出异常，而在 catch 语句块中进行异常的处理。异常发生后，系统能够根据 catch 语句块中可以列出的错误类型来进行自动匹配，选择合适的异常类型来进行异常的处理。在实际编写程序的过程中，不可能将所有的异常类型都使用 catch 语句展示处理。在异常处理后还有很多需要进行处理的内容，如内存释放、文件关闭、设备关闭等，这就需要最后的处理语句来实现这些需求，可以使用 finally 语句来进行处理。

一个 try 语句后面可以有零个或多个不同类型的 catch 语句，每个 catch 语句的类型都不能相同，而 finally 语句有且仅能有一个。在每次异常发生后，最后都会执行 finally 语句中的内容。try-catch-finally 语句的一般语法形式为：

```
try{
                              // 抛出异常
} catch (type 1){
                              //处理类型为 type 1 的异常
} catch (type 2){
                              //处理类型为 type 2 的异常
……
} catch (type n){
                              //处理类型为 type n 的异常
}finally {
                              //语句处理
}
```

finally 语句一般放在所有的 catch 语句后面，其使用方式如示例 11-4 所示。

【示例 11-4】finally 语句的使用

```
package chapter11;
public class finallyExample {
    public static void main(String args[]) {
        int i = 0;
        int arry[] = {1, 2, 3, 4};
        try{
            for (; i < 5; i++) {
                System.out.println(arry[i]);            //抛出异常
            }
        } catch (ArrayIndexOutOfBoundsException e) {    //异常处理
            System.out.println("数组下标越界异常");
        } finally {                                      //finally 使用
            System.out.println("i = " + i);
        }
    }
}
```

程序编译后，运行结果如下：

```
1
2
3
4
数组下标越界异常
i = 4
```

从示例 11-4 的运行结果可以看出，当异常处理结束后，会执行 finally 中的语句块。如果在 try 语句中打开了文件或者某个设备，那么不管发生了什么情况的异常，都可以在 finally 语句块中将文件或者设备进行关闭操作。

11.3 自定义异常和异常链

在 11.2 节中介绍了 Java 系统抛出异常、捕获并处理异常的操作。在实际的编写过程中，系统提供的异常有时不能够满足实际的需要，这就需要进行自定义异常。Java 也支持用户自己定义需要的异常类型，并用于异常的处理。

11.3.1 自定义异常

自定义异常只需定义一个子类，该子类继承 Exception 类。在方法中使用 throw 关键字抛出自定义异常类的对象，使用 catch 语句捕获该异常类，即可实现自定义异常的抛出和处理，如示例 11-5 所示。

【示例 11-5】自定义异常

```
package chapter11;
public class CustomException extends Exception {    //定义 CustomException 类
    CustomException() {
        System.out.println("自定义异常抛出" );
    }
    CustomException(String message) {
        System.out.println(message );
    }
}
package chapter11;
import java.util.Scanner;
public class CustomExceptionTest {                  //类 CustomExceptionTest
    public static void main(String args[]) {
        try {
            System.out.println("输入一个人的年龄");
            Scanner sc = new Scanner(System.in);
            int age = sc.nextInt();

            if (age < 0) {
                throw new CustomException();                //抛出自定义异常
            } else if (age > 150){
                throw new CustomException("岁数过大");      //抛出异常
            } else {
                System.out.println("输入的年龄为：" + age);  //正常输出
            }
        }catch (CustomException e) {                        //捕获并处理异常
            System.out.println("输入的年龄不对");
        }
    }
}
```

程序编译后，在输入"-10"时，运行结果如下：

输入一个人的年龄

```
-10
自定义异常抛出
输入的年龄不对
```

输入"200"时,运行结果如下:

```
输入一个人的年龄
200
岁数过大
输入的年龄不对
```

在示例 11-5 中,在定义了自定义的异常类 CustomException 后,在类 CustomExceptionTest 中进行了调用,在调用时可以根据不同的参数来选择不同的自定义类中的方法。

11.3.2 异常链

有时我们会在捕获一个异常后抛出另一个异常,此时前一个异常会被后一个异常覆盖,导致异常缺失。异常链可以解决这一问题,使用方式如示例 11-6 所示。

【示例 11-6】 异常链的使用

```
package chapter11;
public class ExceptionChains {                    //定义类
    public static void exceptionOne() throws Exception {
        throw new Exception("这是异常一");
    }
    public static void exceptionTwo() throws Exception {
        try {
            exceptionOne();
        } catch (Exception e) {            //通过构造方法参数传递上一级的异常信息
            throw new Exception("这是异常二", e);
        }
    }
    public static void exceptionThree() throws Exception {
        try {
            exceptionTwo();
        } catch (Exception e) {
            Exception ex = new Exception("这是异常三");
            ex.initCause(e);                //通过 initCause 方法实现上一级异常信息的传递
            throw ex;
        }
    }
    public static void main(String[] args) {
        try {
            exceptionThree();
        } catch (Exception e) {
            e.printStackTrace();
        }
    }
}
```

```
}
```

程序编译后，运行结果如下：

```
java.lang.Exception: 这是异常三
    at chapter11.ExceptionChains.exceptionThree(ExceptionChains.java:22)
    at chapter11.ExceptionChains.main(ExceptionChains.java:30)
Caused by: java.lang.Exception: 这是异常二
    at chapter11.ExceptionChains.exceptionTwo(ExceptionChains.java:13)
    at chapter11.ExceptionChains.exceptionThree(ExceptionChains.java:19)
    ... 1 more
Caused by: java.lang.Exception: 这是异常一
    at chapter11.ExceptionChains.exceptionOne(ExceptionChains.java:5)
    at chapter11.ExceptionChains.exceptionTwo(ExceptionChains.java:10)
    ... 2 more
```

从示例 11-6 运行的结果可以看出，异常链是将异常发生的原因一个传一个逐层串起来，即将底层的异常信息传给上层，逐层抛出。

11.4 实战——Java 小程序

尝试打开一个文件，如果文件不存在，就抛出文件不存在的异常。

> **提 示**
> 文件不存在的异常类型为 FileNotFoundException。

【实战 11-1】抛出文件不存在的异常并处理

```java
package chapter11;
import java.io.File;
import java.io.FileInputStream;
import java.io.FileNotFoundException;                       //引入文件处理相关包
public class fileNotFound {
    public static void main(String[] args) {
        File f= new File("noexist.txt");
        try{
            System.out.println("试图打开文件 noexist.txt");
            new FileInputStream(f);                          //打开文件
            System.out.println("成功打开");
        }
        catch(FileNotFoundException e){                      //捕获异常并处理
            System.out.println("文件打开失败,noexist.txt 不存在,请确认文件名是否正确");
            e.printStackTrace();
        }
    }
}
```

程序编译后，执行结果如下：

```
试图打开文件 noexist.txt
文件打开失败，noexist.txt 不存在，请确认文件名是否正确
java.io.FileNotFoundException: noexist.txt (系统找不到指定的文件。)
    at java.base/java.io.FileInputStream.open0(Native Method)
    at java.base/java.io.FileInputStream.open(FileInputStream.java:220)
    at java.base/java.io.FileInputStream.<init>(FileInputStream.java:158)
    at chapter11.fileNotFound.main(fileNotFound.java:14)
```

第12章 字 符 串

在前面的示例代码中,我们一般使用整型变量来进行各种操作,但是也有使用字符串来进行讲解的。字符串是由很多字符连接成一串,组成的特殊变量类型。本章将重点介绍如何在 Java 编程中熟练并且准确地使用字符和字符串。

本章的主要内容如下:

- 字符以及 Character 类
- 字符串以及 String 类
- StringBuffer 类和 StringBuilder 类

12.1 字 符

字符是组成英文的基本部分,在编程的世界中,26 个英文字母远远不能满足日常的需求。除了 26 个字母之外,还有其他的字符供编程使用。下面我们介绍一下 Java 编程中的字符。

12.1.1 字符简介

字符是一个个单个的符号,如 26 个英文字母(包含大小写)、10 个阿拉伯数字等。这些字符在计算机中是按照 ASCII 码的方式进行存储的,其取值范围是 0~127。ASCII 码值与字符的对应可以参照相关资料进行查阅。

在 Java 编程时,定义一个字符变量,可以使用 char 关键字,例如:

```
char ch1 = 'A';
char ch2 = 'a';
```

上面的语句定义了两个字符型变量 ch1 和 ch2,其字符值分别标识字符 A 和字符 a。在使用强制转换时,字符可以直接转换为对应的 ASCII 码值,如示例 12-1 所示。

【示例 12-1】字符和 int 类型互相转换

```
package chapter12;
public class AssicToInt {
    public static void main(String args[]) {
        char ch1 = 'a';
        char ch2 = '2';
        int num = 65;
        System.out.println("字符变量 "   + ch1 + "对应的 ASCII 数值为 " + (int)ch1);
        System.out.println("字符变量 "   + ch2 + "对应的 ASCII 数值为 " + (int)ch2);
        System.out.println("字符变量 "   + num + "对应的 ASCII 数值为 " + (char)num);
```

```
    }
}
```

程序编译后，运行结果如下：

```
字符变量 a 对应的 ASCIIC 数值为 97
字符变量 2 对应的 ASCII 数值为 50
字符变量 65 对应的 ASCII 数值为 A
```

从示例 12-1 的运行结果可以看出，字符型的变量在计算机中是按照 ASCII 码值进行存储的，如果强行输出整型数值，那么系统会将字符对应的 ASCII 码值输出。同理，如果强制转换在范围内的 ASCII 码值为字符型，那么也会输出对应的字符。

12.1.2 Character 类

在进行 Java 编程时，一般使用关键字 char 来定义一个字符变量，而在实际的编程过程中，经常会使用到对象。Java 语言为内置数据类型 char 提供了包装类 Character 类。在使用时，仅需要使用类 Character 创建相应的对象即可实现对字符的操作。Character 类的使用方式如示例 12-2 所示。

【示例 12-2】Character 类的使用

```
package chapter12;
public class CharacterClass {
    public static void main(String args[]) {
        Character ch1 = new Character('A');
        Character ch2 = new Character('1');
        System.out.println("判断字符" + ch1 + "是否为一个字母，结果为： " + Character.isLetter(ch1));
        System.out.println("判断字符" + ch2 + "是否为一个数字，结果为： " + Character.isDigit(ch2));
        System.out.println("判断字符" + ch2 + "是否为一个空格，结果为： " + Character.isSpaceChar(ch2));
        System.out.println("判断字符" + ch1 + "是否为一个大写字母，结果为： " + Character.isUpperCase(ch1));
        System.out.println("字符" + ch1 + "转为小写字母，结果为： " + Character.toLowerCase(ch1));
        System.out.println("字符" + ch1 + "对应的十进制数值为： "+ (int)(ch1));
        System.out.println("字符" + ch2 + "对应的十进制数值为： "+ (int)(ch2));
        System.out.println("字符" + ch1 + "和字符 " + ch2 + "进行比较，结果为： " + Character.compare(ch1, ch2));
        System.out.println("字符" + ch2 + "和字符 " + ch1 + "进行比较，结果为： " + Character.compare(ch2, ch1));
    }
}
```

程序编译后，运行结果如下：

```
判断字符 A 是否为一个字母，结果为： true
判断字符 1 是否为一个数字，结果为： true
```

```
判断字符 1 是否为一个空格，结果为： false
判断字符 A 是否为一个大写字母，结果为： true
字符 A 转为小写字母，结果为： a
字符 A 对应的十进制数值为 ： 65
字符 1 对应的十进制数值为 ： 49
字符 A 和字符 1 进行比较，结果为： 16
字符 1 和字符 A 进行比较，结果为： -16
```

在示例 12-2 中，首先定义了两个 Character 类的对象 ch1 和 ch2；然后依次调用了 Character 类中的静态方法来判断字符是否为字符、是否为数字、是否为空格、转为小写字符，并进行了比较运算。通过将其转换为 ASCII 码值后的结果可以看出，对字符进行比较，返回的结果一般是两个字符的 ASCII 码值的差值。

Character 类中提供了非常丰富的普通方法和静态方法，在实际的运算和操作过程中可以根据需要来选择使用哪些方法，而不需要重新实现。

12.1.3 转义序列

在编程时，除了常见的字符之外，经常会遇到某些特殊的字符，如换行符、换页符等。这些符号无法用字符来表示，因此需要使用某些特殊的字符来表示特殊的含义，这些字符就是转义字符。转义字符的前面一般会有反斜杠（\）的字符表示转义，用来说明后面的字符不是字符本身的含义，表示其他的含义，常见的转义字符如表 12-1 所示。

表 12-1 常见转义字符

转义序列	描述
\t	在文中该处插入一个 tab 键
\b	在文中该处插入一个后退键
\n	在文中该处换行
\r	在文中该处插入回车
\f	在文中该处插入换页符
\'	在文中该处插入单引号
\"	在文中该处插入双引号
\\	在文中该处插入反斜杠

表 12-1 展示了常见的转义字符，其使用方式如示例 12-3 所示。

【示例 12-3】转义字符使用

```
package chapter12;
public class EscapeChar {
    public static void main(String args[]) {
        System.out.println("输出换行符: \n");                    //使用转义字符\n
        //使用转义字符\"
        System.out.println("输出带引号的helloworld: " + "\"hello world\"");
        System.out.println("输出一个反斜杠: \\");                //使用转义字符\\
```

```
    }
}
```

程序编译后，运行结果如下：

输出换行符：

输出带引号的 helloworld："hello world"
输出一个反斜杠：\

从示例 12-3 的执行结果可以看出，在使用了转移字符之后，可以输出一些特殊字符。在使用的时候，如果需要输出表 12-1 中的特殊字符，就需要使用反斜杠来进行转义输出；如果不使用反斜杠进行转义，就会被作为特殊字符来处理，从而引起程序错误。

12.2 字符串类

字符串是由任意多个字符组成的数据串。一般来说，任何的数据都可以用字符串来表示。字符串一般用一对双引号表示，在双引号中间的记录都是字符串的组成部分。在 Java 编程中，提供了 String 类及其子类，用来表示字符串及字符串的相关操作。下面重点介绍 String 类及其子类的使用方式。

12.2.1 String 类

String 类一般用来创建和操作字符串，String 类总共提供了 11 种构造方法，可以根据不同的参数来创建字符串对象。常见的创建字符串对象的方式如示例 12-4 所示。

【示例 12-4】使用 String 类创建对象

```
package chapter12;
public class String1 {
    public static void main(String args[]) {
        String str1 = "hello world!";                    //定义 String 类的对象
        String str2 = new String("hello world!");
        char[] helloArray = { 'h', 'e', 'l', 'l', 'o', ' ', 'w', 'o', 'r', 'l', 'd', '!' };
        String str3 = new String(helloArray);
        System.out.println("输出字符串 1：" + str1);      //输出 String 类的对象
        System.out.println("输出字符串 2：" + str2);
        System.out.println("输出字符串 3：" + str3);
    }
}
```

程序编译后，运行结果如下：

输出字符串 1：hello world!
输出字符串 2：hello world!
输出字符串 3：hello world!

在示例 12-4 中，String 类的对象 str1 直接将字符串赋值给对象 str1，而在创建对象 str2 时，需要创建两个对象，一个是常量池中的对象，另一个是堆中的 String 对象。对于对象 str3 来说，使用字符数组 helloArray 作为参数创建了对象。除此之外，还有多种方式可以创建 String 类的对象。在实际编写程序的过程中，需要根据实际情况来进行选择。

String 类还提供了很多字符串操作的方法，常用的方法如表 12-2 所示。

表 12-2 String 类的常用方法

方法名	作用
int length()	获取字符串长度
int comparator(Object o)	字符串比较
String concat（String str）	字符串拼接
int indexof（char ch）	返回某个字符第一次出现的位置
String replace（char oldChar, char newChar）	使用 oldChar 替换字符串中的 newChar
String[] split(String regex)	根据给定正则表达式的匹配拆分此字符串
String substring(int beginIndex)	返回一个新的字符串，它是此字符串的一个子字符串
String toLowerCase()	将 String 中的所有字符都转换为小写
String toUpperCase()	将 String 中的所有字符都转换为大写

在编程时可以根据实际需要，选择合适的方法来进行调用。String 类中常用方法的使用如示例 12-5 所示。

【示例 12-5】String 类的常用方法

```
package chapter12;
public class StringMethods {
    public static void main(String args[]) {
        String str1 = "hello world";          //定义对象
        String str2 = "Hello World";
        String subStr1 = "hello";
        String subStr2 = "world";
        //调用方法
        System.out.println("字符串 " + str1 + " 的长度为： " + str1.length());
        System.out.println("字符\'l\'在字符串 " + str1 + " 中第一次出现的位置是： " + str1.indexOf('l'));
        System.out.println("字符串 " + str2 + " 转为大写字符： " + str2.toUpperCase());
        System.out.println("字符串 " + str2 + " 转为小写字符： " + str2.toLowerCase());
        System.out.println("字符串 " + subStr1 + " 和字符串 " + subStr2 + "拼接后，新的字符串为： " + subStr1.concat(subStr2));
        System.out.println("替换字符串 " + str1 + " 中的空格为星号后，新的字符串为： " + str1.replace(' ', '*'));
        System.out.println("截取字符串 " + str1 + "，新的字符串为： " + str1.substring(2));
    }
}
```

程序编译后，运行结果如下：

```
字符串 hello world 的长度为： 11
字符'l'在字符串 hello world 中第一次出现的位置是： 2
字符串 Hello World 转为大写字符： HELLO WORLD
字符串 Hello World 转为小写字符： hello world
字符串 hello 和字符串 world 拼接后，新的字符串为： helloworld
替换字符串 hello world 中的空格为星号后，新的字符串为： hello*world
截取字符串 hello world，新的字符串为： llo world
```

在示例 12-5 中，展示了 String 类部分方法的使用方式。String 类中的方法还有很多，可以参照官方文档的说明来使用。

12.2.2　StringBuffer 类和 StringBuilder 类

String 对象一旦被创建就不能修改，即不可变性。String 对象被"修改"，本质上是生成了新的对象；然后栈中的引用指向新的对象。当字符串进行频繁处理时，会产生大量的中间量，耗费大量内存资源。针对这一情况，需要使用 StringBuffer 类和 StringBuilder 类来解决。

StringBuilder 类除了支持 String 类的方法之外，还有一些特殊的方法，如表 12-3 所示。

表 12-3　StringBuilder 类的特殊方法

方法名	作用
public StringBuffer append(String s)	将指定的字符串追加到此字符序列
public StringBuffer reverse()	将此字符序列用反转形式取代
public StringBuffer delete(int start, int end)	移除此序列子字符串中的字符
public StringBuffer insert(int offset, int i)	将 int 参数的字符串表示形式插入此序列中
public StringBuffer　replace(int start, int end, String str)	使用给定 String 中的字符替换此序列的子字符串中的字符

StringBuilder 类中方法的使用方式如示例 12-6 所示。

【示例 12-6】StringBuilder 类和 StringBuffer 类的常用方法

```
package chapter12;
public class StringBufferAndBuilder {
    public static void main(String args[]) {
        StringBuilder strBuilder = new StringBuilder("hello World");    //定义对象
        StringBuilder strSub = new StringBuilder("hello");
        System.out.println("追加 \"world\" 到 \" hello\" 后，新的字符串为： " + strSub.append(" world"));
        System.out.println("反序字符串 \" hello world\" 后，新的字符串为： " + strSub.reverse());
        System.out.println("移除字符串\" hello world\" 中第 3~5 个字符后，新的字符串为： " + strBuilder.delete(3, 5) );
        System.out.println("在新的字符串中第 3 个字符后插入两个星号，新的字符串为： " + strBuilder.insert(3, "**") );
```

·151·

```
        System.out.println("在新的字符串中替换两个星号为三个井号,新的字符串为: " +
strBuilder.replace(3, 5, "###"));
    }
}
```

程序编译后,运行结果如下:

```
追加 "world" 到 " hello" 后,新的字符串为: hello world
反序字符串 " hello world" 后,新的字符串为: dlrow olleh
移除字符串" hello world" 中第 3~5 个字符后,新的字符串为: hel World
在新的字符串中第 3 个字符后插入两个星号,新的字符串为: hel** World
在新的字符串中替换星号为井号,新的字符串为: hel### World
```

在示例 12-6 中展示了 StringBuilder 类中方法的使用。从运行结果可以看出,使用 StringBuilder 类定义的对象在进行了相应的操作后,其对象的内容会随之发生变化,而不像 String 类那样,对象本身不发生变化。

StringBuilder 类和 StringBuffer 类定义的对象都能够用于改变字符串的值。二者之间最大的不同在于 StringBuilder 的方法不是线程安全的,即不能同步访问;而 StringBuffer 是线程安全的可变字符序。由于 StringBuilder 相较于 StringBuffer 有速度优势,因此多数情况下建议使用 StringBuilder 类。在应用程序要求线程安全的情况下,必须使用 StringBuffer 类。具体使用哪个类,可以视具体的情况来决定。

12.3 实战——Java 小程序

(1)通过键盘输入一个整数 65,然后输出对应的 ASCII 码值。

【实战 12-1】输出整数对应的 ASCII 码值

```
package chapter12;
public class work1 {
    public static void main(String[] args) {
        int i = 65;                                          //定义整数
        char ch = (char)i;                                   //强制转换为字符

        System.out.println("整数 " + i + " 转换为字符为: " + ch);
    }
}
```

程序编译后,运行结果如下:

```
整数 65 转换为字符为: A
```

(2)输入一串数字,将其转换为字符串。

【实战 12-2】将输入的数字转换成字符串

```
package chapter12;
```

```
public class work2 {
    public static void main(String[] args) {
        int i = 5;                                          //定义整型变量
        String str = String.valueOf(i);                     //转换为字符串
        System.out.println("整数 " + i + " 转换成字符串为： " + str);

        double pi = 3.1415;                                 //定义浮点数
        String str2 = String.valueOf(pi) ;                  //转换为字符串
        System.out.println("小数 " + pi + " 转换成字符串为： " + str2);
    }
}
```

程序编译后，运行结果如下：

```
整数 5 转换成字符串为： 5
小数 3.1415 转换成字符串为： 3.1415
```

第13章 Java常用类

Java 编程语言的强大原因之一就是，它提供了很多常用的类以及方法给编程者灵活调用。这些常用的类涉及编程的各个方面。在本章中，我们将对常用的类及其方法进行讲述。对于本章中未提及的类，读者可以参照官方文档进行学习。

本章的主要内容如下：

- 标准类 System 类的使用
- 时间和日期类使用
- 数学操作相关类

13.1 System 类

我们经常使用 System.out.println()来标识标准输出操作，而 System 类除了进行标准输出和标准输入之外，还具有其他的方法来保存和系统相关的内容，如错误输出等。本节重点介绍 System 类的使用方式。

System 类是一个特殊类，是一个公共最终类，不能被继承，也不能被实例化，即不能创建 System 类的对象。System 类功能强大，与 Runtime 一起可以访问许多有用的系统功能。System 类保存静态方法和变量的集合。标准的输入、输出和 Java 运行时的错误输出存储在变量 in、out 和 err 中。由 System 类定义的方法丰富并且实用。System 类中所有的变量和方法都是静态的，因此可以进行调用。其使用方式如下：

```
System.变量名
System.方法名
```

13.1.1 标准的输入输出

System 类是一个最终类（finally 类），并且还不能被实例化，因此不能创建 System 的对象。System 类中所有的变量和方法都是静态（static）的，因此可以直接使用。

在 System 类中使用最多的一般有如下 3 类：

- 标准输入（in）
- 标准输出（out）
- 标准错误输出（err）

其中，标准输入是将键盘的输入首先放置到缓冲区中，然后使用 read()方法读出其中的内容。out 和 err 都是将信息输出到屏幕上，区别是 out 用于输出普通的信息，如打印测试信息、提示性信息等，这部分信息输出时需要使用缓存，一般使用 print()、println()或 write()方法等实现信息的输出；err 输出的一般是程序或其他方面的错误信息，该部分信息不需要缓存，可以直接显示出来。

标准输入输出的属于流的范畴，将在后面的章节中进行介绍。

13.1.2 System 类的常用方法

在 System 类中，除了进行输入输出操作之外，还可以用来记录运行程序的运行信息、实现常用的操作，如数组复制、设置环境变量等。System 类中常用的方法如表 13-1 所示。

表 13-1 System 类中的常用方法

方法名	功能描述
currentTineMillis()	返回自从 1970 年 1 月 1 日午夜起到现在的毫秒数
arraycopy()	数组复制
gc()	运行垃圾回收装置
getProperty(String key)	获取 key 值对应的系统属性
getProperties()	获取全部系统属性
exit()	强制退出虚拟机

下面我们通过具体的示例来看一下如何使用这些方法。

【示例 13-1】System 类的常用方法

```
package chapter13;
public class SystemClass {
    public static void main(String args[]) {
        Long startTime = System.currentTimeMillis();        //调用 System 类的方法
        System.out.println("程序运行开始时间为: " + startTime);
        System.out.println("获取属性");
        System.out.println("当前用户名为: " + System.getProperty("user.name"));
        System.out.println("Java 类的路径为:" + System.getProperty("java.class.path"));
        System.out.println("获取 Java 运行版本: " + System.getProperty("java.version"));
        Long endTime = System.currentTimeMillis();
        System.out.println("程序运行结束时间为: " + endTime);
    }
}
```

程序编译后，运行结果如下：

```
程序运行开始时间为: 1542356811528
获取属性
当前用户名为: Administrator
Java 类的路径为: F:\IDEA\java\out\production\java
```

```
获取Java运行版本：10.0.2
程序运行结束时间为：1542356811529
```

示例13-1使用了System类中简单的方法来获取时间、部分Java环境属性和系统属性。在需要使用其他方法的时候，还可以通过相似的调用方式进行方法的调用，从而实现具体的需求。

说 明
方法getPorperty()中的key值可以参照Java官方文档来获取，在此不做赘述。

13.2 时间和日期相关类

在编程中，时间和日期是必不可少的部分。例如，定时哪天执行某个特定程序等，就需要对时间和日期进行操作。在Java中，系统提供了相关的类来进行相关操作。

13.2.1 Date类

在表示时间和日期时，常用的类是Date类。Date类用来封装当前的日期和时间，提供两个构造方法来创建对象，如下所示：

```
Date date = new Date();
Date date = new Date(long millisec);
```

第一个构造方法使用当前的日期和时间来初始化对象；第二个构造方法接收一个参数，是从1970年1月1日起的毫秒数。这两个构造方法的使用如示例13-2所示。

【示例13-2】Date类构造方法的使用

```
package chapter13;
import java.util.Date;                                //引入Date类包
public class DateObject {
    public static void main(String args[]) {
        Date date1 = new Date();                     //创建Date类的对象
        Date date2 = new Date((2018 - 1900), 11, 9);
        System.out.println("使用不带参数的构造函数获取的当前时间为：" + date1);
        System.out.println("使用带参数的构造函数获取的当前时间为：" + date2);
    }
}
```

程序编译后，运行结果如下：

```
使用不带参数的构造函数获取的当前时间为：Fri Nov 09 11:17:44 CST 2018
使用带参数的构造函数获取的当前时间为：Sun Dec 09 00:00:00 CST 2018
```

从示例13-2的运行结果可以看出，使用Date类的构造函数获取的时间不相同，这是因为Date对象的基本格式为：

```
dow mon dd hh:mm:ss zzz yyyy
```

其中：

- dow：标识代表星期几。默认值为 0，表示星期日，1 表示星期一，以此类推。
- mon：表示几月，一般使用月份的简写来标识，其中 0 表示一月（Jan）。
- dd：标识当月的那一天。
- hh:mm:ss：用来标识具体的时间，依次用来标识小时、分钟、秒。
- zzz：标识所在时区。
- yyyy：标识所在年份。

定义了 Date()类的对象之后，就可以调用类中提供的方法，常用的方法如表 13-2 所示。

表 13-2 Date 类的常用方法

方法名	功能描述
long getTime( )	返回自 1970 年 1 月 1 日 00:00:00 GMT 以来此 Date 对象表示的毫秒数
void setTime(long time)	用自 1970 年 1 月 1 日 00:00:00 GMT 以后 time 毫秒数设置时间和日期
string toString( )	把此 Date 对象转换为以下形式的字符串：dow mon dd hh:mm:ss zzz yyyy
boolean after(Date date)	若调用此方法的 Date 对象在指定日期之后，则返回 true，否则返回 false
int compareTo(Date date)	比较调用此方法的 Date 对象和指定日期：两者相等时返回 0；调用对象在指定日期之前返回负数，调用对象在指定日期之后返回正数

Date 类中常用方法的使用方式如示例 13-3 所示。

【示例 13-3】Date 类中方法的使用

```
package chapter13;
import java.util.Date;                                    //引入 Date 类包
public class DataMethods {
    public static void main(String args[]) {
        Date date1 = new Date();                          //创建对象
        Date date2 = new Date();

        System.out.println("第一次获取的时间为: " + date1.toString());    //使用方法
        System.out.println("第二次获取的时间为: " + date2.toString());
        System.out.println("比较两次获取的时间是否相同,结果为: " + date1.compareTo(date2));
        System.out.println("当前时间距离1970 年 1 月 1 日 00:00:00 GMT 以来的毫秒数为: " + date1.getTime());
    }
}
```

程序编译后，运行结果如下：

```
第一次获取的时间为: Fri Nov 09 14:44:39 CST 2018
第二次获取的时间为: Fri Nov 09 14:44:39 CST 2018
比较两次获取的时间是否相同,结果为: 0
```

当前时间距离 1970 年 1 月 1 日 00:00:00 GMT 以来的毫秒数为： 1541745879366

在需要操作时间的情况下，可以直接使用适当的 Date 类方法。

13.2.2　使用 SimpleDateFormat 类格式化日期

使用 Date 类的对象获取的时间格式比较复杂，不符合我们在日常生活中对时间、日期的处理习惯，因此需要将获取到的时间进行格式转换。

在使用 SimpleDateFormat 类定义了对象之后，可以使用一些特殊字符来获取需要的时间属性。常用的字符如表 13-3 所示。

表 13-3　格式化字符

字符	作用描述	示例
y	年份	2018
M	月份	11；Dec
w	当天在当年中的星期数	46
W	当天在当月中的星期数	2
D	当天在当年的天数	318
d	当天在当月的天数	14
E	星期几	Mon、Sun
u	星期几标识	用 0 标识周日，1 标识周一，以此类推
a	am/pm 标识	am
H	小时	14
m	分钟	30
s	秒	52

通过表 13-2 中的格式化字符，可以将获取的时间转换为任意需要的格式。SimpleDateFormat 类不但可以把时间转换为需要的格式，还可以将字符串按照一定的格式转换为时间格式。其简单使用方式如示例 13-4 所示。

【示例 13-4】格式化日期的使用

```
package chapter13;
import java.util.Date;
import java.text.SimpleDateFormat;                    //引入包
public class SimpleDateFormatExe {
    public static void main(String args[]) {
        Date date = new Date();                       //定义 Date 类对象
        SimpleDateFormat format1 = new SimpleDateFormat("yyyy-MM-dd HH:mm:ss");
        SimpleDateFormat format2 = new SimpleDateFormat("yyyy 年 MM 月 dd 日 HH 时 mm 分 ss 秒");                                         //定义 SimpleDateFormat 对象
        SimpleDateFormat format3 = new SimpleDateFormat("yyyy/MM/dd HH:mm:ss");
        SimpleDateFormat format4 = new SimpleDateFormat("今天是 yyyy 年的第 D 天，是 MM 月的第 d 天。今天是 yyyy 年第 w 周");
```

```
        System.out.println("格式化时间后，结果为： " + format1.format(date));
        System.out.println("格式化时间后，结果为： " + format2.format(date));
        System.out.println("格式化时间后，结果为： " + format3.format(date));
        System.out.println("格式化时间后，结果为： " + format4.format(date));
    }
}
```

程序编译后，运行结果如下：

```
格式化时间后，结果为：2019-10-18 16:31:25
格式化时间后，结果为：2019年10月18日 16时31分25秒
格式化时间后，结果为：2019/10/18 16:31:25
格式化时间后，结果为：今天是2019年的第291天，是10月的第18天。今天是2019年第42周
```

从示例 13-4 的运行结果可以看出，在使用了特定的格式化字符后，可以将通过 Date 类获取的时间串转换为需要的格式。

13.2.3 Calendar 类

在日常编程中，对于日期的处理会比时间的处理多，比如统计哪天的记录、购物记录等。Java 提供了专门用来处理日期的类，即 Calendar 类。

Calendar 类是一个抽象类（abstract 类），因此不能直接使用 Calendar 类来定义对象，而是需要使用 Calendar 类的方法 getInstance()，以获得此类型的一个通用对象。通过获取的对象就可以实现对日期的各种操作。

Calendar 类提供了内容丰富的日期操作方法，对 YEAR、MONTH、DAY_OF_MONTH、HOUR、MINUTE、SECOND 等日历字段之间的转换提供了一些方法，可以很方便地进行转换。其使用方式如示例 13-5 所示。

【示例 13-5】Calendar 类的使用

```
package chapter13;
import java.util.Calendar;                            // 引入包
public class CalendarClass {
    public static void main(String args[]) {
        Calendar calendar = Calendar.getInstance();     // 获取 Calendar 类实例
        int year = calendar.get(Calendar.YEAR);
        int month = calendar.get(Calendar.MONTH);
        int day = calendar.get(Calendar.DAY_OF_MONTH);
        int hour = calendar.get(Calendar.HOUR);
        int minute = calendar.get(Calendar.MINUTE);
        int second = calendar.get(Calendar.SECOND);
        System.out.println("今天是" + year + "年-" + month + "月-" + day+ "日"+ " "
+ hour + ":" + minute + ":" + second );
        calendar.set(2018, 1, 1);                      // 获取 2018 年 1 月 1 日是周几
        int week = calendar.get(Calendar.DAY_OF_WEEK_IN_MONTH);
        System.out.println("2018年1月1日是周 " + week);
    }
```

}
```

程序编译后,运行结果如下:

```
今天是2019年-10月-19日 2:55:31
2018年1月1日是周1
```

从示例13-5的运行结果可以看出,使用Calendar类获取实例对象之后,可以很方便地对日期等记录进行处理。

13.3 数学操作相关类

在实际编程中,除了使用时间和日期较多之外,一般还会经常使用数学操作,尤其是和数字计算等关系比较密切的情形。本节将重点讲述Java中和数学操作相关的类。

13.3.1 Number类

平时我们定义变量时,一般使用int关键字定义整型变量、double关键字定义浮点型变量。在面向对象编程过程中,需要最多的往往是对象,而不是简单的变量。因此,在Java中为每个内置的数据类型都提供了一个包装类,所有的包装类(Integer、Long、Byte、Double、Float、Short)都是抽象类Number的子类。

这种特殊的包装一般被称为装箱,所以当内置数据类型被当作对象使用的时候,编译器会把内置类型装箱为包装类。相似地,编译器也可以把一个对象拆箱为内置类型。当定义了一个对象之后,编译器就会对对象进行装箱。进行运算前,编译器会先拆箱。运算完成后,再进行装箱操作。Number类的使用方式如示例13-6所示。

【示例13-6】Number类的使用

```java
package chapter13;
public class NumberClass {
    public static void main(String args[]) {
        Integer r = 5;                              //定义整型变量
        Double d = 3.14;                            //定义浮点型变量
        
        double area = d * r * r;
        System.out.println("半径为" + r + "的圆面积为: " + area);
    }
}
```

程序编译后,运行结果如下:

```
半径为5的圆面积为: 78.5
```

在示例13-6中,先使用Number类的子类定义了相应的对象,然后进行相关的操作。和使用类型关键字定义变量存在一定的不同,因为前者属于类的对象,而后者属于变量。
```

13.3.2 Math 类

Math 类中提供了基本的数学运算的方法和属性，如求平方、三角函数、取整等操作，而且为了方便使用 Math 中的方法都定义成为静态方法，可以直接调用。Math 类中常用的方法如表 13-4 所示。

表 13-4　Math 类的常用方法

方法名	功能描述
compareTo()	两个对象做比较
ceil()	向上取整，即返回大于等于该数的最小整数
floor()	向下取整，即返回小于等于该数的最小整数
round()	使用四舍五入的方式取整
min()	返回两个数的较小值
max()	返回两个数的较大值
abs()	返回参数的绝对值
sqrt()	返回参数的平方根
sin()	返回参数的正弦值
log()	返回参数的自然数底数的对数值
random()	得到一个随机数

此外，还有很多方法和属性可供编程使用。其他的方法可以参照 Java 官方文档进行学习。Math 类中方法的使用方式如示例 13-7 所示。

【示例 13-7】 Math 类的使用

```
package chapter13;
public class MathClass {
    public static void main(String args[]){
        double num= 30.0;
        double num1 = 12.345;                              //定义两个浮点数
        //调用 Math 类方法
        System.out.println(num + "的平方根为：" + Math.sqrt(num));
        System.out.println("对 " + num1 + "向上取整后，数值为： " + Math.ceil(num1));
        System.out.println("对 " + num1 + "向下取整后，数值为： " + Math.floor(num1));
        System.out.println(num +"和" + num1+ "的较大值为： " + Math.max(num1, num) );
        System.out.println(num +"的正弦值为：" + Math.sin(num));
    }
}
```

程序编译后，运行结果如下：

```
30.0 的平方根为：5.477225575051661
对 12.345 向上取整后，数值为： 13.0
对 12.345 向下取整后，数值为： 12.0
```

```
30.0 和 12.345 的较大值为： 30.0
30.0 的正弦值为：-0.9880316240928618
```

从示例 13-7 可以看出，在编程时可以直接使用数学运算，使用时非常方便。

13.4　实战——Java 小程序

（1）编写程序，输入年、月、日，给出该天是该年的第几天。

【实战 13-1】判断日期是该年的哪一天

```java
package chapter13;
import java.util.Scanner;                              //引入包
public class work1 {
    public static void main(String[] args) {
        Scanner sc = new Scanner((System.in));         //输入年、月、日
        System.out.println("输入年份: ");
        int year = sc.nextInt();
        System.out.println("输入月份: ");
        int month = sc.nextInt();
        System.out.println("输入日期: ");
        int day = sc.nextInt();
        int days = 0;
        switch (month){                                //进行数据处理
            case 12: days += 30;
            case 11: days += 31;
            case 10: days += 30;
            case 9: days += 31;
            case 8: days += 31;
            case 7: days += 30;
            case 6: days += 31;
            case 5: days += 30;
            case 4: days += 31;
            case 3:
                //是否闰年
                if ((year % 4 == 0 && year % 100 != 0) || (year % 400 == 0)) {
                    days += 29;
                } else {
                    days += 28;
                }
            case 2: days += 31;
            case 1: days += day;
        }
        System.out.println(year + " 年 " + month + " 月 " + day +" 日 " + "是当年的第 " + days + " 天");
    }
}
```

程序编译后，运行结果如下：

输入年份:
2019
输入月份:
5
输入日期:
1
2019 年 5 月 1 日 是当年的第 121 天

（2）通过 random()方法获取一个随机数，然后使用四舍五入的方式进行取整。

【实战 13-2】获取随机数并进行取整

```
package chapter13;
public class work2 {
    public static void main(String[] args){
        double f = Math.random();                              //获取随机数
        System.out.println("获取到的随机数为: " + f);
        System.out.println();
        System.out.println("将随机数扩大 100 倍后，四舍五入取整");
        long i = Math.round(f * 100);                          //进行取整
        System.out.println("取整后的结果为:  " + i);
    }
}
```

程序编译后，运行结果如下：

获取到的随机数为:0.0995147916437159

将随机数扩大 100 倍后，四舍五入取整
取整后的结果为: 10

第14章 集 合

集合和数组类似，都是存储元素的容器，数组像静态容器，集合像动态容器。关于数组，我们知道一些限制，比如长度一旦创建就不能再改变、元素类型必须统一、只能通过下标去索引元素等。集合的出现刚好解决了这些限制问题，即集合的长度可以动态改变、元素类型可以不一致、可以用某个映射的关系去索引元素等。

本章主要内容如下：

- 集合概述
- Collection 接口的常用方法
- List 集合相关
- Set 集合相关
- Map 集合相关

14.1 集合概述

面向对象的语言都是以对象作为单位的，为了方便操作多个对象，需要对对象进行存储。Java 中的集合就像一种容器，既可以动态地将多个对象存储在容器中，也可以存储数量不等的多个对象，还能保存具有映射关系的关联数组。

Java 中的集合是工具类，可以存储任意数量且具有共同属性的对象。集合的应用场景一般有以下几种：

- 无法预测存储数据的数量
- 同时存储具有一对一关系的数据
- 需要进行频繁的数据增删操作
- 数据重复问题

Java 中的集合主要可以分为 Collection 和 Map 两大体系。下面分别介绍一下这两大体系。

1. Collection

在 Collection 下，可分为 List 和 Set 两大类。其中，List 集合下的元素可以重复，并会记录元素的添加顺序，而 Set 集合下的元素是不可重复的，并且是无序的。比如这里有一个数据集（30、35、30、60、35），按照现有的顺序依次添加到 List 集合中去，最后进行打印，结果是（30、35、

30、60、35）。Set 集合也能把数据按照现有的顺序依次添加进入，最后进行打印，结果是（35、60、30）。

List 下有 ArrayList、LinkedList、Vector 三个实现类：ArrayList 是主要实现类，适合在数据查找频率较高的情况下使用；LinkedList 适合在数据插入、删除频繁的情况下使用；Vector 是古老的实现类。

Set 下主要有 HashSet、LinkedHashSet、TreeSet 三个实现类：HashSet 是典型的实现类，按 Hash 算法来存储集合中的元素，因此具有很好的存取和查找性能；LinkedHashSet 同时使用链表维护元素的次序，使得元素看起来是以插入顺序保存的；TreeSet 可以确保集合元素处于排序状态。

Collection 的继承树如图 14.1 所示。

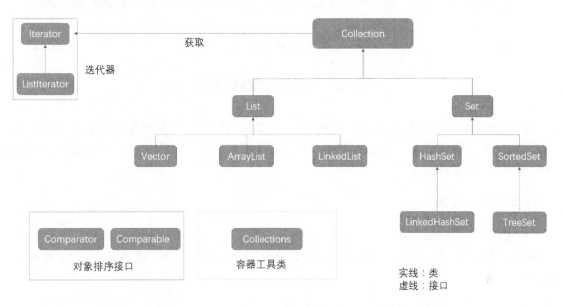

图 14.1　Collection 继承树

2. Map

Map 是具有关系的"key-value"对，类似函数，可以通过 key 值找到对应的 value 值。Map 的具体实现主要有 HashMap、LinkedHashMap、TreeMap、Hashtable（子类：Properties）。

HashMap 是 Map 接口使用频率最高的实现类。与 LinkedHashSet 类似，LinkedHashMap 可以维护 Map 的迭代顺序（与 Key-Value 对的插入顺序一致）。TreeMap 存储 key-value 对时，需要根据 key-value 对进行排序，可以保证所有的 key-value 对处于有序状态。Properties 类是 Hashtable 的子类，用于处理属性文件。

Map 的继承树如图 14.2 所示。

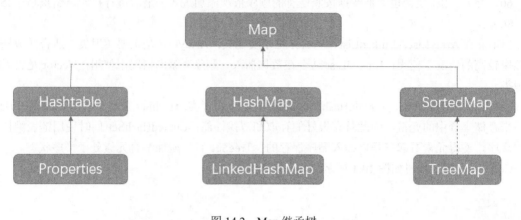

图 14.2 Map 继承树

14.2 Collection 接口

Collection 接口是 List、Set 和 Queue 接口的父接口，在该接口里定义的方法既可用于操作 Set 集合，也可用于操作 List 和 Queue 集合。JDK 不提供此接口的任何直接实现，而是提供更具体的子接口（如 Set 和 List）实现。

14.2.1 基本方法

想要认识 Collection 接口中添加元素的方法，首先要知道怎么新建一个集合对象、怎样去遍历一个集合对象。新建一个 ArrayList 对象，可以使用 Collection 祖先接口去引用。实现方式如下例所示：

```
Collection arrayList= new ArrayList<>();
```

上面的示例通过 new ArrayList<>() 的形式新建了一个 ArrayList 对象，对象名为 arrayList。后面就可以通过对象名调用类中的方法来实现各种操作。

对于集合来说，便利操作是常用的操作之一。例如，遍历 ArrayList，一般使用增强 for 循环。其使用方式如下：

```
for (Object object : 集合对象) {
                // object 就是遍历出来的对象
}
```

在上面的示例中，object 就是遍历出来的对象。使用 Object 是因为还没有指定泛型类型，可以使用泛型指代所有可用类型。关于什么是泛型，将在后面的章节中进行学习。使用增强 for 循环的遍历集合的方式如示例 14-1 所示。

【示例 14-1】遍历集合

```
package chapter14;
```

```java
import java.util.ArrayList;
import java.util.Collection;
public class collectionTraversal {
    public static void main(String[] args){
        Collection collection = new ArrayList<>();          //定义集合对象
        collection.add("Java ");                            // 添加单个元素
        collection.add("C++");
        collection.add("PHP");

        for (Object object : collection) {                  //集合遍历
            System.out.println(object);
        }
    }
}
```

程序编译后，执行结果如下：

```
Java
C++
PHP
```

在示例 14-1 中展示了如何遍历集合。首先我们定义了一个集合的对象，随后向集合中添加了 3 个元素。然后使用增强 for 循环的方式对集合进行遍历，从而输出集合中的所有元素。在进行遍历时，变量 object 就是迭代集合中的所有元素，从而便于对集合中的元素进行操作。

14.2.2　向集合中添加元素

在示例 14-1 中展示了如何使用 add()方法向集合中添加某个元素。在使用集合时，还可以使用其他方法进行元素的添加，如表 14-1 所示。

表 14-1　向集合中添加元素

方法名	描述
boolean add(Object o)	将元素 o 添加到该集合中去，如果添加成功，就返回 true，否则返回 false
boolean addAll(Collection c)	将集合 c 中的元素都添加到该集合中去，如果添加成功，就返回 true，否则返回 false

表 14-1 展示了将单个元素和某个集合加入到某个集合中的方式。现在先向第一个集合 collection 中添加"Java""C++"和"PHP"，如示例 14-2 所示。

【示例 14-2】添加单个元素到集合

```java
package chapter14;
import java.util.ArrayList;
import java.util.Collection;                               //引入包
public class addSingleClass {
    public static void main(String[] args){
```

```
        Collection collection = new ArrayList<>();    //定义集合对象
        collection.add("Java ");                       // 添加单个元素
        collection.add("C++");
        collection.add("PHP");

        for (Object object : collection) {             //输入元素
            System.out.println(object);
        }
    }
}
```

程序编译后，执行结果如下：

```
Java
C++
PHP
```

在示例 14-2 中展示了如何使用 add()方法向集合中添加单个元素。如果要添加另外一个集合，可以使用方法 addAll()，如示例 14-3 所示。

【示例 14-3】添加集合到另外一个集合

```
package chapter14;
import java.util.ArrayList;
import java.util.Collection;                          //引入包
public class addAllClass {
    public static void main(String[] args){
        Collection tmp = new ArrayList<>();            //定义临时集合对象
        tmp.add("C");
        tmp.add("C#");
        Collection collection = new ArrayList<>();     //定义集合对象
        collection.add("Java ");                       // 添加单个元素
        collection.add("C++");
        collection.add("PHP");
        System.out.println("集合中最初的元素为：");
        for (Object object : collection) {             //输出元素
            System.out.print(object + "  ");
        }
        System.out.println();
        collection.addAll(tmp);                        //添加集合

        System.out.println("添加另外一个集合后，集合中的元素为：");
        for (Object object : collection) {             //输出元素
            System.out.print(object + "  ");
        }
    }
}
```

程序编译后，执行结果如下：

集合中最初的元素为:
Java   C++   PHP
添加另外一个集合后,集合中的元素为:
Java   C++   PHP   C   C#

在实际操作中,可以根据被添加数据的类型来选择使用何种方法实现添加到集合中。

14.2.3 从集合中移除元素

通过 14.2.2 小节的学习,我们已经可以通过两种方式向集合中添加元素了。如果某个元素不再需要,就将其从集合中移除。移除元素前,一般要看集合中是否为空或者需要返回集合中的元素个数,方法如表 14-2 所示。

表 14-2 移除元素

方法名	描述
boolean remove(Object o)	从集合中删除元素 o,删除成功的话返回 true,否则返回 false。判断集合中的元素是否是为 o 的标准是(o==null ? e==null : o.equals(e)),e 是集合中正在进行判断的元素
boolean removeAll(Collection c)	从集合中删除集合 c 中包含的元素,删除成功的话返回 true,否则返回 false。判断两个集合中某两个元素是否相等还是按照(o==null ? e==null : o.equals(e))进行
void clear()	从此集合中删除所有元素(可选操作)。 此方法返回后,集合将为空
boolean isEmpty()	如果此集合不包含元素,就返回 true
int size()	返回此集合中的元素数

删除某个元素的方法如示例 14-4 所示。

【示例 14-4】删除单个元素

```
package chapter14;
import java.util.ArrayList;
import java.util.Collection;                    //引入包
public class removeClass {
    public static void main(String[] args) {
        Collection collection = new ArrayList<>();    //定义集合对象
        collection.add("Java");                       // 添加单个元素
        collection.add("C++");
        collection.add("PHP");

        System.out.println("集合中的元素个数为: " + collection.size());
        System.out.println("集合中最初的元素为: ");
        for (Object object : collection) {            //输出元素
            System.out.print(object + "   ");
        }

        System.out.println();
        collection.remove("Java");
```

```
            System.out.println("集合中剩余的元素为: ");
            for (Object object : collection) {              //输出元素
                System.out.print(object + "  ");
            }
            System.out.println();
            System.out.println("删除一个元素后,集合中的元素个数为: " + collection.size());
        }
}
```

程序编译后,执行结果如下:

```
集合中的元素个数为:  3
集合中最初的元素为:
Java    C++    PHP
集合中剩余的元素为:
C++    PHP
删除一个元素后,集合中的元素个数为:  2
```

在示例14-4中,首先向集合collection中添加"Java""C++""PHP",这样集合中就存在3个元素。在使用remove()发方法删除集合中的某个元素后,再次遍历集合中的元素,被删除的元素不再存在,元素个数变成2个。

如果需要将集合中的所有元素都进行删除,就需要使用 removeAll()或者 clear()方法,其参考代码如示例14-5所示。

【示例14-5】删除集合中的所有元素

```
package chapter14;
import java.util.ArrayList;
import java.util.Collection;                              //引入包
public class removeAllClass {
    public static void main(String[] args) {
        Collection collection = new ArrayList<>();        //定义集合对象
        collection.add("Java");                           // 添加单个元素
        collection.add("C++");
        collection.add("PHP");
        Collection collectionBak = new ArrayList<>();     //定义集合对象
        collectionBak.addAll(collection);

        System.out.println("判断集合collection是否为空,结果为: " + collection.isEmpty());
        collection.removeAll(collection);                 //使用removeAll()
        System.out.println("执行removeAll操作后,判断集合collection是否为空,结果为: " + collection.isEmpty());

        System.out.println("判断集合collectionBak是否为空,结果为: " + collectionBak.isEmpty());
        collectionBak.clear();                            //使用clear()
        System.out.println("执行clear操作后,判断集合collection是否为空,结果为: " + collection.isEmpty());
```

```
    }
}
```

程序编译后,执行结果如下:

```
判断集合 collection 是否为空,结果为: false
执行 removeAll 操作后,判断集合 collection 是否为空,结果为: true
判断集合 collectionBak 是否为空,结果为: false
执行 clear 操作后,判断集合 collection 是否为空,结果为: true
```

在示例 14-5 中,使用 removeAll()或者 clear()方法将集合进行清空,并使用方法 isEmpty()进一步判断集合是否为空集合。

14.2.4 使用迭代器遍历集合

在 14.2.1 小节中展示了如何使用增强 for 循环的形式来遍历集合。除了使用该种方式之外,还可以使用迭代器来遍历集合。下面介绍如何使用迭代器来遍历集合。

认识迭代器遍历集合之前,先一起认识一下 Iterator 接口。Iterator 对象称为迭代器(设计模式的一种),主要用于遍历 Collection 集合中的元素。所有实现了 Collection 接口的集合类都有一个 iterator()方法,用于返回一个实现了 Iterator 接口的对象。Iterator 仅用于遍历集合,Iterator 本身并不提供承装对象的能力。如果需要创建 Iterator 对象,就必须有一个被迭代的集合。Iterator 接口中有 3 个方法,如表 14-3 所示。

表 14-3 Iterator 接口中的方法

方法名	描述
boolean hasNext()	如果迭代具有更多元素,就返回 true
Object next()	返回迭代中的下一个元素
void remove()	从底层集合中删除此迭代器返回的最后一个元素(可选操作)

迭代器中常用方法的使用方式如示例 14-6 所示。

【示例 14-6】使用迭代器遍历集合

```
package chapter14;
import java.util.ArrayList;
import java.util.Collection;
import java.util.Iterator;
public class traversalIterClass {
    public static void main(String[] args) {
        Collection collection = new ArrayList<>();
        collection.add("Java");                          //添加元素
        collection.add("C++");
        collection.add("C#");

        Iterator iterator = collection.iterator();       // 创建迭代器对象
        while(iterator.hasNext()) {                      // 检测集合中是否还有元素
```

```
            System.out.println(iterator.next() + "\t");    // 取出集合中的元素
        }
    }
}
```

程序编译后，执行结果如下：

```
Java
C++
C#
```

在示例 14-6 中，采用迭代器的方式遍历集合。首先创建迭代器对象，实现从集合中获取迭代器，随后在 while() 循环中使用 next() 方法来取出元素。在进行 while() 循环之前，需要使用 hasNext() 方法来判断是否还有元素可以进行迭代。

> **注 意**
> 在调用 it.next() 方法之前，必须调用 it.hasNext() 进行检测。如果不调用且下一条记录无效，直接调用 it.next() 就会抛出 NoSuchElementException 异常。

14.2.5 Collection 中的其他方法

除了已经认识的方法外，Collection 接口中还有一些方法，如表 14-4 所示。

表 14-4 Collection 中的其他方法

方法名	描述
boolean contains(Object o)	如果此集合包含指定的元素，就返回 true（仅当该集合至少包含一个元素 e 使得(o==null ? e==null : o.equals(e))）
boolean containsAll(Collection c)	如果此集合包含指定集合中的所有元素，就返回 true
boolean retainAll(Collection c)	仅保留此集合中包含在指定集合中的元素（可选操作）。换句话说，从该集合中删除所有不包含在指定集合中的元素。如果更改成功，就返回 true
Object[] toArray()	返回一个包含此集合中所有元素的数组
Object[] toArray(Object[] a)	返回包含此集合中所有元素的数组，返回数组的运行时类型是指定数组的运行时类型

表 14-4 中展示的这些方法使用频率较前面介绍的方法低，在此不做赘述。读者可以在平时适当关注并了解这些方法的功能，需要使用这些方法的时候再进行研究即可。

14.3 List 集合

List 中的元素有序、可重复，类似"动态"数组。List 容器中的元素都对应一个整数型的序号，记载其在容器中的位置，可以根据序号存取容器中的元素。JDK API 中 List 接口的实现类常用的有

ArrayList、LinkedList 和 Vector，如图 14.3 所示。

图 14.3　List 继承树

List 是 Collection 接口的子接口，所以大部分方法我们都已经会使用了。JDK 针对 List 提供了一些特殊的方法（见表 14-5），更便于我们操作。

表 14-5　List 接口中新增的方法

方法名	描述
void add(int index, Object ele)	将指定的元素插入此列表中的指定位置
boolean addAll(int index, Collection eles)	将指定集合中的所有元素插入此列表中的指定位置
Object get(int index)	返回此列表中指定位置的元素
int indexOf(Object obj)	返回此列表中指定元素第一次出现的索引。如果此列表不包含元素，就返回-1
int lastIndexOf(Object obj)	返回此列表中指定元素最后一次出现的索引。如果此列表不包含元素，就返回-1
Object remove(int index)	删除该列表中指定位置的元素（可选操作），返回从列表中删除的元素
Object set(int index, Object ele)	用指定的元素（可选操作）替换此列表中指定位置的元素，返回被替换了的元素
List subList(int fromIndex, int toIndex)	返回此列表中指定的 fromIndex（含）和 toIndex 之间的视图

表 14-5 中展示了 List 接口中相比 Collection 接口增加的方法。在实际使用中，可以根据最终实现的功能来选择使用哪些方法。其使用方式如示例 14-7 所示。

【示例 14-7】List 接口中方法的使用

```
package chapter14;
public class Student {
    private int ID;                              //学号
    private String name;                         //姓名
    private String sex;                          //性别
    public Student(int ID, String name,          //构造方法
            String sex) {
        this.setID(ID);
        this.setName(name);
```

```java
        this.setSex(sex);
    }
    public int getID() {
        return ID;
    }
    public void setID(int ID) {
        this.ID = ID;
    }
    public String getName() {
        return name;
    }
    public void setName(String name) {
        this.name = name;
    }
    public String getSex() {
        return sex;
    }
    public void setSex(String sex) {
        this.sex = sex;
    }
}
package chapter14;
import java.util.ArrayList;
public class StudentArrayListClass {
    public static void main(String[] args) {                    //创建三名学生对象
        Student student1 = new Student(1, "小明", "男");
        Student student2 = new Student(2, "小红", "女");
        Student student3 = new Student(3, "小王", "男");
        ArrayList arrayList = new ArrayList();                  //创建list对象存放学生对象
        arrayList.add(student1);                                //添加元素
        arrayList.add(student2);
        arrayList.add(student3);
        System.out.println("   学生姓名为：\t 学生性别为：");  //遍历显示学生信息
        for (int i = 0; i < arrayList.size(); i++) {
            System.out.println((i +1) +": "+((Student) (arrayList.get(i))).getName() + "\t\t\t\t"+
                    ((Student) (arrayList.get(i))).getSex());
        }
        System.out.println("==============================");
        Student student4 = new Student(4, "小张", "男");
        arrayList.add(3, student4);                             //在指定位置添加学生信息
        System.out.println("   学生姓名为：\t 学生性别为：");  //遍历显示添加后的学生信息
        for (int i = 0; i < arrayList.size(); i++) {
            System.out.println((i + 1) + ": " + ((Student) (arrayList.get(i))).getName() + "\t\t\t\t"+
                    ((Student) (arrayList.get(i))).getSex());
        }
        System.out.println("==============================");
        arrayList.remove(2);                                    //删除指定位置的学生信息
```

```
            System.out.println("  学生姓名为：\t 学生性别为："); //遍历显示删除后的学生信息
            for (int i = 0; i < arrayList.size(); i++) {
                System.out.println((i + 1) + "： " + ((Student) (arrayList.get(i))).
getName() + "\t\t\t\t"+
                    ((Student) (arrayList.get(i))).getSex());
            }
            System.out.println("=============================");
            Student student5 = new Student(4, "小张", "女");
            arrayList.set(2, student5);                         //修改 ArrayList 中对象的信息
            System.out.println("  学生姓名为：\t 学生性别为：");
            for (int i = 0; i < arrayList.size(); i++) {
                System.out.println((i + 1) + "： " + ((Student) (arrayList.get(i))).
getName() + "\t\t\t\t"+
                    ((Student) (arrayList.get(i))).getSex());
            }
        }
}
```

程序编译后，运行结果如下：

```
    学生姓名为：      学生性别为：
1： 小明             男
2： 小红             女
3： 小王             男
=============================
    学生姓名为：      学生性别为：
1： 小明             男
2： 小红             女
3： 小王             男
4： 小张             男
=============================
    学生姓名为：      学生性别为：
1： 小明             男
2： 小红             女
3： 小张             男
=============================
    学生姓名为：      学生性别为：
1： 小明             男
2： 小红             女
3： 小张             女
```

示例 14-7 中展示了 List 接口中常用方法的使用，如使用 add()方法向 List 中添加元素、使用 remove()方法删除特定的元素、使用 set()方法修改特定的元素。这些方法能够非常方便地进行 List 对象的各种常见操作，因此需要掌握这些操作，以便能够在日常编程中熟练应用。

14.3.1 ArrayList

在前面的 Collection 接口中，我们经常使用 ArrayList 来创建 Collection 接口的对象，而 ArrayList 是 List 接口的典型实现类。本质上，ArrayList 是对象引用的一个变长数组，所以随机查找时效率很高，增删比较频繁时不推荐使用。ArrayList 是线程不安全的，而 Vector 是线程安全的，即使为保证 List 集合线程安全，也不推荐使用 Vector，因为效率太低了。Arrays.asList(…) 方法返回的 List 集合既不是 ArrayList 实例，也不是 Vector 实例，而是一个固定长度的 List 集合。下面用一个小例子来认识一下 ArrayList。

老师想从具有 40 个学生的班级中，随机抽取两个 Java 成绩大于 60 分的同学，计算他们的 Java 成绩的平均分，用作该班学生的 Java 平均分。在这个示例中，存储班级 40 个同学的分值既可以选择数组也可以选择 ArrayList。班级中成绩大于 60 分的同学数量是不确定的，数组不太适合。要随机抽取两个同学，ArrayList 的随机查找效率比较高，所以选用 ArrayList。其参考代码如示例 14-8 所示。

【示例 14-8】ArrayList 使用示例

```java
package chapter14;

import java.util.ArrayList;
import java.util.List;
import java.util.Random;
public class arrayListClass {
    public static void main(String[] args) {
        List allScores = new ArrayList();              // 存放班级所有学生的成绩
        int allStudentCount = 40;                      // 班级同学总数
        Random random = new Random();                  // 随机产生班级 40 位同学的成绩
        for(int i = 0; i < allStudentCount; ++i) {
            allScores.add(i, random.nextInt(101));
        }
        List passScores = new ArrayList();
        for (Object score : allScores) {               // 查找所有成绩大于 60 分的同学的成绩
            if((Integer)score > 60) {
                passScores.add((Integer)score);
            }
        }

        int passLength = passScores.size();            // 随机抽取两名同学的分数作为平均成绩
        int score1 = (Integer)passScores.get(random.nextInt(passLength));
        int score2 = (Integer)passScores.get(random.nextInt(passLength));
        System.out.println("抽取的两个学生的成绩为: " + score1+" " + score2 );
        System.out.println("班级平均成绩是: " + (score1 + score2)/2);
    }
}
```

程序编译后，执行结果如下：

```
抽取的两个学生的成绩为： 66  98
班级平均成绩是： 82
```

示例 14-8 展示了如何使用 ArrayList 来完成基本的操作。在使用下标获取 List 中的元素时，不要越界操作，否则会抛出下标越界的异常：java.lang.IndexOutOfBoundsException。

14.3.2 LinkedList

前面说过对于增删比较频繁的集合，不建议使用 ArrayList，那么应该使用什么呢？应该使用 LinkedList。LinkedList 内部是链表进行维护的，在我们模拟栈、队列的时候，都可以使用它。

在 LinkedList 中新增的方法如表 14-6 所示。这些方法能使操作 LinkedList 接口更加方便，但其使用方式和 ArrayList 方法类似，因此不做赘述。

表 14-6 LinkedList 中新增的方法

方法名	描述
void addFirst(Object obj)	在该列表开头插入指定的元素
void addLast(Object obj)	将指定的元素追加到此列表的末尾
Object getFirst()	返回此列表中的第一个元素
Object getLast()	返回此列表中的最后一个元素
Object removeFirst()	从此列表中删除并返回第一个元素
Object removeLast()	从此列表中删除并返回最后一个元素

14.3.3 Vector

Vector 是一个古老的集合，在 JDK 1.0 中就有了。Vector 的大多数操作与 ArrayList 相同，区别在于 Vector 是线程安全的。在各种 List 中，最好把 ArrayList 作为默认选择。当插入、删除频繁时，使用 LinkedList；查找频繁时，使用 ArrayList。Vector 总是比 ArrayList 慢，所以尽量避免使用。

Vector 中新增的方法如表 14-7 所示。这些方法能使得操作 Vector 接口时更加方便快捷，但其使用方式和 ArrayList 方法类似，因此不做赘述。

表 14-7 Vector 中新增的方法

方法名	描述
void addElement(Object obj)	将指定的组件添加到此向量的末尾，大小增加 1
void insertElementAt(Object obj,int index)	在指定的 index 插入指定对象作为该向量中的一个 index
void setElementAt(Object obj,int index)	设置在指定的组件 index 此向量的要指定的对象
void removeElement(Object obj)	从此向量中删除参数的第一个（最低索引）出现次数
void removeAllElements()	从该向量中删除所有组件，并将其大小设置为零

14.4　Set 集合

我们知道 Set 集合的特点是元素不可重复，并且是无序的。Set 接口是 Collection 的子接口，没有提供额外的方法。Set 集合不允许包含相同的元素，如果要把两个相同的元素加入同一个 Set 集合中，那么添加操作将失败。Set 判断两个对象是否相同不是使用 "=="运算符，而是利用 equals 方法。

Set 继承树如图 14.4 所示。下面一起来认识一下 Set 接口及其具体实现。

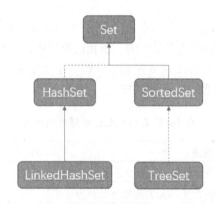

图 14.4　Set 继承树

14.4.1　HashSet

HashSet 是 Set 接口的典型实现，大多数使用 Set 集合时，都使用这个实现类。HashSet 按 Hash 算法来存储集合中的元素，因此具有很好的存取和查找性能。HashSet 具有以下特点：

- 不能保证元素的排列顺序。
- HashSet 不是线程安全的。
- 集合元素可以是 null。

当向 HashSet 集合中存入一个元素时，HashSet 会调用 hashCode() 方法来得到该对象的 hashCode 值，然后根据 hashCode 值决定该对象在 HashSet 中的存储位置。HashSet 集合判断两个元素相等的标准是：通过 hashCode() 方法比较相等，并且 equals()方法返回值也相等。

hashCode 方法继承自 Object 类，子类应当重写 hashCode 方法。重写 hashCode() 方法的基本原则是：

- 在程序运行时，同一个对象多次调用 hashCode() 方法应该返回相同的值。
- 当两个对象的 equals() 方法比较返回 true 时，这两个对象的 hashCode()方法返回值也应相等。
- 对象中用作 equals() 方法比较的 Field 都应该用来计算 hashCode 值。

例如，人类有 name 属性和 age 属性，现在重写 hashCode 方法和 equals 方法。其参考代码如下列代码段所示。

```java
package chapter14;
public class Person {
    private String name;
    private int age;
    public Person(String name, int age) {
        super();
        this.name = name;
        this.age = age;
    }
    public int getAge() {
        return age;
    }
    public String getName() {
        return name;
    }
    public void setAge(int age) {
        this.age = age;
    }
    public void setName(String name) {
        this.name = name;
    }
    @Override
    public int hashCode() {                          //重写hashCode()方法
        final int prime = 31;                        // 使用素数，减少碰撞
        int result = 1;
        result = prime * result + age;               // 基本数据类型处理
        result = prime * result +                    // 引用数据类型处理
                ((name == null) ? 0 : name.hashCode());
        return result;
    }
    @Override
    public boolean equals(Object obj) {              //重写equals()方法
        if (this == obj)
            return true;
        if (obj == null)
            return false;
        if (getClass() != obj.getClass())
            return false;
        Person other = (Person) obj;
        if (age != other.age)
            return false;
        if (name == null) {
            if (other.name != null)
                return false;
        } else if (!name.equals(other.name))
            return false;
        return true;
```

```
    }
    @Override
    public String toString() {                          //重写toString()方法
        return "Person [name=" + name + ", age=" + age + "]";
    }
}
```

在上面的代码段中定义了类 Person，并且重写了方法 hashCode( )和 equals( )。如果两个元素的 equals( ) 方法返回 true，而 hashCode() 返回值不相等，那么 HashSet 将会把它们存储在不同的位置，但依然可以添加成功。对于存放在 Set 容器中的对象，对应的类一定要重写 equals()和 hashCode(Object obj)方法，以实现对象相等规则。

现在新建一个 HashSet，先向其中加入两个 Person 对象，再向其中加入重复的对象，最后加入一个不重复的对象，操作方式如示例 14-9 所示。

【示例 14-9】HashSet 的使用

```java
package chapter14;
import java.util.HashSet;
import java.util.Set;
public class hashSetClass {
    public static void main(String[] args) {
        Set personSet = new HashSet();                    //创建对象
        personSet.add(new Person("张三",19));              //添加元素
        personSet.add(new Person("王五",30));
        for (Object person : personSet) {                 //遍历 HashSet
            System.out.println(((Person)person));
        }
        System.out.println("-----------------------------");
        System.out.println("向 HashSet 对象中再添加一个 19 岁的张三,输出结果：");
        personSet.add(new Person("张三",19));//添加重复元素
        for (Object person : personSet) {
            System.out.println((Person)person);
        }
        System.out.println("-----------------------------");
        System.out.println("向 HashSet 对象中再添加一个 20 岁的张三,输出结果：");
        personSet.add(new Person("张三",20));
        for (Object person : personSet) {
            System.out.println((Person)person);
        }
    }
}
```

程序编译后，执行结果如下：

```
Person [name=王五, age=30]
Person [name=张三, age=19]
-----------------------------
向 HashSet 对象中再添加一个 19 岁的张三,输出结果：
Person [name=王五, age=30]
```

```
Person [name=张三, age=19]
----------------------------
```
向 HashSet 对象中再添加一个 20 岁的张三,输出结果:
```
Person [name=王五, age=30]
Person [name=张三, age=19]
Person [name=张三, age=20]
```

从示例 14-9 可以看出,在 equals()方法返回 true 且 hashCode 值一样的对象不会被添加进去,而不一样的数值会被添加到 HashSet 中。

HashSet 集合提供了很多常用的方法。示例 14-10 将展示如何使用这些方法来完成基本的操作。

【示例 14-10】HashSet 集合的常用方法

```java
package chapter14;
public class Music {
    private String title;                            //歌曲名
    private String singer;                           //歌手
    private int seconds;                             //音乐时长
    public Music(String title, String singer, int seconds) {
        this.setTitle(title);
        this.setSinger(singer);
        this.setSeconds(seconds);
    }
    public String getTitle() {
        return title;
    }
    public void setTitle(String title) {
        this.title = title;
    }
    public String getSinger() {
        return singer;
    }
    public void setSinger(String singer) {
        this.singer = singer;
    }
    public int getSeconds() {
        return seconds;
    }
    public void setSeconds(int seconds) {
        this.seconds = seconds;
    }
    @Override
    public String toString() {
        return "{" +
                "歌曲名='" + title + '\'' +
                ", 歌手='" + singer + '\'' +
                ", 音乐时长=" + seconds +
                "s}";
    }
}
```

```java
    @Override
    public boolean equals(Object o) {                            //重写equals()方法
        if (this == o)
            return true;
        if(o.getClass() == Music.class){
            Music music = (Music)o;
            return                   (music.getTitle().equals(this.getTitle()))&&(music.getSinger().equals(this.getSinger()))
                    && (music.getSeconds() == this.getSeconds());
        }

        return false;
    }
    @Override
    public int hashCode() {                                      //重写 hashCode()
        int result = title != null ? title.hashCode() : 0;
        result = 31 * result + (singer != null ? singer.hashCode() : 0);
        result = 31 * result + seconds;
        return result;
    }
}
package chapter14;
import java.util.HashSet;
import java.util.Iterator;
import java.util.Set;
public class MusicHashSetClass {
    public static void main(String[] args) {
        //定义音乐对象
        Music musicOne = new Music("Warm on a Cold Night", "Honne", 259);
        Music musicTwo = new Music("Parachute", "Sean Lennon", 199);
        Set<Music> set = new HashSet<Music>();                   //将对象添加到 HashSet 中
        set.add(musicOne);
        set.add(musicTwo);
        System.out.println("音乐对象为: ");
        Iterator<Music> iterable = set.iterator();               //通过迭代器遍历显示集合元素
        while (iterable.hasNext()) {
            System.out.println(iterable.next());
        }
        System.out.println("==============================================");
        Music musicThree = new Music("Parachute", "Sean Lennon", 199);
        set.add(musicThree);                                     //添加属性重复的对象
        iterable = set.iterator();
        System.out.println("添加属性相同的对象后遍历结果为: ");
        while (iterable.hasNext()) {
            System.out.println(iterable.next());
        }
        System.out.println("==============================================");
        Music musicFour = new Music("Friend", "玉置浩二", 202);
```

```java
        set.add(musicFour);
        iterable = set.iterator();                          //插入新元素
        while (iterable.hasNext()) {
            Music music = iterable.next();
            if (music.getTitle().equals("Friend")) {
                //查找歌曲名为 Friend 的歌曲并输出对应信息
                System.out.println("元素找到了!\n" + music);
            }
        }
        System.out.println("==================================================");
        Set<Music> set1 = new HashSet<Music>();
        for (Music music : set) {
            if (music.getSeconds() > 200) {
                set1.add(music);
            }
        }
        set.removeAll(set1);      //使用 removeAll 方法移除集合
        System.out.println("移除数据后的集合元素为: ");
        for (Music music : set) {
            System.out.println(music);
        }
        System.out.println("==================================================");
        Music musicFive = new Music("Elsinore Revisited", "Sean Lennon", 150);
        set.add(musicFive);
        for (Music music : set) {
            if (music.getSinger().equals("Sean Lennon")) {
                set.remove(music);   //移除一首歌手名为 Sean Lennon 的歌曲
                break;
            }
        }
        System.out.println("通过 isEmpty 方法判断集合是否为空");
        if (set.isEmpty()) {
            System.out.println("集合数据为空");
        } else {
            System.out.println("集合数据不为空");
            for (Music music : set) {
                System.out.println(music);
            }
        }
    }
}
```

程序编译后，执行结果如下：

音乐对象为:
{歌曲名='Parachute', 歌手='Sean Lennon', 音乐时长=199s}
{歌曲名='Warm on a Cold Night', 歌手='Honne', 音乐时长=259s}
==
添加属性相同的对象后遍历结果为：

```
{歌曲名='Parachute', 歌手='Sean Lennon', 音乐时长=199s}
{歌曲名='Warm on a Cold Night', 歌手='Honne', 音乐时长=259s}
============================================================
元素找到了!
{歌曲名='Friend', 歌手='玉置浩二', 音乐时长=202s}
============================================================
移除数据后的集合元素为:
{歌曲名='Parachute', 歌手='Sean Lennon', 音乐时长=199s}
============================================================
通过 isEmpty 方法判断集合是否为空
集合数据不为空
{歌曲名='Parachute', 歌手='Sean Lennon', 音乐时长=199s}
```

这些方法和 List 接口中的方法类似,都能非常方便地完成日常的操作。

14.4.2 LinkedHashSet

LinkedHashSet 是 HashSet 的子类,也是根据元素的 hashCode 值来决定元素的存储位置,但它同时使用链表维护元素的次序,这使得元素看起来是按插入顺序保存的。LinkedHashSet 插入性能略低于 HashSet,但在迭代访问 Set 里的全部元素时有很好的性能。下面将示例 14-9 中使用的 HashSet 改成 LinkedHashSet,并稍做修改,如示例 14-11 所示。

【示例 14-11】LinkedHashSet 的使用

```java
package chapter14;
import java.util.LinkedHashSet;
import java.util.Set;
public class personLinkedHashSetClass {
    public static void main(String[] args) {
        Set personSet = new LinkedHashSet();           //创建 LinkedHashSet 对象
        personSet.add(new Person("张三", 19));          //添加元素
        personSet.add(new Person("赵六",32));
        personSet.add(new Person("王五", 30));
        for (Object person : personSet) {              //打印当前 LinkedHashSet 中的值
            System.out.println(((Person) person));
        }
        System.out.println("----------------------------");
        personSet.add(new Person("张三", 70));          //添加重复元素
        for (Object person : personSet) {              //打印当前 LinkedHashSet 中的值
            System.out.println((Person) person);
        }
    }
}
```

程序编译后,执行结果如下:

```
Person [name=张三, age=19]
Person [name=赵六, age=32]
Person [name=王五, age=30]
----------------------------
Person [name=张三, age=19]
```

```
Person [name=赵六, age=32]
Person [name=王五, age=30]
Person [name=张三, age=70]
```

从示例 14-11 可以看出，元素的顺序得到了保证。在需要维护元素顺序的时候，可以选用 LinkedHashSet。

14.4.3 TreeSet

TreeSet 是 SortedSet 接口的实现类，可以确保集合元素处于排序状态。TreeSet 中有两种排序方法：自然排序和定制排序。默认情况下，TreeSet 采用自然排序。要进行排序，就要保证元素的类型是一致的。

自然排序指的是 TreeSet 会调用集合元素的 compareTo(Object obj) 方法来比较元素之间的大小关系，然后将集合元素按升序排列。当试图把一个对象添加到 TreeSet 时，该对象的类必须实现 Comparable 接口。实现 Comparable 接口的类必须实现 compareTo(Object obj) 方法，即两个对象通过 compareTo(Object obj) 方法的返回值来比较大小。

Comparable 的典型实现类如下：

- BigDecimal、BigInteger 以及所有的数值型对应的包装类：按它们对应的数值大小进行比较。
- Character：按字符的 unicode 值来进行比较。
- Boolean：true 对应的包装类实例大于 false 对应的包装类实例。
- String：按字符串中字符的 unicode 值进行比较。
- Date、Time：后边的时间、日期比前面的时间、日期大。

TreeSet 类接口的使用方式如示例 14-12 所示。

【示例 14-12】TreeSet 类接口的使用

```
package chapter14;
import java.math.BigInteger;
import java.util.TreeSet;
public class TreeSetClass {
    public static void main(String[] args){
        TreeSet intTreeSet = new TreeSet();                //创建对象
        intTreeSet.add(new BigInteger("5000"));            //添加元素
        intTreeSet.add(new BigInteger("-5000"));
        intTreeSet.add(new BigInteger("2100"));
        intTreeSet.add(new BigInteger("400"));
        for (Object bigInteger : intTreeSet) {             //遍历 TreeSet 集合中的元素
            System.out.print(bigInteger + "   ");
        }
    }
}
```

程序编译后，执行结果如下：

-5000   400   2100   5000

在示例 14-12 中，我们新建了一个 TreeSet 对象，并向其中增加了 4 个相同类型的元素。在遍历 TreeSet 集合中的元素时，这些元素是以一种乱序的方式展示出来的。如果需要按照特定的顺序来展示，就需要重写 compareTo()方法。

下面我们再编写一个 Person 类，继承 Comparable 接口，并重写其中的 compareTo()方法，以实现按照 Person 类的 age 属性进行降序排序（如果 age 相同，就按 name 属性进行降序排列），其代码如示例 14-13 所示。

【示例 14-13】使用 Comparable 接口进行排序

```java
package chapter14;
public class PersonComparable implements Comparable{
    private String name;
    private int age;
    @Override
    public int compareTo(Object o) {                    // 实现 compareTo 方法
        if(o instanceof Person) {
            PersonComparable aux = (PersonComparable)o;
            if(aux.age != this.age) {
                return this.age - aux.age;
            }
            return this.name.compareTo(aux.name);
        }
        return 0;
    }
    public PersonComparable(String name, int age) {
        this.name = name;
        this.age = age;
    }
    @Override
    public int hashCode() {
        final int prime = 31;
        int result = 1;
        result = prime * result + age;
        result = prime * result + ((name == null) ? 0 : name.hashCode());
        return result;
    }
    @Override
    public boolean equals(Object obj) {
        if (this == obj)
            return true;
        if (obj == null)
            return false;
        if (getClass() != obj.getClass())
            return false;
        PersonComparable other = (PersonComparable) obj;
        if (age != other.age)
            return false;
        if (name == null) {
            if (other.name != null)
                return false;
        } else if (!name.equals(other.name))
            return false;
        return true;
    }
```

```java
    @Override
    public String toString() {
        return "Person [name=" + name + ", age=" + age + "]";
    }
}
package chapter14;
import java.util.TreeSet;
public class PersonComparableClass {
    public static void main(String[] args) {
        TreeSet personTreeSet = new TreeSet();                      //创建对象
        personTreeSet.add(new PersonComparable("冯强",18));          //添加元素
        personTreeSet.add(new PersonComparable("周杰伦",15));
        personTreeSet.add(new PersonComparable("廖周涛",20));
        personTreeSet.add(new PersonComparable("吴亦凡",25));
        personTreeSet.add(new PersonComparable("王俊凯",17));

        for (Object o : personTreeSet) {                            // 遍历 TreeSet
            PersonComparable person = (PersonComparable) o;
            System.out.println(person);
        }
    }
}
```

程序编译后，执行结果如下：

```
Person [name=王俊凯, age=17]
Person [name=冯强, age=18]
Person [name=周杰伦, age=18]
Person [name=廖周涛, age=20]
Person [name=吴亦凡, age=25]
```

从示例 14-13 可以看出，在重写了 comparaTo()方法之后，输出集合时就会按照预定的排序方式进行展示。

在使用 TreeSet 时还有几个问题要注意一下：

- 向 TreeSet 中添加元素时，只有第一个元素无须比较 compareTo()方法，后面添加的所有元素都会调用 compareTo()方法进行比较。
- 只有相同类的两个实例才会比较大小，所以向 TreeSet 中添加的应该是同一个类的对象。
- 对于 TreeSet 集合而言，它判断两个对象是否相等的唯一标准就是通过 compareTo(Object obj)方法比较返回值。
- 当需要把一个对象放入 TreeSet 中并重写对应的 equals() 方法时，应保证该方法与 compareTo(Object obj) 方法有一致的结果：如果两个对象通过 equals() 方法比较返回 true，那么通过 compareTo(Object obj)方法比较应返回 0。

14.5　Map 集合

前面学习的 List 集合和 Set 集合都是 value 集合的数据模型，下面学习的 Map 将会是 key-value 模型。Map 与 Collection 并列存在。这种 key-value 模型其实在许多地方都会用到，比如通过学号

找到学生姓名、通过银行卡号找到银行卡中的余额信息等。

Map 集合的继承树如图 14.5 所示。

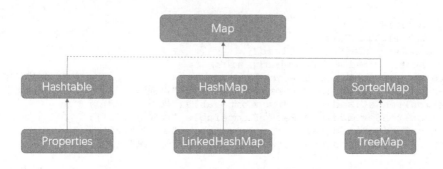

图 14.5 Map 继承树

Map 用于保存具有映射关系的数据 key-value，其中的 key 和 value 都可以是任何引用类型的数据。Map 中的 key 用 Set 来存放，不允许重复，即同一个 Map 对象所对应的类必须重写 hashCode()和 equals()方法；value 可以重复，是用 Collection 来存放的。由于 key 不允许重复出现，所以 key 和 value 之间存在单向一对一关系，即通过指定的 key 总能找到唯一、确定的 value。

Map 中有许多方法，我们来认识一下常用的方法。Map 中常用的方法如表 14-8 所示。

表 14-8 Map 常用的方法

方法名	描述
Object put(Object key,Object value)	将指定的值与该映射中的指定键相关联（可选操作）。如果映射先前包含了密钥的映射，那么旧值将被指定的值替换，返回被替换了的值，如果没有，就返回 null。 参数： ● key：指定值与之关联的键 ● value：与指定键相关联的值
Object remove(Object key)	从此映射中移除指定键的映射关系（(key==null ? k==null : key.equals(k)))。返回与 key 关联的旧值；如果 key 没有任何映射关系，就返回 null。(返回 null 还可能表示该映射之前将 null 与 key 关联。) 参数： ● key：将删除的映射的 key
void putAll(Map t)	将指定 Map 的所有映射复制到此映射（可选操作）。 参数： ● m：要存储在此 Map 中的映射
void clear()	删除所有映射

Map 集合中还提供了一些元视图操作，如表 14-9 所示。

表 14-9　元视图操作

方法名	描述
Set keySet()	返回此视图中包含的键的 Set 视图
Collection values()	返回此视图中包含的值的 Collection 视图
Set entrySet()	返回此视图中包含的映射的 Set 视图

keySet、values、entrySet 的关系如图 14.6 所示。

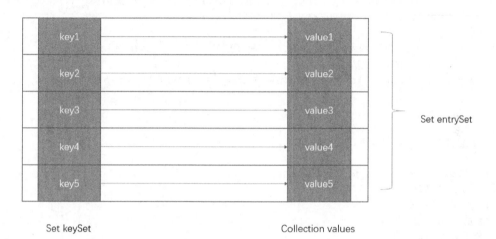

图 14.6　keySet、values、entrySet

除了上面的 Map 集合操作之外，还提供了专供查询用的操作，其常用方法如表 14-10 所示。

表 14-10　Map 集合查询操作

方法名	描述
Object get(Object key)	返回指定键所映射的值(key==null ? k==null : key.equals(k))
boolean containsKey(Object key)	如果此映射包含指定键的映射，就返回 true
boolean containsValue(Object value)	如果此 Map 将一个或多个键映射到指定的值，就返回 true
int size()	返回此 Map 中键值映射的数量
boolean isEmpty()	如果此 Map 不包含键值映射，就返回 true

我们通过具体的示例来使用上面提供的 Map 接口中的方法。其代码如示例 14-14 所示。

【示例 14-14】Map 接口基本用法

```
package chapter14;
import java.util.HashMap;
import java.util.Map;
import java.util.Set;
```

```java
public class MapBaseClass {
    public static void main(String[] args) {
        Map map = new HashMap();                            //创建对象
        map.put("冯强", "2018110412");                      //添加元素
        map.put("周杰伦", "2018110413");
        map.put("鹿晗", "2018110414");
        Set keySet = map.keySet();                          // 获取所有key
        for (Object o : keySet) {
            String key = (String) o;
            String value = (String) map.get(key);           // 根据key去获取value
            System.out.println(key + " : " + value);
        }
        System.out.println("删除元素前，Map 的大小为： " + map.size());
        map.remove("鹿晗");
        System.out.println("删除一个元素后，Map 的大小为： " + map.size());
    }
}
```

程序编译后，执行结果如下：

```
冯强 : 2018110412
周杰伦 : 2018110413
鹿晗 : 2018110414
删除元素前，Map 的大小为： 3
删除一个元素后，Map 的大小为： 2
```

在示例 14-14 中，首先新建一个 Map，引用它的具体实现类 HashMap（关于 HashMap，后面再学习）；然后使用 put 方法向其中添加 3 个元素，再遍历这个 Map，先获得 key，再用 key 去获得 value，从而将 Map 中的所有记录都进行输出；最后使用 remove()方法移除"鹿晗"，在移除前后分别展示 Map 的大小。

14.5.1 HashMap

Map 接口的常用实现类有 HashMap、TreeMap 和 Properties。HashMap 是 Map 接口使用频率最高的实现类。它允许使用 null 键和 null 值，与 HashSet 一样，不保证映射的顺序。HashMap 判断两个 key 相等的标准是：两个 key 通过 equals() 方法返回 true，hashCode 值也相等。

HashMap 中的方法和前面所讲的 Map 接口中的方法一致，这里就不再一一讲解每一个方法了。前面已经学习过了一种 Map 的遍历方式，现在以 HashMap 为例再来讲解一下 Map 遍历的另一种方式，通过 EntrySet 实现 Map 的遍历。其示例代码如示例 14-15 所示。

【示例 14-15】通过 entrySet 实现 Map 的遍历

```java
package chapter14;
import java.util.HashMap;
import java.util.Map;
import java.util.Set;
public class EntrySetTravesalClass {
```

```
public static void main(String[] args) {
    Map map = new HashMap();
    map.put("冯强", "2018110412");
    map.put("周杰伦", "2018110413");
    map.put("鹿晗", "2018110414");
    map.put("吴亦凡", "2018110419");
    Set entrySet = map.entrySet();              //获取EntrySet
    for (Object o : entrySet) {                 // 遍历EntrySet
        Map.Entry m = (Map.Entry) o;
        // 获取key和value
        System.out.println(m.getKey() + " : " + m.getValue());
    }
}
}
```

程序编译后，执行结果如下：

```
冯强   :  2018110412
周杰伦  :  2018110413
吴亦凡  :  2018110419
鹿晗   :  2018110414
```

在示例14-15中展示了如何使用entrySet的方式去遍历Map。首先创建一个Set的对象来接收Map的EntrySet()方法的返回值。entrySet的类型更具体的是Map中的内部类Entry，现在进行强转，然后对entrySet进行遍历，从而达到遍历Map的效果。

对于HashMap来说，除了能增加普通的数据类型之外，还能添加自定义的对象，如示例14-16所示。

【示例14-16】 向HashMap中添加自定义对象

```
package chapter14;
public class Goods {
    private String id;
    private String name;
    private double price;                                        //定义成员变量
    public Goods(String id, String name, double price){          //构造方法
        this.setId(id);
        this.setName(name);
        this.setPrice(price);
    }
    public String getId() {
        return id;
    }
    public void setId(String id) {
        this.id = id;
    }
    public String getName() {
        return name;
    }
```

```java
    public void setName(String name) {
        this.name = name;
    }
    public double getPrice() {
        return price;
    }
    public void setPrice(double price) {
        this.price = price;
    }
    @Override
    public String toString() {                                          //重写toString()方法
        return "Goods{" +
            "id='" + id + '\'' +
            ", name='" + name + '\'' +
            ", price=" + price +
            '}';
    }
}
package chapter14;
import java.util.HashMap;
import java.util.Iterator;
import java.util.Map;
public class GoodsHashMapClass {
    public static void main(String[] args) {
        Goods g1 = new Goods("g0001", "手机", 6999.0);
        Goods g2 = new Goods("g0002", "鼠标", 799.0);
        Goods g3 = new Goods("g0002", "键盘", 2399.0);
        Map<String, Goods> map = new HashMap<String, Goods>();
        map.put(g1.getId(), g1);
        map.put(g2.getId(), g2);
        map.put(g3.getId(), g3);

        System.out.println("Map 中的元素为: ");                          //遍历显示Map中的元素
        Iterator<Goods> it = map.values().iterator();
        while (it.hasNext()) {
            System.out.println(it.next());
        }
    }
}
```

程序编译后，执行结果如下：

```
Map 中的元素为:
Goods{id='g0001', name='手机', price=6999.0}
Goods{id='g0002', name='键盘', price=2399.0}
```

在示例 14-16 中，g2 和 g3 录入同一 id（key 值），导致信息被覆盖。对于此种方式，可以使用 containsKey()方法来提示两个对象使用同一 key 的情况，如示例 14-17 所示。

【示例 14-17】使用 containsKey()防止重复

```java
package chapter14;
import java.util.HashMap;
import java.util.Iterator;
import java.util.Map;
public class containsKeyClass {
    public static void main(String[] args) {
        Goods g1 = new Goods("g0001", "手机", 6999.0);
        Goods g2 = new Goods("g0002", "鼠标", 799.0);
        Goods g3 = new Goods("g0002", "键盘", 2399.0);
        Map<String, Goods> map = new HashMap<String, Goods>();
        map.put(g1.getId(), g1);
        map.put(g2.getId(), g2);
        map.put(g3.getId(), g3);
        if (map.containsKey("g0002")) {
            System.out.println("id：g0002，录入重复,只会显示最后一条");
        }
        System.out.println("Map 中的元素为：");
        Iterator<Goods> it = map.values().iterator();
        while (it.hasNext()) {
            System.out.println(it.next());
        }
    }
}
```

程序编译后，执行结果如下：

```
id：g0002，录入重复,只会显示最后一条
Map 中的元素为：
Goods{id='g0001', name='手机', price=6999.0}
Goods{id='g0002', name='键盘', price=2399.0}
```

从示例 14-17 中可以看出，在使用了 containsKey()方法之后，如果有重复的记录出现，就可以调用其他的方式来进行操作，如示例中的提示操作。还可以对数据进行重复处理，直至处理成功为止。

14.5.2　LinkedHashMap

LinkedHashMap 是 HashMap 的子类，与 LinkedHashSet 类似。LinkedHashMap 可以维护 Map 的迭代顺序：与 key-value 对的插入顺序一致。该 Map 的使用方式如示例 14-18 所示。

【示例 14-18】LinkedHashMap 使用示例

```java
package chapter14;
import java.util.LinkedHashMap;
import java.util.Map;
import java.util.Set;
public class LinkedHashMapClass {
```

```java
public static void main(String[] args) {
    Map map = new LinkedHashMap();                      //新建对象
    map.put("冯强", "2018110412");
    map.put("周杰伦", "2018110413");
    map.put("鹿晗", "2018110414");
    map.put("吴亦凡", "2018110419");
    Set entrySet = map.entrySet();                      //获取 entrySet
    for (Object o : entrySet) {                         // 遍历 entrySet
        Map.Entry m = (Map.Entry) o;
        // 获取 key 和 value
        System.out.println(m.getKey() + "  :  " + m.getValue());
    }
}
```

程序编译后，执行结果如下：

```
冯强     :   2018110412
周杰伦   :   2018110413
鹿晗     :   2018110414
吴亦凡   :   2018110419
```

从示例 14-18 中可以看出，LinkedHashMap 的使用方式和 HashMap 基本类似，都是通过键值对的方式进行存储，通过使用方法 getKey()和 getValue()就能很方便地获取到对应的主键和数值。

14.5.3 TreeMap

TreeMap 存储 key-value 对时，需要根据 key-value 对进行排序。TreeMap 可以保证所有的 key-value 对处于有序状态。关于排序规则，和 TreeSet 类似，TreeMap 是按照 Key 来进行排序的，也分为自然排序和定制排序。

- 自然排序：TreeMap 的所有的 key 必须实现 Comparable 接口，而且所有的 Key 应该是同一个类的对象，否则将会抛出 ClasssCastException。
- 定制排序：创建 TreeMap 时，传入一个 Comparator 对象，负责对 TreeMap 中的所有 key 进行排序。此时不需要 Map 的 Key 实现 Comparable 接口。

TreeMap 判断两个 key 相等的标准是两个 key 通过 compareTo()方法或者 compare()方法进行比较，根据返回数值的不同来判断两个 key 的大小。若使用自定义类作为 TreeMap 的 key，则所属类需要重写 equals()和 hashCode()方法，且 equals()方法返回 true 时，compareTo()方法应返回 0。TreeMap 的使用方式如示例 14-19 所示。

【示例 14-19】TreeMap 的使用

```
package chapter14;
import java.util.Comparator;
import java.util.Set;
import java.util.TreeMap;
```

```java
public class personTreeMapClass {
    public static void main(String[] args) {
        Comparator com = new Comparator() {
            @Override
            public int compare(Object o1, Object o2) {
                if (o1 instanceof Person && o2 instanceof Person) {
                    Person person1 = (Person) o1;
                    Person person2 = (Person) o2;
                    if (person1.getAge() != person2.getAge()) {
                        return person1.getAge() - person2.getAge();
                    }
                    return person1.getName().compareTo(person2.getName());
                }
                return 0;
            }
        };
        TreeMap treeMap = new TreeMap(com);
        treeMap.put(new Person("谢娜", 26), "中国四川");
        treeMap.put(new Person("冯强", 20), "中国四川");
        treeMap.put(new Person("周杰伦", 39), "中国台湾");
        Set keySet = treeMap.keySet();
        for (Object o : keySet) {
            Person person = (Person) o;
            System.out.println(person.getName() + "," + person.getAge() + ": " + treeMap.get(person));
        }
    }
}
```

程序编译后，执行结果如下：

冯强,20：中国四川
谢娜,26：中国四川
周杰伦,39：中国台湾

在示例 14-19 中，在 main 函数中实现了 Comparator 对象。对添加到 TreeMap 中的 Person 按照年龄进行排序，如果年龄相同再按姓名进行排序。最终展示出来的是按照年龄升序的排列。

14.5.4　Hashtable

Hashtable 的用法和 HashMap 的用法差不多，但是有一些细微的区别，如下所示：

- Hashtable 是一个古老的 Map 实现类，线程安全。
- 与 HashMap 不同，Hashtable 不允许使用 null 作为 key 和 value。
- 与 HashMap 一样，Hashtable 也不能保证其中 key-value 对的顺序。
- Hashtable 判断两个 key 相等、两个 value 相等的标准，与 hashMap 一致。

Hashtable 在实际开发中基本已经不使用了，所以读者仅需要了解即可，不需要详细学习。

14.5.5 Properties

Properties 类是 Hashtable 的子类，用于处理属性文件。由于属性文件里的 key、value 都是字符串类型，所以 Properties 里的 key 和 value 都是字符串类型。存取数据时，建议使用 setProperty(String key,String value)方法和 getProperty(String key)方法。Properties 类中常用的方法如表 14-11 所示。

表 14-11　Properties 类中常用的方法

方法名	描述
void load(InputStream inStream)	从输入字节流读取属性列表（键和元素对）。此方法返回后指定的流保持打开状态。 参数： ● inStream 输入流
public String getProperty(String key)	使用此属性列表中指定的键搜索属性。如果在此属性列表中找不到该键，就会默认属性列表及其默认值递归。如果找不到属性，那么该方法返回 null。 参数： ● key：属性键。 结果： ● 该属性列表中具有指定键值的值
public Object setProperty(String key, String value)	调用 Hashtable 的方法 put。使用 getProperty 方法提供并行性。强制要求为属性的键和值使用字符串。返回此属性列表中指定键的上一个值，如果没有，就返回 null。 参数： ● key：要放入此属性列表的关键字 ● value：对应的值为 key
public void store(OutputStream out,String comments)	将此 Properties 表中的属性列表（键和元素对）写入输出流。 参数： ● out：输出流。 ● comments：属性列表的描述

对于 Properties 文件来说，其格式如下：

```
Key1=value1
Key2=value2
…
```

Properties 类的使用方式如示例 14-20 所示。

【示例 14-20】Properties 类的使用

```
//test.properties 文件内容
```

```
age=17
name=\u51AF\u5F3A

package chapter14;
import java.io.File;
import java.io.FileInputStream;
import java.io.FileWriter;
import java.util.Properties;
public class PropertiesClass {                                    //类 PropertiesClass
    public static void main(String[] args) {
        Properties properties = new Properties();
        try{
            FileInputStream fileInputStream =
new                                                    FileInputStream(new
File("F:\\IDEA\\java\\src\\chapter14\\test.properties"));
            FileWriter fileWriter = new FileWriter(new File("test.properties"));
            properties.load(fileInputStream);                     //加载 properties 文件
            String age = properties.getProperty("age");
            String name = properties.getProperty("name");
            System.out.println(name + ": " + age + "岁!");
        }catch (Exception e){
            e.printStackTrace();
        }
    }
}
```

程序编译后，执行结果如下：

冯强：17 岁！

在示例 14-20 中，首先创建 properties 文件，文件名为 test.properties，里面存放下面的一个 key-value 对。然后通过空参构造器新建一个 Properties 对象，接着加载事先准备的 properties 文件，最后获取其中的 age 和 name。

14.6 集合排序

在使用集合时，排序是必不可少的部分。对集合中的元素进行合理的有序输出，可以方便后续的很多操作。本节重点介绍如何对集合中的元素进行排序。

14.6.1 对基本数据类型和字符串类型进行排序

对于基本数据类型来说，一般是按照数值的大小进行排序，在进行 Java 编程时，一般使用 Collections 接口类中的 sort(List list)方法，根据元素的自然顺序对指定列表按升序进行排序。下面就整型变量来展示如何使用 sort()方法，如示例 14-21 所示。

【示例 14-21】基本数据类型的排序

```java
package chapter14;
import java.util.ArrayList;
import java.util.Collections;
import java.util.List;
public class intSortClass {
    public static void main(String[] args) {
        List list = new ArrayList();
        list.add(0);                              //添加元素
        list.add(2);
        list.add(9);
        list.add(5);
        System.out.println("排序前: ");
        for (Object o: list) {
            System.out.print(o + "  ");
        }
        System.out.println();                     //使用Collections.sort方法对集合进行排序
        Collections.sort(list);
        System.out.println("排序后: ");
        for (Object o : list) {
            System.out.print(o+ "  ");
        }
    }
}
```

程序编译后,执行结果如下:

```
排序前:
0   2   9   5
排序后:
0   2   5   9
```

从示例 14-21 可以看出,使用整型变量调用 sort 方法时,能够自动对 list 中的元素进行升序排列,而不需要进行其他任何的操作。

对字符串类型来说,一般是按照字符串中字符的 ASCII 码值的大小来排序。其排序方式也是按照升序排列,如示例 14-22 所示。

【示例 14-22】字符串类型排序

```java
package chapter14;
import java.util.ArrayList;
import java.util.Collections;
import java.util.List;
public class stringSortClass {
    public static void main(String[] args) {
        List list = new ArrayList();
        list.add("apple");
        list.add("pink");
```

```
        list.add("ping");
        list.add("Hello");
        System.out.println("排序前: ");
        for (Object str : list) {
            System.out.print(str + " | ");
        }
        System.out.println();                    //排序
        Collections.sort(list);
        System.out.println("排序后: ");
        for (Object str : list) {
            System.out.print(str + " | ");
        }
    }
}
```

程序编译后，执行结果如下：

```
排序前:
apple | pink | ping | Hello |
排序后:
Hello | apple | ping | pink |
```

在示例 14-22 中对一个 List 中的字符串进行了排序，在使用 Collections.sort 方法对集合进行排序时，按照对应字符的 ASCII 码值进行排序。

14.6.2 Comparator 接口

Comparator 接口位于 java.util 下，它是可以强行对某个对象进行整体排序的比较函数，又称为比较器。在使用比较器时，一般是将 Comparator 接口作为参数传递给 sort 方法，如 Collections.sort 或 Arrays.sort 等。该接口中的两个方法 compare()和 equals()的一般形式如下：

```
int compare(T o1, T o2);
boolean equals(Object obj);
```

对于方法 compare 来说，o1 和 o2 是用于比较的两个参数，如果 o1 < o2，就返回负整数；如果 o1 等于 o2，就返回 0；如果 o1 > o2，就返回正整数。方法 equals()主要用来比较某个对象是否"等于"此 Comparator，因为可以被 Object 类中的 equals 方法覆盖，不必重写。Comparator 接口的使用方式如示例 14-23 所示。

【示例 14-23】 Comparator 接口的使用

```
package chapter14;
import java.io.BufferedInputStream;
import java.util.Arrays;
import java.util.Comparator;
import java.util.Scanner;
class GoodsComparatorClass{
    private class MyComparator implements Comparator<Integer>
```

```java
    {
        @Override
        public int compare(Integer o1, Integer o2)              //重写compare方法
        {
            if (o1 > o2)
            {
                return 1;
            }
            else if (o1 < o2)
            {
                return -1;
            }
            else
            {
                return 0;
            }
        }
    }
    public static void main(String[] args)
    {
        GoodsComparatorClass main = new GoodsComparatorClass();
        GoodsComparatorClass.MyComparator mComparator = main.new MyComparator();
        
        Scanner cin = new Scanner(new BufferedInputStream(System.in));
        Integer[] arrays = new Integer[5];
        
        for (int i = 0; i < arrays.length; i++)
        {
            System.out.printf("输入数值: ");
            arrays[i] = cin.nextInt();
        }
        System.out.println();
        System.out.println("排序结果如下: ");
        for (int i = 0; i < arrays.length; i++)
        {
            System.out.print(arrays[i] + " ");
        }
        System.out.println();
        Arrays.sort(arrays, mComparator);                       //调用比较器
        System.out.println("排序结果如下: ");
        for (int i = 0; i < arrays.length; i++)
        {
            System.out.print(arrays[i] + " ");
        }
    }
}
```

程序编译后，执行结果如下：

```
输入数值：8
输入数值：20
输入数值：35
输入数值：87
输入数值：21

排序结果如下：
8 20 35 87 21
排序结果如下：
8 20 21 35 87
```

在示例 14-23 中展示了如何使用 Comparator 接口，以对一组整型记录进行由小到大的排序，首先定义了比较器的比较规则，然后调用 sort()方法按照定义的比较规则进行排序。

14.6.3 Comparable 接口

Comparable 接口一般强行对实现它的类的对象进行整体排序，通常称为类的自然排序。Comparable 接口中的 compareTo 方法称为自然比较方法。Comparable 接口形式如下：

```java
java int compareTo(T o) ;
```

如果实现 Comparable 的对象小于指定对象，就返回负整数；如果实现 Comparable 的对象等于指定对象，就返回 0；如果实现 Comparable 的对象大于指定对象，就返回正整数。Comparable 接口的使用方式如示例 14-24 所示。

【示例 14-24】Comparable 接口的使用

```
package chapter14;
public class GoodsSort implements Comparable<GoodsSort> {
    private int id;
    private String name;
    private double price;
    public GoodsSort(int id, String name, double price) {
        this.setId(id);
        this.setName(name);
        this.setPrice(price);
    }
    public int getId() {
        return id;
    }
    public void setId(int id) {
        this.id = id;
    }
    public String getName() {
        return name;
    }
    public void setName(String name) {
        this.name = name;
    }
```

```java
    public double getPrice() {
        return price;
    }
    public void setPrice(double price) {
        this.price = price;
    }
    @Override
    public int compareTo(GoodsSort o) {        //重写compareTo方法，实现按价格降序排列
        return ((Double) (o.getPrice() - this.getPrice())).intValue();
    }
    @Override
    public String toString() {
        return "Goods{" +
                "id=" + id +
                ", name='" + name + '\'' +
                ", price=" + price +
                '}';
    }
}
package chapter14;
import java.util.ArrayList;
import java.util.Collections;
import java.util.List;
public class GoodsSortClass {
    public static void main(String[] args) {
        GoodsSort one = new GoodsSort(3, "键盘", 2500.0);
        GoodsSort two = new GoodsSort(1, "手机", 7999.0);
        GoodsSort three = new GoodsSort(2, "耳机", 4999.0);
        List<GoodsSort> list = new ArrayList<GoodsSort>();
        list.add(one);                              //添加元素
        list.add(two);
        list.add(three);
        System.out.println("排序前：");
        for (GoodsSort goods : list) {
            System.out.println(goods);
        }
        System.out.println("=======================================");
        Collections.sort(list);                     //使用Collections.sort方法进行重排序
        System.out.println("排序后：");
        for (GoodsSort goods : list) {
            System.out.println(goods);
        }
    }
}
```

程序编译后，执行结果如下：

```
排序前：
Goods{id=3, name='键盘', price=2500.0}
```

```
Goods{id=1, name='手机', price=7999.0}
Goods{id=2, name='耳机', price=4999.0}
======================================
排序后：
Goods{id=1, name='手机', price=7999.0}
Goods{id=2, name='耳机', price=4999.0}
Goods{id=3, name='键盘', price=2500.0}
```

在示例 14-24 中展示了如何使用 Comparable 接口，以实现商品按照价格进行降序的排列。在要比较的类中重写 compareTo 方法，实现商品按价格降序进行重新排序。

14.7 泛　型

泛型也可以称为"参数化类型"。一般来说就是将类型由原来的具体类型参数化，类似于方法中的变量参数，此时类型也定义成参数形式（可以称之为类型形参），然后在使用/调用时传入具体的类型（类型实参）。在泛型使用过程中，操作的数据类型被指定为一个参数，这种参数类型可以用在类、接口和方法中，分别被称为泛型方法、泛型类、泛型接口。下面首先介绍如何使用泛型。

14.7.1 泛型作为方法参数

泛型具有非常广泛的用途，其中之一就是作为方法的参数，其使用方式如示例 14-25 所示。

【示例 14-25】泛型作为方法参数

```java
package chapter14;
public abstract class Animal {
    private String name; private int age;
    public Animal(String name, int age) {
        this.setName(name);
        this.setAge(age);
    }
    public String getName() {
        return name;
    }
    public void setName(String name) {
        this.name = name;
    }
    public int getAge() {
        return age;
    }
    public void setAge(int age) {
        this.age = age;
    }
                            //定义抽象方法play
    public abstract void play();
}
```

```java
package chapter14;
public class Dog extends Animal {
    public Dog(String name, int age) {
        super(name, age);
    }
    @Override
    public void play() {                          //重写父类中的抽象方法
        System.out.println("年龄是" + this.getAge() + "岁的小狗" + this.getName() + "在玩");
    }
}
```

```java
package chapter14;
public class cat extends Animal {

    public cat(String name, int age) {
        super(name, age);                         //通过super关键字重写构造方法
    }
    @Override
    public void play() {                          //重写父类中的抽象方法
        System.out.println("年龄是" + this.getAge() + "岁的小猫" + this.getName() + "在玩");
    }
}
```

```java
package chapter14;
import java.util.List;
public class play {
    public void play(List<? extends Animal> list) {
        for (Animal animal : list) {
            animal.play();
        }
    }
}
```

```java
package chapter14;
import java.util.ArrayList;
import java.util.List;
public class animalTestClass {
    public static void main(String[] args) {
        Dog dogOne = new Dog("aa", 1);
        Dog dogTwo = new Dog("bb", 2);
        List dogList = new ArrayList();
        dogList.add(dogOne);
        dogList.add(dogTwo);
        cat catOne = new cat("cc", 3);
        cat catTwo = new cat("dd", 4);
        List<cat> catList = new ArrayList<>();
        catList.add(catOne);
        catList.add(catTwo);

        play animalPlay = new play();             //实例化一个Play类型的对象
```

```
        animalPlay.play(dogList);                              //调用 play 方法
        System.out.println("********************");
        animalPlay.play(catList);
    }
}
```

程序编译后，执行结果如下：

```
年龄是 1 岁的小狗 aa 在玩
年龄是 2 岁的小狗 bb 在玩
********************
年龄是 3 岁的小猫 cc 在玩
年龄是 4 岁的小猫 dd 在玩
```

在示例 14-25 中展示了泛型如何作为方法的参数来进行使用。在示例程序中，首先创建抽象类 Animal 作为父类，随后创建两个子类 Dog 和 cat，在这两个子类中重写父类中的方法 play()。随后定义了 play 类，在类中将泛型作为方法 play() 的参数，使用< extends Animal>代表所有继承 Animal 类的子类泛型，在对 list 进行遍历时，输出所有的 Animal 类（或继承自 Animal 类）对象的 play 方法。

由此可见，使用泛型作为方法的参数能够指代所有可能出现的类型，而不用采用以前的方式，每一种类型的变量都对应一个方法来实现，从而方便了程序的编写。

14.7.2 泛 型 类

泛型用于类的定义中，被称为泛型类。引入自定义泛型类，相当于将数据类型参数化处理，即每一个类都可以通过添加泛型成为一种数据类型。通过泛型可以完成对一组类的操作，对外开放相同的接口。该接口可以使用各种数据类型，最典型的就是各种容器类，如 List、Set、Map。其基本类型如下：

```
class 类名称 <泛型标识>{
    private 泛型标识 /*（成员变量类型）*/ var;

}
```

在上面的示例代码中，泛型标识可以随便写任意标识号，标识指定的泛型类型一般用 T 来表示，还可以使用 E、K、V 等形式的参数表示泛型。在实例化泛型类时，即使用类时必须指定 T 的具体类型。泛型类的使用方式如示例 14-26 所示。

【示例 14-26】泛型类的使用

```
package chapter14;
public class Generic<T> {
    private T key;
    public Generic(T key) {        //泛型构造方法
        this.key = key;
    }
    public T getKey(){             //泛型方法 getKey
```

```
        return key;
    }
}
package chapter14;

public class GenericTest {
    public static void main(String[] args){
        Generic <Integer> intGeneric = new Generic<Integer>(12345);
        Generic<String> stringGeneric = new Generic<String>("Hello World");
        Generic<Double> doubleGeneric = new Generic<Double>(3.1415);

        System.out.println("使用整型作为泛型的具体类型，数值为：   " +
intGeneric.getKey());
        System.out.println("使用字符串型作为泛型的具体类型，数值为：   " +
stringGeneric.getKey());
        System.out.println("使用浮点型作为泛型的具体类型，数值为：   " +
doubleGeneric.getKey());
    }
}
```

程序编译后，执行结果如下：

```
使用整型作为泛型的具体类型，数值为： 12345
使用字符串型作为泛型的具体类型，数值为： Hello World
使用浮点型作为泛型的具体类型，数值为： 3.1415
```

在上面的示例中，使用泛型类作为参数类型来指代具体对象中的整型、字符串型、浮点型。这样做的好处之一就是：只需要编写一个带有泛型的方法，而不需要将所有类型的类都进行定义，从而方便了使用。

泛型接口的使用方式和泛型类相似，在此不做赘述。

14.7.3 泛型方法

泛型方法是在定义的时候使用泛型定义，而在调用方法的时候指明泛型的具体类型。泛型方法不一定要写在泛型类中。使用泛型方法时，不必指明参数类型，编译器会自己找出具体的类型。泛型方法除了定义不同，调用就像普通方法一样，使用方式如示例14-27所示。

【示例14-27】泛型方法的使用

```
package chapter14;
public class GenericMethodClass {
    public <T> void f(T x) {                                //定义泛型方法
        System.out.println(x + " 使用的类型为： " + x.getClass().getName());
    }
    public static void main(String[] args) {
        GenericMethodClass ea = new GenericMethodClass();   //定义对象
        ea.f("helloworld");                                 //泛型的具体化
        ea.f(10);
```

```
        ea.f('a');
        ea.f(ea);
    }
}
```

程序编译后，执行结果如下：

```
helloworld 使用的类型为：java.lang.String
10 使用的类型为：java.lang.Integer
a 使用的类型为：java.lang.Character
chapter14.GenericMethodClass@1540e19d 使用的类型为：chapter14.GenericMethodClass
```

从示例 14-27 可以看出，使用了泛型方法后，只需要在调用方法时指定具体的类型，即可实现泛型方法中定义的功能。

14.8　实战——Java 小程序

学习了集合之后，数组的使用频率就比较低了。下面这道题也是学习数组时候所做的题，现在使用集合的方式来做一做，体会集合与数组的区别。

题目：软件工程班级有小甜甜、小粉粉、小灰灰、小羊羊 4 个同学。其中，小甜甜、小粉粉、小灰灰、小羊羊都选修了 Java 课程；小甜甜、小粉粉选修了数据库课程；小灰灰、小羊羊选择了 C++课程。他们的得分情况如下：

姓名 课程名	Java	数据库	C++
小甜甜	100	90	未选修
小粉粉	98	95	未选修
小灰灰	95	未选修	90
小羊羊	86	未选修	92

现在请存储他们的分数，并计算各科的平均分、计算个人的平均分。

当初，使用数组来做这道题的时候，存储上面那张表花费了不少功夫。现在使用集合来存储，可以说是很方便。

首先思考一下使用什么样的数据结构？可以很明显地发现这些数据都是存在着 key-value 特性的。所以，可以在第一个 Map 中，用姓名做 key，用另一个 Map 做 value（这个 value 中的 key 是课程名，value 是分数），如图 14.7 所示。

图 14.7　存储数据结构

创建了 Map 之后，随后使用 put()方法将每个人的成绩存储到相应的数据结构中。然后遍历每一个人的成绩获取每门课的总分，继而算出每门课的平均分和每个人的平均分。示例代码如实战 14-1 所示。

【实战 14-1】获取平均分

```java
package chapter14;
import java.util.HashMap;
import java.util.Map;
import java.util.Set;
public class work1 {
    public static void main(String[] args) {
        Map scoreTable = new HashMap();           // 1.分数表
        Map tianScores = new HashMap() {{
            put("Java", 100);
            put("数据库", 90);
        }};                                        // 小甜甜的成绩
        Map fenScores = new HashMap() {{
            put("Java", 98);
            put("数据库", 95);
        }};                                        // 小粉粉的成绩
        Map huiScores = new HashMap() {{
            put("Java", 95);
            put("C++", 90);
        }};                                        // 小灰灰的成绩
        Map yangScores = new HashMap() {{
            put("Java", 86);
            put("C++", 92);
        }};                                        // 小羊羊的成绩
        scoreTable.put("小甜甜", tianScores);       //添加到总分数表
        scoreTable.put("小粉粉", fenScores);
        scoreTable.put("小羊羊", yangScores);
        scoreTable.put("小灰灰", huiScores);
        double sumJava = 0;
        int countJavaPerson = 0;
        double sumDataBase = 0;
        int countDataBasePerson = 0;
        double sumCPP = 0;
        int countCppPerson = 0;
        Set scoreTableKeySet = scoreTable.keySet();

        for (Object o : scoreTableKeySet) {         // 遍历每一个人
            String name = (String) o;
```

```java
            Map auxPerson = (Map) scoreTable.get(name);        // 每个人的个人分数表
            Integer javaScore = (Integer) auxPerson.get("Java");// 获取 Java 分数
            if (javaScore != null) {
                countJavaPerson++;
            } else {
                javaScore = 0;
            }
            // 获取数据库分数
            Integer dataBaseScore = (Integer) auxPerson.get("数据库");
            if (dataBaseScore != null) {
                countDataBasePerson++;
            } else {
                dataBaseScore = 0;
            }
            Integer cPPScore = (Integer) auxPerson.get("C++");   // 获取 C++分数
            if (cPPScore != null) {
                countCppPerson++;
            } else {
                cPPScore = 0;
            }
            sumJava += javaScore;// 累加
            sumDataBase += dataBaseScore;
            sumCPP += cPPScore;
        }
        System.out.println("Java 平均分：" + sumJava / countJavaPerson);   //求平均分
        System.out.println("数据库平均分：" + sumDataBase / countDataBasePerson);
        System.out.println("C++平均分：" + sumCPP / countCppPerson);

System.out.println("------------------------------------------------------");
        System.out.println("计算个人平均分");
        double sumPerson = 0;
        for (Object o : scoreTableKeySet) {                    // 遍历每一个人
            String name = (String) o;
            Map auxPerson = (Map) scoreTable.get(name);        // 每个人的个人分数表
            Set personkeySet = auxPerson.keySet();
            for (Object ob : personkeySet) {                    // 个人成绩
                String course = (String) ob;
                sumPerson += (Integer) auxPerson.get(course);
            }
            System.out.println(name + "平均分：" + sumPerson / personkeySet.size());
            sumPerson = 0;
        }
```

```
        }
}
```

程序编译后，执行结果如下：

```
Java 平均分：94.75
数据库平均分：92.5
C++平均分：91.0
--------------------------------------------------
小粉粉平均分：96.5
小羊羊平均分：89.0
小甜甜平均分：95.0
小灰灰平均分：92.5
```

第 3 篇

Java 编程高级技术

第15章 多 线 程

在日常生活中,我们经常会在同一时间做不同的事情,如在听音乐的时候跑步或进行其他的锻炼项目。在使用迅雷下载视频时,也会同时下载多个视频,此时就需要进行并发控制。在 Java 编程中,并发控制一般是由多线程来操作的。本章将重点介绍多线程相关的内容。

本章的重点内容如下:

- 线程基础
- 线程创建
- 线程控制
- 线程同步

15.1 线程概述

进行线程编程以及线程控制,首先要了解什么是进程、什么是线程以及线程在操作系统中的各种状态。这部分内容是"计算机操作系统"中的重点课程。在此进行简单的介绍,如果有需要详细了解的读者,可以参照计算机操作系统相关课程。

15.1.1 什么是进程

进程一般是指可执行程序以及存放在计算机存储器的一系列指令序列,是一个动态执行的过程。例如,我们使用 IDE 编写代码,IDE 在计算机中就是一个进程。在任务管理器中可以看到在当前计算机上所有的进程信息,如图 15.1 所示。

进程中的信息一般存储在进程控制块(process control block,PCB)中。在进程控制块中,通常存放操作系统用于描述进程情况及控制进程运行所需的全部信息,如进程状态、存储器信息、输入输出状态等。在进行多进程相关的编程时,一般通过获取进程控制块中的信息来获取进程的相关信息。

多线程　第15章

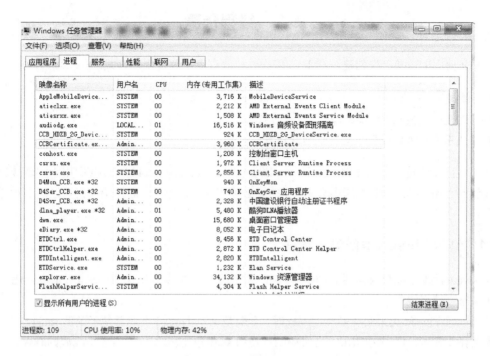

图 15.1　任务管理器信息

15.1.2　什么是线程

线程是比进程还要小的运行单位，是程序执行中最小单元。一个进程中包含多个线程，即线程可以看作进程的子程序。线程自己没有系统资源，但是可以和同属一个进程的多个线程共享进程中的所有资源。进程中的一个线程可以创建和撤销另一个线程，而同一进程中的多个线程之间可以并发执行。

15.1.3　线程状态

进程中的多个线程在执行的过程中会相互影响，因此会出现多种不同的状态，一般分为以下 5 种：

- 新建状态（New）：当线程对象创建后，即进入新建状态。新建状态是线程的第一个状态。
- 就绪状态（Runnable）：当线程准备好所有资源，等待 CPU 调用时，就进入就绪状态。就绪状态是线程能够运行前的状态。线程要想进入执行状态，必须首先进入就绪状态，等待 CPU 的调度。
- 运行状态（Running）：当 CPU 开始调度线程执行时，线程才得以真正执行，即进入运行状态。
- 阻塞状态（Blocked）：处于运行状态中的线程由于某种原因暂时放弃对 CPU 的使用权而停止执行，此时进入阻塞状态。直到线程进入就绪状态，才有机会再次被 CPU 调用，以进入运行状态。
- 死亡状态（Dead）：线程执行完了或者因异常退出了 run() 方法，该线程结束生命周期。

·213·

15.2 线程创建

线程在使用前需要首先创建，在 Java 编程中一般有以下几种创建方式：

- 创建一个 Thread 类，或者一个 Thread 子类的对象。
- 创建一个实现 Runnable 接口的类的对象。
- 使用 Callable 和 Future 接口创建线程。

其中，Thread 是一个线程类，位于 java.lang 包下；Runnable 接口是 Java 中用于实现线程的接口，只有一个 run 方法，任何实现线程功能的类必须实现该接口。下面介绍如何通过这 3 种方式创建线程。

15.2.1 继承 Thread 类创建多线程

在 Java 编程时，如果仅需要启动一个线程，并且在线程中没有特殊的要求，一般会使用 Thread 类的对象来创建多线程。

使用创建 Thread 类来实现多线程编程时，一般是重写 Thread 类或者是子类的 run()方法，将需要实现的操作在 run()方法中实现，而启动线程使用 start()方法来实现。当多个线程同时存在时，会根据 CPU 的调度顺序来随机执行线程。当 run()方法执行完毕后，线程自动进入结束状态。线程的创建方式如示例 15-1 所示。

【示例 15-1】线程的创建

```
package chapter15;
public class Thread1 extends Thread {            //类 Thread1
    private String name;
    Thread1(String remark) {
        this.name = remark;
    }
    public void run() {                          //重写 run()方法
        for (int i = 0; i < 5; i++) {
            System.out.println(name + " : " + i);
        }
    }
}

package chapter15;
public class Thread2 extends Thread{             //类 Thread2
    private String name;
    Thread2(String remark) {
        this.name = remark;
    }
    public void run() {                          //重写 run()方法
        for (int i = 0; i < 5; i++) {
            System.out.println( name + " : " + i);
            try {
```

```
            sleep(300);
        } catch (InterruptedException e) {
        }
    }
  }
}
package chapter15;
public class MyThread extends Thread{                //类 MyThread
    public static void main(String args[]) {
        Thread1 th1 = new Thread1("thread1");        //创建线程类对象
        Thread2 th2 = new Thread2("thread2");
        th1.start();
        th2.start();
    }
}
```

程序编译后，运行结果如下：

```
thread1 : 0
thread2 : 0
thread1 : 1
thread2 : 1
thread1 : 2
thread1 : 3
thread1 : 4
thread2 : 2
thread2 : 3
thread2 : 4
```

再次运行程序，得到的结果如下：

```
thread2 : 0
thread2 : 1
thread2 : 2
thread2 : 3
thread2 : 4
thread1 : 0
thread1 : 1
thread1 : 2
thread1 : 3
thread1 : 4
```

从多次运行结果可以看出，在两个线程存在的情况下，每次运行的结果会根据 CPU 当时的调度策略而出现不同的运行结果。

在启动线程时，一般只能启动一次。如果多次启动，系统就会抛出异常，不允许重复启动，如示例 15-2 所示。

【示例 15-2】调用两次 start()方法

```
package chapter15;
public class ThreadTest {
    public static void main(String args[]) {
        Thread th1 = new MyThread("thread1");
        th1.start();
        th1.start();                                   //第二次调用 start()方法
    }
}
```

在示例 15-2 中调用了两次 start()方法，其运行结果如下：

```
Exception in thread "main" java.lang.IllegalThreadStateException
    at java.base/java.lang.Thread.start(Thread.java:804)
    at chapter15.ThreadTest.main(ThreadTest.java:9)
thread1 : 0
thread1 : 1
thread1 : 2
thread1 : 3
thread1 : 4
```

从运行结果可以看出，系统抛出了线程状态异常，而最终的结果也只执行了一次，并没有像预计的那样执行两次。

15.2.2 实现 Runnable 接口创建多线程

创建线程除了使用 Thread 子类之外，还可以通过 Runnable 接口来实现。Runnable 接口为接口类，一般通过重写类中的方法 run()来实现多线程。在实际创建时，需要首先创建 Runnable 类的对象，通过创建的 Runnable 接口类的对象，作为 Thread 类的 target 来创建 Thread 类的对象；通过 Thread 类的对象调用 start()方法来实现多线程的操作。其基本的使用方式如示例 15-3 所示。

【示例 15-3】通过 Runnable 接口创建多线程

```
package chapter15;
public class MyRunnable implements Runnable{         //继承 Runnable 接口
    public void run() {                              //重写方法
        for (int i = 0; i < 5; i++) {
            System.out.println(Thread.currentThread().getName() + " : " + i);
        }
    }
    public static void main(String args[]) {
        Runnable run = new MyRunnable();
        Thread th1 = new Thread(run);                //创建新的线程
        Thread th2 = new Thread(run);
        th1.start();                                 //启动线程
        th2.start();
    }
}
```

程序编译后,运行结果如下:

```
Connected to the target VM, address: '127.0.0.1:56430', transport: 'socket'
Thread-0 : 0
Thread-0 : 1
Thread-0 : 2
Thread-0 : 3
Thread-0 : 4
Thread-1 : 0
Thread-1 : 1
Thread-1 : 2
Thread-1 : 3
Thread-1 : 4
Disconnected from the target VM, address: '127.0.0.1:56430', transport: 'socket'
```

从示例 15-3 可以看出,Runnable 接口类同样能够实现多线程编程,但是需要通过 Thread 类的对象来实现多线程。

15.2.3 使用 Callable 和 Future 接口创建线程

使用 Callable 和 Future 接口创建线程,一般的步骤是首先创建 Callable 接口的实现类,再重写 call()方法,然后使用 FutureTask 类来包装 Callable 实现类的对象,并以此 FutureTask 对象作为 Thread 对象的 target 来创建线程。其使用方式如示例 15-4 所示。

【示例 15-4】使用 Callable 和 Future 接口创建线程

```
package chapter15;
import java.util.concurrent.Callable;                              //引入包
class MyCallable<Object> implements Callable<Object> {             //类 MyCallable
    public Object call() throws Exception {
        for (int i = 0; i < 5; i++) {
            System.out.println(Thread.currentThread().getName() +" : " + i);
        }
        return null;
    }
}

package chapter15;
import java.util.concurrent.Callable;
import java.util.concurrent.FutureTask;                            //引入包

public class MyCallableTest {                                      //类 MyCallableTest
    public static void main(String[] args) {
        Callable<Object> myCallableObject = new MyCallable<>();
        FutureTask<Object> myFutureObject = new FutureTask<Object>(myCallableObject);
        Thread t = new Thread(myFutureObject);                     //创建对象
        t.start();                                                 //启动线程
    }
```

}
```

程序编译后，运行结果如下：

```
Thread-0 : 0
Thread-0 : 1
Thread-0 : 2
Thread-0 : 3
Thread-0 : 4
```

从示例 15-4 可以看出，在实现 Callable 接口中，此时不再是 run()方法了，而是 call()方法。此 call()方法作为线程执行体，同时还具有返回值！在创建新的线程时，通过 FutureTask 来包装 MyCallable 对象，同时作为 Thread 对象的 target。最终通过 Thread 类的对象调用 start()方法，以实现线程的启动。

15.3 线程控制

多个线程在同时运行时，一般是按照 CPU 的调度规则来决定首先执行哪个线程。在实际操作时，有时是需要实现某个线程首先执行的，当第一个线程执行完毕后，再执行其他的线程。这就需要对线程的执行顺序进行必要的控制。本节重点介绍如何进行线程的调度控制。

15.3.1 线程调度

1. 活用 sleep()方法

在示例 15-1 的程序中创建了两个线程，一般的线程调用方式为第一个线程执行完毕之后再调用第二个线程。如果想强行干预线程的调度过程，可以在需要等待的或者是后执行的线程中增加 sleep()方法，使其在刚进入 CPU 调度初期就进入休眠状态，在等待一段时间后再执行。在等待的这段时间内，其他的线程可以进入 CPU 执行。依靠加入 sleep()方法的方式来进行简单的线程调度控制。sleep()方法的使用方式如示例 15-5 所示。

【示例 15-5】使用 sleep()方法

```
package chapter15;

public class ThreadSleep1 extends Thread {                //类 ThreadSleep1
    private String name;
    ThreadSleep1(String remark) {
        this.name = remark;
    }
    public void run() {                                    //重写 run()方法
        for (int i = 0; i < 5; i++) {
            System.out.println(name + " : " + i);
            try {
                sleep(1000);
            } catch (InterruptedException e) {
```
```

```
            }
        }
    }
}

package chapter15;
public class ThreadSleep2 extends Thread{            //类 ThreadSleep2
    private String name;
    ThreadSleep2(String remark) {
        this.name = remark;
    }
    public void run() {                              //重写 run()方法
        for (int i = 0; i < 5; i++) {
            System.out.println( name + " : " + i);
        }
    }
}

package chapter15;
public class SleepFun {                              //类 SleepFun
    public static void main(String args[]) {
        ThreadSleep1 th1 = new ThreadSleep1("thread1");    //创建 ThreadSleep1 对象
        th1.start();
        ThreadSleep2 th2 = new ThreadSleep2("thread2");    //创建 ThreadSleep1 对象
        th2.start();
    }
}
```

程序编译后，运行结果如下：

```
thread2 : 0
thread2 : 1
thread2 : 2
thread2 : 3
thread2 : 4
thread1 : 0
thread1 : 1
thread1 : 2
thread1 : 3
thread1 : 4
```

从上面的运行结果可以看出，在类 ThreadSleep1 中的 run()方法中首先执行的是 sleep()方法，当线程进入休眠时，ThreadSleep2 中的 run()方法趁机执行。当休眠期结束后，ThreadSleep1 中的 run()方法才会继续被执行。

2. 使用 yield()方法

使用 sleep()方法能够实现简单的线程调度，如果存在多个线程同时等待，CPU 就会因为没有执行任何线程而造成空闲，并且在限定休眠时间时也需要多次调试，得到最优时间。

在 Java 编程中，提供了另外一种调度方法，即 yield()方法。该方法能够实现暂停终止当前正在执行的线程，转而执行下一个线程。如果没有继续执行的线程，那么被终止的线程就会继续被执行。使用 yield()方法可以有效地避免 CPU 的浪费，从而实现主机资源的合理利用。yield()方法的使用方式如示例 15-6 所示。

【示例 15-6】使用 yield()方法

```java
package chapter15;
public class ThreadYieldClass extends Thread{           //定义类 ThreadYieldClass
    private String name;
    ThreadYieldClass(String name){
        this.name = name;
    }
    public void run() {                                 //重写 run()方法
        for (int i = 0; i < 50; i++) {
            System.out.println(name + "-----" + i);
            if (i == 30){
                Thread.yield();                         //调用 yield()方法
            }
        }
    }
    public static void main(String[] args) {
        ThreadYieldClass th1 = new ThreadYieldClass("线程 1");
        ThreadYieldClass th2 = new ThreadYieldClass("线程 2");  //创建线程
        th1.start();
        th2.start();                                    //启动线程
    }
}
```

程序编译后，部分运行结果如下：

```
……
线程 1-----26
线程 1-----27
线程 1-----28
线程 1-----29
线程 1-----30
线程 2-----10
线程 2-----11
线程 2-----12
……
```

从示例 15-6 的执行结果可以看出，当线程 1 执行到 i=30 的时候执行了 yield()方法，然后线程 1 进入等待状态，在线程 2 执行完毕后它才会继续执行。

15.3.2 线程优先级

决定线程是否能够被优先调用的一个重要标识是线程的优先级。在 Java 编程中，将线程的优先级划分为 1~10 共 10 个等级。数值越大，代表的优先级越高，在同等条件下就会优先被执行。系统默认的优先级是 5，如 main()方法的优先级一般为 5。子线程的初始优先级和父线程相同。

1. 获取优先级

线程的优先级一般使用 getPriority()方法来获取。该方法返回所在线程的优先级，其使用方式如示例 15-7 所示。

【示例 15-7】获取线程优先级

```
package chapter15;
public class ThreadGetPriority extends Thread {
    public static void main(String args[]) {
        Thread1 th2 = new Thread1("thread2");
        ThreadYield1 th1 = new ThreadYield1("thread1");          //定义两个线程

        System.out.println("线程2 的优先级为： " + th2.getPriority());
        System.out.println("线程1 的优先级为： " + th1.getPriority()); //获取优先级
        th2.start();
        th1.start();
        System.out.println("main 方法的优先级为:" + Thread.currentThread().getPriority());
    }
}
```

程序编译后，运行结果如下：

```
线程2 的优先级为：  5
线程1 的优先级为：  6
main 方法的优先级为: 5
thread2 : 0
thread2 : 1
thread2 : 2
thread2 : 3
thread2 : 4
thread1 : 0
thread1 : 1
thread1 : 2
thread1 : 3
thread1 : 4
```

在示例 15-7 中，main()方法的优先级默认为 5；线程 th2 的优先级被设定为 5，和 main()方法同级；线程 th1 的优先级为 6。程序在执行时，优先级高的先执行，优先级低的后执行，因此先执行 th2 的方法后执行 th1 的方法。

2. 更改优先级

线程的优先级在程序中可以根据需要进行变化。一般使用方法 setPriority()来进行优先级的修改。修改后，线程可以按照新的优先级进行调度执行。方法 setPriority()的使用方式如示例 15-8 所示。

【示例 15-8】更改优先级

```
package chapter15;
public class MyPriority extends Thread {          // 类 MyPriority
    private String name;
    MyPriority(String remark) {
        this.name = remark;
    }
    public void run() {
        for (int i = 0; i < 5; i++) {
            System.out.println(name + " : " + i + "优先级为" +
 Thread.currentThread().getPriority() );
        }
    }
}
package chapter15;
public class ThreadSetPriority extends Thread {   // 类 ThreadSetPriority
    public static void main(String args[]) {
        MyPriority th2 = new MyPriority("thread2");
        th2.setPriority(1);// 设定优先级为1
        th2.start();

        Thread1 th1 = new Thread1("thread1");
        th1.setPriority(1); // 设定优先级为1
        th1.start();
    }
}
```

程序编译后，运行结果如下：

```
thread1 : 0
thread1 : 1
thread1 : 2
thread1 : 3
thread1 : 4
thread2 : 0 优先级为1
thread2 : 1 优先级为1
thread2 : 2 优先级为1
thread2 : 3 优先级为1
thread2 : 4 优先级为1
```

从示例 15-8 可以看出，在设定了优先级之后，优先级高的线程 th1 首先被执行。而线程优先级低的线程 th2 虽然先进行了调用，但是仍然在后面被执行。

15.4 线程同步

Java 编程时支持多线程并发操作，并且线程的执行顺序默认是随机进行的。当多个线程同时操作一个对象时，可能有的会修改对象的数值，有的要读取数值，任由这种情况发生就会导致程序异常。多线程的同步就是用来解决这个问题的。

15.4.1 锁

在介绍线程同步之前，我们首先需要了解 Java 编程中锁的概念。锁一般分为内置锁、类锁和对象锁。其中，内置锁是每个 Java 对象都可以用作实现同步的锁。当线程进入同步代码块或方法的时候会自动获得该锁，在退出同步代码块或方法时会释放该锁。内置锁是一个互斥锁，这就意味着在同一时刻只能有一个线程获得该锁，也就是说当一个线程获得内置锁时，其他的线程都必须等待或变为阻塞状态。当线程将锁释放后，其他的线程才能执行，否则将会一直等待下去。

Java 的对象锁和类锁在锁的概念上基本上和内置锁是一致的。对象锁是用于对象实例方法或者一个对象实例上的。类锁用于类的静态方法或者一个类的 class 对象上。因此，不同对象实例的对象锁是互不干扰的，但是每个类只有一个类锁。

15.4.2 使用 synchronized 关键字进行线程同步

在进行线程的同步时，经常使用的是 synchronized 关键字。synchronized 关键字可以用来修饰方法，也可以用来修饰代码块。用 synchronized 修饰之后，方法或代码就进入了内置锁的加锁模式，只有在线程开锁之后，其他的线程才能操作加锁的部分。

在需要进行同步代码块或者在定义方法时，可以加上 synchronized 关键字，基本使用方式如示例 15-9 所示。

【示例 15-9】使用关键字 synchronized 进行线程同步

```
package chapter15;
public class BaseSynchronize {
    class Balance{
        private int balance = 100;
        public int getBalance() {
            return balance;
        }
        public synchronized void addNum(int fee) {
            this.balance += fee;
        }
        public void addNum1(int fee) {
            synchronized (this) {                        // 用同步代码块实现
                this.balance += fee;
            }
        }
    }
    class NewThread implements Runnable {
        private Balance balance;
        public NewThread(Balance bank) {
            this.balance = bank;
        }
        public void run() {
            for (int i = 0; i < 5; i++) {
```

```
            balance.addNum(100);
            System.out.println(Thread.currentThread().getName() +"第" + i + "
次更新后,"+ "账户余额为: " + balance.getBalance());
        }
    }
}
    public void testThread() {                                    //建立线程,调用内部类
        Balance balance = new Balance();
        NewThread new_thread = new NewThread(balance);
        Thread thread1 = new Thread(new_thread);
        thread1.start();
        Thread thread2 = new Thread(new_thread);
        thread2.start();
    }
    public static void main(String[] args) {
        BaseSynchronize st = new BaseSynchronize();
        st.testThread();
    }
}
```

程序编译后,运行结果如下:

```
Thread-1 第 0 次更新后,账户余额为: 200
Thread-0 第 0 次更新后,账户余额为: 300
Thread-1 第 1 次更新后,账户余额为: 400
Thread-0 第 1 次更新后,账户余额为: 500
Thread-1 第 2 次更新后,账户余额为: 600
Thread-0 第 2 次更新后,账户余额为: 700
Thread-0 第 3 次更新后,账户余额为: 900
Thread-0 第 4 次更新后,账户余额为: 1000
Thread-1 第 3 次更新后,账户余额为: 800
Thread-1 第 4 次更新后,账户余额为: 1100
```

从示例 15-9 可以看出,对方法 addNum()添加了 synchronized 关键字之后,对变量 balance 进行了加锁操作。当线程执行到对变量进行加运算时,都会等待其他线程对当前的锁进行释放,当其他线程将锁释放之后才会进行加运算。

synchronized 关键字实际上是一种加锁模式,当某个方法加上 synchronized 关键字后,就表明要获得该内置锁才能执行,但不能阻止其他线程访问不需要获得该内置锁的方法。

15.4.3 使用特殊域变量实现线程同步

除了使用 synchronized 关键字实现同步之外,常用的方式还有使用关键字 volatile 实现线程同步。使用了关键字 volatile 之后,相当于通知了 JVM,该变量可能被其他线程做了修改,请不要再使用寄存器中的数值,而是需要重新计算。同时,volatile 关键字不会提供任何原子操作,也不能用来修饰 final 类型的变量。其简单的使用方式如示例 15-10 所示。

【示例 15-10】 使用关键字 volatile 实现线程同步

```java
package chapter15;
public class Basevolatile {
    class Balance{
        private volatile int balance = 100;          //使用关键字 volatile
        public int getBalance() {
            return balance;
        }
        public void addNum(int fee) {
            this.balance += fee;
        }
    }
    class NewThread implements Runnable {
        private Balance balance;
        public NewThread(Balance bank) {
            this.balance = bank;
        }
        public void run() {
            for (int i = 1; i < 5; i++) {
                balance.addNum(100);
                System.out.println(Thread.currentThread().getName() +" 第" + i + "次更新后,"+ "账户余额为: " + balance.getBalance());
            }
        }
    }
    public void testThread() {                        //建立线程,调用内部类
        Balance balance = new Balance();
        NewThread new_thread = new NewThread(balance);
        Thread thread1 = new Thread(new_thread);
        thread1.start();
        Thread thread2 = new Thread(new_thread);
        thread2.start();
    }
    public static void main(String[] args) {
        Basevolatile st = new Basevolatile();
        st.testThread();
    }
}
```

程序编译后,运行结果如下:

```
Thread-0  第 1 次更新后,账户余额为: 200
Thread-0  第 2 次更新后,账户余额为: 300
Thread-0  第 3 次更新后,账户余额为: 400
Thread-0  第 4 次更新后,账户余额为: 500
Thread-1  第 1 次更新后,账户余额为: 600
Thread-1  第 2 次更新后,账户余额为: 700
```

```
Thread-1   第 3 次更新后，账户余额为：800
Thread-1   第 4 次更新后，账户余额为：900
```

从示例 15-10 可以看出，使用关键字 volatile 比使用关键字 synchronized 性能要提高很多，并且只能修饰变量，而 synchronized 不仅可以用来修饰变量，还能用来修饰方法等。使用关键字 synchronized 之后，线程会进入阻塞状态，关键字 volatile 则不会出现阻塞的情况。

volatile 虽然不会出现线程阻塞的问题，但是不能保证数据的原子性，因此在使用 volatile 的时候需要特别注意。

15.4.4 使用重入锁实现线程同步

synchronized 关键字利用了锁的机制。在 Java SE 5.0 中，新增了一个 java.util.concurrent 包来支持同步。在该包中常用的类为 ReentrantLock 类，可重入、互斥，实现了 Lock 接口的锁。它与使用 synchronized 方法和块具有相同的基本行为和语义，并且扩展了其能力。

ReentreantLock 类的常用方法有：

- ReentrantLock()：创建一个 ReentrantLock 实例。
- lock()：获得锁。
- unlock()：释放锁。

其使用方式如示例 15-11 所示。

【示例 15-11】使用重入锁实现线程同步

```java
package chapter15;
import java.util.concurrent.locks.Lock;
import java.util.concurrent.locks.ReentrantLock;
public class BaseConcurrent {                              // 类 BaseConcurrent
    class Balance{
        private int balance = 100;
        private Lock lock = new ReentrantLock();           // 声明需要锁
        public int getBalance() {
            return balance;
        }
        public void addNum(int fee) {
            this.balance += fee;
        }
        public void addNum1(int fee) {
            lock.lock();
            try{
                this.balance += fee;
            }finally{
                lock.unlock();
            }
        }
    }
    class NewThread implements Runnable {
```

```java
        private Balance balance;
        public NewThread(Balance bank) {
            this.balance = bank;
        }
        public void run() {
            for (int i = 0; i < 5; i++) {
                balance.addNum(100);
                System.out.println(Thread.currentThread().getName() +"第" + i + "次更新后,"+ "账户余额为: " + balance.getBalance());
            }
        }
    }
    public void testThread() {                              // 建立线程,调用内部类
        Balance balance = new Balance();
        NewThread new_thread = new NewThread(balance);
        Thread thread1 = new Thread(new_thread);
        thread1.start();
        Thread thread2 = new Thread(new_thread);
        thread2.start();
    }
    public static void main(String[] args) {
        BaseConcurrent st = new BaseConcurrent();
        st.testThread();
    }
}
```

程序编译后,运行结果如下:

```
Thread-1 第 0 次更新后,账户余额为: 200
Thread-1 第 1 次更新后,账户余额为: 300
Thread-1 第 2 次更新后,账户余额为: 400
Thread-1 第 3 次更新后,账户余额为: 500
Thread-1 第 4 次更新后,账户余额为: 600
Thread-0 第 0 次更新后,账户余额为: 700
Thread-0 第 1 次更新后,账户余额为: 800
Thread-0 第 2 次更新后,账户余额为: 900
Thread-0 第 3 次更新后,账户余额为: 1000
Thread-0 第 4 次更新后,账户余额为: 1100
```

从示例 15-11 可以看出,使用 ReentreantLock 类可以实现的效果与使用 synchronized 关键字一样。对于二者来说,如果 synchronized 关键字能够实现,那么为了简化代码,需要使用 ReentreantLock 类。在使用 ReentreantLock 类时,还需要注意及时释放锁,不然就会形成死锁。

15.5 实战——Java 小程序

创建一个发票打印的示例,比如某个联通营业厅中一共有 10 张发票可以被打印,同时存在 3 个营业员进行打印操作,要保证每个营业员不能同时操作同一张发票,参考代码如实战 15-1 所示。

【实战 15-1】打印发票

```java
package chapter15;
public class workInvoiceClass extends Thread {
    public workInvoiceClass(String name) {//提供窗口名
        super(name);
    }
    static int tick = 10;
    static Object ob = "aa";                                //值是任意的
    @Override
    public void run() {
        while (tick > 0) {
            synchronized (ob) {                             //使用锁
                if (tick > 0) {
                    System.out.println(getName() + "打印了第 " + tick + " 张发票");
                    tick--;
                } else {
                    System.out.println("票卖完了");
                }
            }
            try {
                sleep(1000);                                //休息一秒
            } catch (InterruptedException e) {
                e.printStackTrace();
            }
        }
    }
    public static void main(String[] args) {
        workInvoiceClass station1=new workInvoiceClass("窗口1");
        workInvoiceClass station2=new workInvoiceClass("窗口2");
        workInvoiceClass station3=new workInvoiceClass("窗口3");
        station1.start();
        station2.start();
        station3.start();
    }
}
```

程序编译后,执行结果如下:

```
窗口1打印了第 10 张发票
窗口3打印了第 9 张发票
窗口2打印了第 8 张发票
窗口1打印了第 7 张发票
窗口3打印了第 6 张发票
窗口2打印了第 5 张发票
窗口1打印了第 4 张发票
窗口2打印了第 3 张发票
窗口3打印了第 2 张发票
窗口1打印了第 1 张发票
```

第16章 Java中的I/O

在 Java 编程中,我们经常会提到"输入流""输出流"等概念,而这些输入输出的操作也就是 Input 和 OutputIO 操作,可以缩写为 I/O 操作(I/O 就是 input 和 Output 的缩写)。在 Java 中,I/O 涉及的范围比较广泛,包括文件读写、标准设备输出等。因此,其使用范围也是比较广泛的。本章将重点介绍如何使用 Java 系统中的类来实现这些常见的 I/O 操作。

本章的重点内容如下:

- I/O 和流的基本概念
- I/O 类库介绍
- 字节流基础
- 字符流基础
- 标准 I/O 操作

16.1 I/O 概述

I/O 是以流为基础进行输入输出的,所有数据被串行化写入输出流,因此 I/O 操作在一定程度上可以被称为流操作。本节将介绍什么是流以及流的分类。

16.1.1 什么是流

在 Java 编程中,流是一组有顺序、有起点和终点的字节集合,是对数据传输的总称或抽象。数据在两个设备间的传输称为流。流的本质是数据传输,可根据数据传输特性将流抽象为各种类,方便更直观地进行数据操作。

在 Java IO 中,流是一个核心的概念。流从概念上来说是一个连续的数据流,既可以从流中读取数据,也可以往流中写数据。流与数据源或者数据流向的媒介相关联。在 Java IO 中,流既可以是字节流(以字节为单位进行读写),也可以是字符流(以字符为单位进行读写)。下面介绍如何对 I/O 进行分类。

16.1.2 I/O 类型

可以根据不同的维度对 I/O 进行分类。在 Java 开发中,一般按照处理数据类型和数据流向来进行分类。

（1）根据处理数据类型来分，可以将 I/O 分为字符流和字节流。

我们都知道，任何的数据在计算机中存储的最小单位都是字节，不管存储的是文件、图片还是视频、音频文件，最终都将以字节为单位进行各种处理。而在不同的地域、系统中，又出现了各种编码方式。例如，汉字一般使用 GB2312 编码，国际上一般使用 utf-8 编码。字节流是以字节（8 个字符为 1 个字节）为单位进行读写的；而字符流会先读取设定的码表，一次可以读取多个字节。因此，字节流能处理所有类型的数据，而字符流只能处理字符类型的数据。在一般情况下，优先选用字节流进行 I/O 操作。在使用字符流进行操作时，需要提前指定统一的码表，否则会出现乱码的情况。

（2）根据数据流向来分，可以将 I/O 分为输入流和输出流。

简单来说，向程序中写入数据供处理器处理的数据流向称为输入流；处理器处理完毕后，将输出结果向外输出数据称为输出流。常见的输入流有键盘、文件等，输出流包含显示器屏幕、文件等。

16.2 Java 中的流类库

Java 语言中定义了许多专门用来处理输入输出流的类。这些类都放在包 Java.io 中。下面分别介绍这些类库。

16.2.1 输入流类库

输入流的类库都是抽象类 InputStream 或者抽象类 Reader 类的子类。其中，InputStream 类用于字节输入流，而 Reader 类用于字符输入流。InputStream 类的层次结构如图 16.1 所示。

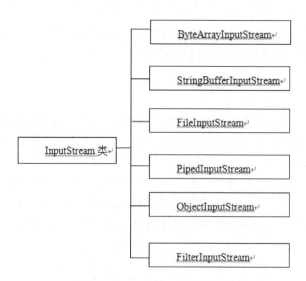

图 16.1 InputStream 类层次结构

InputStream 类衍生了很多子类。其中，ByteArrayInputStream、StringBufferInputStream、FileInputStream 是 3 种基本的介质流，分别从 Byte 数组、StringBuffer 和本地文件中读取数据；

PipedInputStream 是从与其他线程共用的管道中读取数据。这些子类还可以衍生出更多的子类，详细的继承关系请参照 JDK 相关手册查询。

Reader 类是专门用来简化处理字符输入流的，所有的字符输入流都是该类的子类。其层次结构如图 16.2 所示。

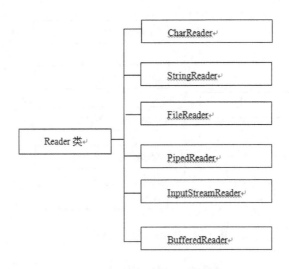

图 16.2　Reader 类层次结构

CharReader、StringReader、PipedReader 分别从 Char 数组、String、管道中读取数据。InputStreamReader 是一个连接字节流和字符流的桥梁，可将字节流转变为字符流。可以根据实际需要来选择使用 Reader 类的那个子类。

16.2.2　输出流类库

输出流的类库都是抽象类 OutputStream 或者抽象类 Writer 类的子类。其中，OutputStream 类用于字节输入流，是所有字节输入流的父类。其层次结构如图 16.3 所示。

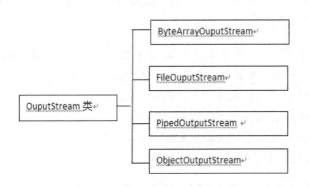

图 16.3　OutputStream 类层次结构

图 16.3 介绍了 OutputStream 中常用的子类，其中 ByteArrayOutputStream、FileOutputStream 分别向 Byte 数组和本地文件中写入数据。PipedOutputStream 是向与其他线程共用的管道中写入数据，这些子类还衍生了很多子类。详细的继承关系请参照 JDK 相关官方文档。

Write 类主要用于字符输入流，也是所有字符输出类的子类，其层次结构如图 16.4 所示。

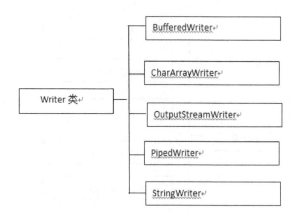

图 16.4 Writer 类层次结构

16.3 字 节 流

在 16.2 节介绍了输入流和输出流中类库的层次结构。本节将重点介绍如何使用这些字节流的类库完成基本操作。

说　明
文件类操作将在第 17 章进行介绍，这里只介绍除文件之外的常用类。

16.3.1 基 类 流

类 InputStream 是所有字节输入流的基类，而 OutputStream 类则是所有字节输出流的基类。类 InputStream 中常用的方法如下所示。

- read()：读取一个字节，返回 0~255 的 int 字节值，到达末尾时返回-1。
- read（byte[] b)：读取一定长度的字节，返回读取的字节数
- close()：关闭输入流并释放相关资源，无返回值。
- mark(int readlimit)：标记流的当前位置。
- reset()：将输入流的起始读取位置重置到指定的位置。
- skip(long n)：跳过 n 个字符，然后进行读取流操作。

类 OutputStream 类中的方法均没有返回值，当遇到错误的时候会引发 IOException 异常。其常用方法如下所示。

- write()：写入输出流。
- write（byte[] b）：写入 byte 数组中指定的字节到输出流。
- close()：关闭输出流并释放相关资源，无返回值。
- flush()：完成输出流并清空缓冲区。

在使用 InputStream 类的 read()方法时，如果没有数据，就会使系统处于阻塞状态，直到发现新的数据到来或者是异常发生。因此在使用 InputStream 时必须添加异常的处理。

这两个类都是抽象类，因此不能实例化对象。需要实现什么功能，可以选择合适的子类实例化对象。

16.3.2 字节数组流

字节数组流是在内存中创建一个字节数组缓冲区，用输入流从该字节缓冲区中读取数据，用输出流将字节数组写到字节输出流，并转换成字符串输出。其常用方法和基类中的方法类似，使用方式如示例 16-1 所示。

【示例 16-1】字节数组流的使用

```
package chapter16;
import java.io.ByteArrayInputStream;
import java.io.ByteArrayOutputStream;
import java.io.IOException;                              //引入包
public class ByteArrayClass {
    public static void main(String args[]){
        String str = new String("abcdefg");
        byte[] byteBuf = str.getBytes();                 //定义字节数组

        ByteArrayInputStream byteInput =
            new ByteArrayInputStream(byteBuf);           //定义字节数组输入流对象
        System.out.println(" 读取字节数组中的内容");
        int date = byteInput.read();
        while ( date != -1) {
            System.out.print((char) date + " ");         //输出字节数组中的内容
            date = byteInput.read();                     //循环读取数据
        }

        try {
            System.out.println();
            System.out.println("将读取的字节数写入另外一个字节数组");
            ByteArrayOutputStream outStream =
                new ByteArrayOutputStream();             //定义字节输出流对象
            outStream.write(byteBuf);
            byte[] byteOut = outStream.toByteArray();    //定义字节数组
            for (int i = 0; i < byteOut.length; i++){    //写入另一个字节数组
                System.out.println("byteOut[" + i + "] = " + (char)byteOut[i]);
            }
        }catch (IOException e){
```

```
            e.printStackTrace();
        }
    }
}
```

程序编译后，运行结果如下：

```
读取字节数组中的内容
a b c d e f g
将读取的字节数写入另外一个字节数组
byteOut[0] = a
byteOut[1] = b
byteOut[2] = c
byteOut[3] = d
byteOut[4] = e
byteOut[5] = f
byteOut[6] = g
```

从示例 16-1 可以看出，使用 ByteArrayInputStream 流时，可以将字节数组中的内容读入输入流中，而一次只能读取一个字节。使用 ByteArrayOutputStream 流时，可以将字节写入字节数组。

16.3.3 管 道 流

管道流和 UNIX 系统中的管道类似。在 UNIX 系统中，管道的作用是将一个程序的输出作为另外一个程序的输入，从而使得数据像从管道一头输入、从另外一头输出一样。在 Java 编程中，管道流利用管道输入流（PipeInputStream 类）和管道输出流（PipeOutStream 类）建立连接，从而进行字节传输。管道流一般用于线程之间的数据传输，并且输入流和输出流必须成对出现才能正常建立连接，从而实现数据的交互。管道流的使用方式如示例 16-2 所示。

【示例 16-2】管道流的使用

```
package chapter16;
import java.io.IOException;
import java.io.PipedOutputStream;                          //引入包
public class pipeSend extends Thread{                      //类 pipeSend
    private PipedOutputStream out = new PipedOutputStream();
    public PipedOutputStream getOut() {                    //获取管道输入流对象
        return out;
    }
    public void run(){
        String str = new String("12345");
        try{
            System.out.println("写入数据");
            out.write(str.getBytes());                     //输出管道中的数据
            out.close();
            System.out.println("写入数据完成");
        }catch (IOException e){
            e.printStackTrace();
```

```java
        }
    }
}

package chapter16;
import java.io.IOException;
import java.io.PipedInputStream;
public class pipeByteClass extends Thread{                    //类pipeByteClass
    private PipedInputStream in;
    public pipeByteClass(pipeSend send) throws IOException {
        in = new PipedInputStream(send.getOut());
    }
    public void run(){
        try{
            System.out.println("读取数据: ");
            int date = in.read();                             //读取数据
            while (date != -1){
                System.out.print((char)date + " ");
                date = in.read();                             //循环读取数据
            }
            in.close();
            System.out.println();
            System.out.println("读取完成");
        }catch (IOException e){
            e.printStackTrace();
        }
    }
    public static void main(String[] args) throws IOException{
        pipeSend send = new pipeSend();
        pipeByteClass recv = new pipeByteClass(send);
        send.start();                                         //启动线程
        recv.start();
    }
}
```

程序编译后，运行结果如下：

```
写入数据
写入数据完成
读取数据:
1 2 3 4 5
读取完成
```

在示例 16-2 中，首先使用 PipeOutputStream 类创建了管道输出流对象 send，用于向管道中写入数据。写入数据之后，使用 PipeInputStream 类创建了管道输入流对象 recv，将数据从管道中读取出来，从而实现了通过管道来进行数据传输。

16.3.4 文 本 流

文本流是将文件作为流的输入端和输出端。一般使用 FileInputStream 类读取文件中的内容到其他流，使用 FileOutputStream 类输出到指定的文件流，其使用方式如示例 16-3 所示。

【示例 16-3】文本流使用

```java
package chapter16;
import java.io.*;                                              //引入包
public class fileByteClass {
    public static void main(String[] args) throws Exception{
        File  src = new File("d:\\a\\1.txt");
        File des = new File("d:\\a\\2.txt");                   //定义两个文件类
        FileInputStream fileInput = new FileInputStream(src);
        //定义文件输入流和输出流
        FileOutputStream fileOut = new FileOutputStream(des);
        byte[] tmp = new byte[100];
        int count = fileInput.read(tmp);                       //读取文件
        System.out.println("在文件中读取了 " + count + "个字符");
        System.out.println("文件的内容为： " + new String(tmp));
        System.out.println("开始写入文件");
        fileOut.write(tmp);
        System.out.println("写入完成");
    }
}
```

程序编译后，运行结果如下：

```
在文件中读取了 6 个字符
文件的内容为： abcdcf
开始写入文件
写入完成
```

在示例 16-3 中，定义了两个文件类的对象，分别指向文件 1.txt 和文件 2.txt。文件输入流 FileInputStream 用来读取文件 1.txt 中的内容，并将读取到的内容放到字节数组中。文件输出流 FileOutputStream 用来将字节数组中的内容写入文件 2.txt 中。

16.3.5 字节缓冲流

前面介绍的字节流操作只能一次输入输出一个字符，如果想要操作一整行记录，处理起来就会非常麻烦。于是 Java 编程中引入了缓冲区的概念。在内存中开辟一块区域，进行读写数据的时候先将数据存放到缓冲区中，然后按照一定的规则从缓冲区中读取，从而提高读写速度。

Java 中的缓冲流分为字节缓冲流和字符缓冲流。其中，字节缓冲流一般使用类 BufferedInputStream（字节输入缓冲流）和 BufferedOutputStream（字节输出缓冲流）两个类来实现。这两个类的使用方式如示例 16-4 所示。

【示例 16-4】 字节缓冲流的使用

```java
package chapter16;
import java.io.*;
public class bufferByteClass {
    public static void main(String[] args){
        try{
            File src = new File("d:\\a\\1.txt");
            File copy = new File("d:\\a\\1bak.txt");
            BufferedInputStream bufInput =
                    new BufferedInputStream(new FileInputStream(src));   //定义输入流
            BufferedOutputStream bufOut =
                    new BufferedOutputStream(new FileOutputStream(copy));//定义输出流
            System.out.println("文件复制开始");
            System.out.println("读取源文件内容：");
            int c ;
            while((c = bufInput.read()) != -1){                          //读取文件内容
                System.out.println((char)c);
                bufOut.write(c);                                         //写入文件
                bufOut.flush();                                          //刷新缓冲区
            }
            System.out.println("文件复制完成");
        }catch (IOException e){
            e.printStackTrace();
        }
    }
}
```

程序编译后，运行结果如下：

```
文件复制开始
读取源文件内容：
a
b
c
d
c
f
文件复制完成
```

在示例 16-4 中实现了文件的复制。首先定义了两个文件类的对象，分别指向源文件和复制后的文件。然后利用这两个文件输入输出流，定义字节缓冲输入流 bufInput 和字节缓冲输出流 bufOut，前者用于读取文件中的内容，后者用于向目标文件中写入内容。接着在 while 循环中边读取源文件边向目标文件中写入，最终将源文件中的内容写入到目标文件，从而实现文件的复制操作。

16.4 字 符 流

在计算机中,数据是按照字节为单位进行存储的。每 8 个二进制位计为一个字节。这些字节对我们来说是没有意义的,我们在平时看到的字母、数字等都是经过编码处理后的字符。本节将重点介绍在 Java 中如何使用字符流来完成输入输出操作。

16.4.1 字符编码简介

在介绍字符流之前,需要首先了解字符集,因为在计算机中只能存储 0 或 1 这两个二进制位,而字符集就表示某个文字(字符或数字等)和二进制位的互相转换关系,字符编码就是这些文字在字符集中的编号。例如,字符 A 在 ASCII 码集中的编号是 65。如果某个系统中使用的是 ASCII 编码,那么输入数字 65 就能得到对应的字符 A。

对于中文来说,经常会出现乱码。英文字符一般使用 ASCII 编码方式,一个字符用一个字节来表示;而中文字符一般采用 GB2312 编码方式,需要两个字节来标识一个字符。如果在发送和接收方使用的字符编码不一致,就会出现乱码的情况。因此在进行数据的收发之前,需要首先约定双方使用哪种编码方式,以防出现乱码。

在 Java 编程时,使用的 String 类一般采用国际通用的 unicode 编码方式。在字符串转换为字节数组的时候,还可以自己指定编码方式,一般使用字符串中的 getBytes()方法。如果在 getBytes()方法中没有给定编码方式,就会使用系统默认的编码格式进行编码。其操作方式如示例 16-5 所示。

【示例 16-5】字节编码

```
package chapter16;
import java.io.IOException;                              //引入包
public class encodeClass {
    public  static void main(String[] args){
        String str = "I am 中国人";
        try{
            byte[] gb_str = str.getBytes("gb2312");   //使用不同的编码定义字节数组
            byte[] utf8_str = str.getBytes("UTF-8");
            byte[] gbk_str=str.getBytes("gbk");
            System.out.println("使用 GB2312 编码解析 GB2312 编码: " + new String(gb_str, "gb2312"));
            System.out.println("使用 UTF_8 解析 UTF_8 编码: " + new String(utf8_str, "UTF-8"));
            System.out.println("使用 GBK 解析 GBK 编码: " + new String(gbk_str, "gbk"));
            System.out.println("出现乱码的情况:");
            System.out.println("使用 UTF_8 解析 GB2312 编码: " + new String(gb_str, "UTF-8"));
            System.out.println("使用 GBK 解析 GB2312 编码: " + new String(gbk_str, "UTF-8"));
        }catch(IOException e ){
            e.printStackTrace();
        }
```

        }
}

程序编译后，运行结果如下：

```
使用 GB2312 编码解析 GB2312 编码： I am 中国人
使用 UTF_8 解析 UTF_8 编码： I am 中国人
使用 GBK 解析 GBK 编码： I am 中国人
出现乱码的情况：
使用 UTF_8 解析 GB2312 编码： I am �й���
使用 GBK 解析 GB2312 编码： I am �й���
```

从示例 16-5 可以看出，在对中文进行操作时，如果使用一种特定的编码方式创建了字节数组，就需要用想用的编码方式来进行解码。如果不使用相同的编码方式，那么最终输出的结果将会是一些看不懂的乱码，从而造成数据的丢失。

16.4.2　字符数组流

字符数组流的基类分别是 Reader 类和 Writer 类，其他的字符流都是这两个类的子类。其子类 CharArrayReader 和 CharArrayWriter 用于字符数组的输入和输出操作。CharArrayReader 可以理解为使用字符数组来保存数据，而 CharArrayWriter 用来向字符数组中写入数据。二者的简单使用方式如示例 16-6 所示。

【示例 16-6】字符数组流的使用

```java
package chapter16;
import java.io.CharArrayReader;
import java.io.CharArrayWriter;                                //引入包
public class byteCharClass {
    public static void main(String[] args) throws Exception{
        char[] Array = new char[]{'a', 'b', 'c', 'd'};
        CharArrayReader charArray = new CharArrayReader(Array);  //定义字符数组
        System.out.println("读取字符数组中的数据：");
        while(charArray.ready()){
            System.out.println((char)charArray.read());          //读取数据
        }
        System.out.println("读取完毕");
        System.out.println();
        
        System.out.println("将字符写入另外一个字符数组");
        CharArrayWriter arryWriter = new CharArrayWriter();
        arryWriter.write(Array);                                 //写入数据
        
        char[] tmp = arryWriter.toCharArray();
        System.out.println("输出新的字符数组：");
        System.out.println(tmp);
        System.out.println("写入完成");
    }
```

}

程序编译后，运行结果如下：

读取字符数组中的数据：
a
b
c
d
读取完毕

将字符写入另外一个字符数组
输出新的字符数组：
abcd
写入完成

在示例 16-6 中，使用字符数组输入流来读取字符数组 Array 中的记录，使用字符输出流来将字符数组写入另外一个字符数组中。

16.4.3 文 本 流

使用字符流操作文本时，一般使用 FileReader 来读取文件中的内容，而使用 FileWriter 类来写入文件。这两个方法基本操作方式和字节流操作方式类似，如示例 16-7 所示。

【示例 16-7】使用文本流实现文件复制

```java
package chapter16;
import java.io.File;
import java.io.FileReader;
import java.io.FileWriter;                              //引入包

public class fileCharClass {
    public static void main(String[] args) throws Exception{
        File f1 = new File("D:\\a\\1.txt");
        File f2 = new File("d:\\a\\3.txt");

        FileReader fr = new FileReader(f1);
        FileWriter fw = new FileWriter(f2);              //定义文本流对象
        char[] ch = new char[1024];

        System.out.println("读取文件 1.txt 中的内容");
        while(fr.read(ch) != -1){
            System.out.print (new String(ch));           //读取文件
        }
        System.out.println("读取完毕");

        System.out.println();
        System.out.println("写入文件 3.txt");
        fw.write(ch);                                    //写入文件
```

```
        fw.flush();
        System.out.println("写入完成");
    }
}
```

程序编译后，运行结果如下：

读取文件 1.txt 中的内容
abcdcf
读取完毕

写入文件 3.txt
写入完成

在示例 16-7 中，首先定义了两个 File 类的对象，用来确定读取和写入的文件名。然后通过 FileReader 读取文件 1.txt 中的内容到字符数组 ch 中。在输出字符数组内容的时候，将其作为参数重新构造了一个 String 类的对象来进行输出。在写入文件的时候，调用 writer 方法来将字符数组 ch 中的内容写入文件 3.txt，从而完成了将文件 1.txt 中的内容写入到 3.txt。

16.4.4 缓 冲 流

一般使用 BufferedReader 来实现字符输入缓冲流，使用 BufferedWriter 实现字符输出流。缓冲流能够使用一块缓冲区来存储数据，从而减少了访问磁盘的次数。

缓冲流的常用构造方法如下：

- BufferedReader(Reader in)：创建一个默认缓冲区，存储空间为 8Kb 的字符缓冲输入流。
- BufferedReader(Reader in, int sz)：创建一个字符缓冲输入流，并分配 sz/byte 大小的缓冲区。
- BufferedWriter(Writer out)：创建一个默认缓冲区大小 8Kb 的字符缓冲输出流。
- BufferedWriter(Writer out, int sz)：创建一个字符缓冲输出流，并分配 sz/byte 大小的缓冲区。

使用 BufferedReader 类创建对象时，需要使用 Reader 对象来进行创建。默认缓冲区大小为 8Kb，还可以自己指定缓冲区大小。对于使用 BufferedWriter 类创建对象的方式，同样需要通过 Writer 对象来进行创建。

可以使用输入流中的方法 readLine()一次读取一行数据，输出流中的方法 newLine()在一行结束后写入一个换行符，而写入操作一般还是使用 write 方法来实现。这两个方法也是字符缓冲流中常用的方法。其使用方式如示例 16-8 所示。

【示例 16-8】使用缓冲流实现文件复制

```
package chapter16;
import java.io.*;                                    //引入包
public class BufferCharClass {
    public static void main(String[] args) throws IOException {
        File f1 = new File("D:\\a\\4.txt");
        File f2 = new File("D:\\a\\5.txt");
        FileReader fr = new FileReader(f1);
```

```
        FileWriter fw = new FileWriter(f2);
        FileReader fr1 = new FileReader(f1);
        BufferedReader  bfr = new BufferedReader(fr);
        BufferedWriter bfw = new BufferedWriter(fw);
        BufferedReader  bfr1 = new BufferedReader(fr1);        //定义类

        String str = null;
        System.out.println("读取文件4.txt中的内容：");
        while((str = bfr.readLine()) != null){                 //读取文件
            System.out.println(str);
            bfw.write(str);
            bfw.newLine();
        }
        bfw.flush();                                           //刷新缓冲区，强制写入文件中
        System.out.println("读取完毕");
        System.out.println();
        System.out.println("写入文件5.txt中后，其内容如下：");
        while((str = bfr1.readLine()) != null){
            System.out.println(str);                           //输出新文件内容
        }
    }
}
```

程序编译后，运行结果如下：

```
读取文件4.txt中的内容：
123456
2werty
3wertyuiop[]
4dfghjkl;
5cvbnm,
读取完毕

写入文件5.txt中后，其内容如下：
123456
2werty
3wertyuiop[]
4dfghjkl;
5cvbnm,
```

在示例 16-8 中，通过 FileReader 和 FileWriter 类的对象来创建缓冲流 BufferedReader 和 BufferedWriter 的对象，然后使用 readLine()方法来读取文件 4.txt 中的记录，再通过 write 方法将读取的记录写入文件 5.txt 中。

16.4.5 转换流

前面介绍了字节流和字符流的简单使用方式。在实际操作过程中，有时会遇到数据源是字节设备而输出的时候，需要使用特定的编码方式来进行输出的情况。这就需要使用转换流来完成转换工作。

转换流一般使用 InputStreamReader 来将字节输入流转换为字符输入流。该类是字节流通向字符流的桥梁，可以指定字节流转换为字符流的字符集。其构造方法如下：

- InputStreamReader(InputStream in)：创建一个使用默认字符集的 InputStreamReader。
- InputStreamReader(InputStream in, String charsetName)：创建使用指定字符集的 InputStreamReader。

OutputStreamWriter 类一般用来从运行的程序中接收 Unicode 字符，然后使用指定的编码方式，将这些字符转换为字节，再将这些字节写入底层输出流中。具体来说，InputStreamReader 实现了字节到字符的转换，而 OutputStreamWriter 实现了字符到字节的转换。在示例 16-9 中，会将从键盘输入的字符输入到文件 6.txt 中，从而将从键盘输入的字节流转换成文本中的字符流。

【示例 16-9】转换流的使用

```
package chapter16;
import java.io.*;                                      //引入包
public class BufferedReaderClass {
    public static void main(String[] args) {
        try {
            BufferedReader bufferedReader =
                new BufferedReader(new InputStreamReader(System.in));
            BufferedWriter bw = new BufferedWriter(new FileWriter("D:\\a\\6.txt"));
            BufferedReader br = new BufferedReader(new FileReader("D:\\a\\6.txt"));
            String buf = null;
            System.out.println("请输入需要写入文件的内容：(输入 end 或 END 停止)");
            while((buf = bufferedReader.readLine())!=null){        //读取数据
                if("end".equals(buf) || "END" .equals(buf)){
                    System.out.println("写入完毕");
                    break;
                } else {
                    bw.write(buf);                                 //写入文件
                    bw.newLine();                                  //再次读取文件内容
                    bw.flush();
                }
            }
            bw.close();
            bufferedReader.close();
            System.out.println("输出写入到文件的内容：");
            String strtmp = null;
            while((strtmp = br.readLine()) != null){
                System.out.println(strtmp);
            }
            br.close();
        } catch (IOException e) {
            e.printStackTrace();
        }
    }
}
```

程序编译后，运行结果如下：

```
请输入需要写入文件的内容：(输入 end 或 END 停止)
56789
ghjkl
bnm
end
写入完毕
输出写入到文件的内容：
56789
ghjkl
bnm
```

在示例16-9中，通过System.in对象构造了一个BufferedReader类的对象，然后使用readLine()方法获取输入的字符串，并将读取的字符串使用BufferedWriter类的对象输出到文件6.txt中。通过键盘输入的时候，使用的是字节流的方式，而写入到文件的时候变成了字符流，从而实现了字符流和字节流的转变。

16.5 标准 I/O

在Java编程过程中，经常会出现一些使用比较频繁的设备交互，如键盘、计算机显示器等。为了更好地进行操作，Java语言预设了3个流对象。这3个对象一般被称为标准I/O。

16.5.1 标准输入流

标准输入流一般是指通过键盘输入到处理器的数据流，在Java语言中使用流对象System.in表示。可以调用read()方法读取从键盘输入的字符，返回值为字符对应的ASCII码值。read()方法在使用时只能读取单个字符，而不能一次读取一个字符串。其使用方式如示例16-10所示。

【示例16-10】标准输入流的使用

```java
package chapter16;
import java.io.IOException;                                    //引入包
public class standIOInReadClass {
    public static void main(String[] args){
        byte buf[] = new byte[100];

        try{
            System.out.println("请输入数据：");
            int count = System.in.read(buf);                    //标准输入
            System.out.println("读取成功的字符个数为：" + count);
            System.out.println("读取的内容为：");
            for (int i = 0; i < count; i++){
                System.out.println(buf[i]);                     //输入读取的内容
            }
        }catch(Exception e){
```

```
            e.printStackTrace();
        }
    }
}
```

程序编译后，运行结果如下：

```
请输入数据：
abcd
读取成功的字符个数为： 5
读取的内容为：
97
98
99
100
10
```

从示例 16-10 可以看出，使用标准对象 System.in 中的 read()方法时，只能逐个字符地读取操作。在输入了字符 abcd 之后，后面还存在一个回车键，因此最后返回回车键对应的 ASCII 码值 10。

使用 System.in 对象仅能一次获取一个字符的 ASCII 码值，在很多情况下是不适用的。为了获取字符串或者数字，可以使用 java.util.Scanner 类。在使用 Scanner 类时，首先需要使用 System.in 对象构造一个 Scanner 的对象，然后使用 next()、nextInt()、nextFloat()、nextBoolean()等方法取得相应类型的输入。如果输入的类型和使用的方法不一致，就会生成一个 InputMismatchException 异常。使用 Scanner 类的对象如示例 16-11 所示。

【示例 16-11】 使用 Scanner 类的对象实现标准输入

```
package chapter16;
import java.util.Scanner;                                //引入包
public class scannerClass {
    public static void main(String[] args){
        Scanner scanner = new Scanner(System.in);        //定义 Scanner 类对象
        System.out.println("输入一个整数：");
        System.out.println("输入的整数为： " + scanner.nextInt());      //输入整数
        System.out.println("输入一个浮点数：");
        System.out.println("输入的小数为： " + scanner.nextFloat());    //输入浮点数
        System.out.println("输入一个字符串：");
        System.out.println("输入的字符串为： " + scanner.next());        //输入字符
    }
}
```

程序编译后，运行结果如下：

```
输入一个整数：
123
输入的整数为： 123
输入一个浮点数：
3.14
```

```
输入的小数为: 3.14
输入一个字符串:
hello world
输入的字符串为: hello
```

使用 Scanner 类的对象来获取特定类型的数据之后，可以不用每次都读取单个字符，而是能得到和实际情况相同的数值，从而方便了编程操作。在使用 Scanner 类获取字符串时，默认使用空白字符来对字符串进行分隔。在遇到空白字符时，就认为一个字符串的输入完成。例如，在示例 16-11 中，在输入了"hello world"之后仅能返回字符串"hello"，造成字符串"world"的丢失。

为了防止字符串丢失的情况，可以使用 BufferdReader 类。该类中的方法 readLine()能够读取一整行记录，即使中间存在空格也不会停止。

16.5.2 标准输出流

标准输出流是将处理器处理的结果向标准输出设备输出数据而产生的数据流向。一般而言，标准输出设备是指计算机的显示器屏幕。标准输出流的数据类型为 PrintStream。在 Java 语言系统中，标准输出流的对象为 System.out。常用的方法有以下两个：

```
void print(Object);
void println(Object);
```

这两个方法可以将任意类型的参数显示在显示器上。二者的区别是 println()方法会在输出结束后输出一个换行符，而 print()方法则不会自动输出换行符。标准输出流的使用方式如示例 16-12 所示。

【示例 16-12】标准输出流的使用

```
package chapter16;
public class systemOutClass {
    public static void main(String[] args){
        int num = 123;
        System.out.print("输出一个整数(不带自动换行): " + num);
        System.out.println("输出一个整数(带自动换行) : " + num);

        String str = "welcome to Java World!";
        System.out.print("输出一个字符串(不带自动换行): " + str);       //不带自动换行
        System.out.println("输出一个字符串(带自动换行): " + str);       //带自动换行
    }
}
```

程序编译后，运行结果如下：

```
输出一个整数(不带自动换行): 123 输出一个整数(带自动换行) : 123
输出一个字符串(不带自动换行): welcome to Java World!输出一个字符串(带自动换行): welcome to Java World!
```

使用 print()方法和 println()方法都可以实现将指定的内容显示到显示器上，可以根据是否需要自动换行来选择合适的方法。

16.5.3 标准错误流

标准错误流的对象一般使用 System.err 来标识，其数据类型为 PrintStream，一般用来显示错误信息，或者用来显示一些被用户注意的信息等。其输出方式是实时输出，而 System.out 是缓存输出。除此之外，二者没有太大区别，在此不做赘述。

16.6 实战——Java 小程序

输入任意一个字符，统计该字符在文件 D:\a\6.txt 中出现的次数，参考代码如下：

【实战 16-1】统计文件中字符的出现次数

```java
package chapter16;
import java.io.File;
import java.io.FileInputStream;
import java.util.Scanner;                                //引入包
public class work1charTimes {
    public static void main(String[] args){
        try {
            File file = new File("D:\\a\\6.txt");        //添加文件路径
            FileInputStream fileInput = new FileInputStream(file); //创建文件读取流
            System.out.println("输入字符：");
            Scanner sc = new Scanner(System.in);         //输入字符
            String ch = sc.next();
            int tmpChar;
            int times = 0;                               //记录字符出现的总数
            while ((tmpChar = fileInput.read()) != -1) {
                if (new String((char)tmpChar+"").equals(ch)) {
                    times++;
                }
            }
            System.out.println("字符 " + ch + " 的数量是： "+times);
            fileInput.close();                           //关闭输入流
        } catch (Exception e) {
            e.printStackTrace();
        }
    }
}
```

程序编译后，执行结果如下：

```
输入字符：
s
字符 s 的数量是： 3
```

第17章 文 件

文件可以实现数据的简单存储，对文件的处理是任何编程语言中常用的操作之一。Java 单独封装了对文件进行操作的类 File 及其子类。本章将重点介绍如何使用 File 类及其子类对文件进行处理。

本章的重点内容如下：

- File 类中基本方法的使用
- File 类中关于目录的操作方法
- 文件压缩和解压缩

17.1 文件基本操作

File 类是 Java 中所有文件操作的父类，其他文件处理类的方法都是继承自 File 类。在本节中，我们将重点介绍 File 类中关于文件的基本操作。

17.1.1 创建文件

在进行文件的操作时，首先需要根据给定的文件名来创建文件。创建文件的操作一般由方法 createNewFile()来实现。在创建文件之前，需要首先使用 File 类的构造方法来创建一个 File 类的对象。File 类中的常用构造方法如下：

- File(File parent,String child)：根据 parent 抽象路径名和 child 路径名字符串创建一个新 File 实例。
- File(String pathname)：通过给定路径名字符串转换成抽象路径名来创建一个新 File 实例。如果给定字符串是空字符串，那么结果是空的抽象路径名。
- File(String parent,String child)：根据 parent 路径名字符串和 child 路径名字符串创建一个新 File 实例。

上述构造方法均返回一个 File 类的对象。在实际使用时，可以根据需要选择使用哪个构造方法来进行文件的创建。不管使用哪个构造方法，都能获取一个 File 类的对象，继而使用类的对象来创建相应的文件。其基本操作如示例 17-1 所示。

【示例 17-1】创建文件

```
package chapter17;
import java.io.File;
import java.io.IOException;
```

```
public class fileConstructor {
    public static void main(String args[]){
        File f1 = new File("D:\\a\\1.txt");
        File f2 = new File("D:\\a", "2.txt");
        File f3 = new File("D:"+File.separator+"a");
        File f4 = new File(f3,"3.txt");                //使用不同的构造函数定义文件对象
        try{
            f1.createNewFile();
            f2.createNewFile();
            f3.createNewFile();
            f4.createNewFile();                        //创建文件
        }catch (IOException e) {
            e.printStackTrace();
        }
        System.out.println(f1);
        System.out.println(f2);
        System.out.println(f3);
        System.out.println(f4);                        //输出文件
    }
}
```

程序编译后，运行结果如下：

```
D:\a\1.txt
D:\a\2.txt
D:\a
D:\a\3.txt
```

程序运行后，在 D 盘的 a 目录下存在 3 个文件，分别是 1.txt、2.txt、3.txt，如图 17.1 所示。

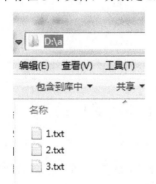

图 17.1 示例 17-1 的运行结果

17.1.2 操作文件

文件的操作一般包含创建文件和删除文件。创建文件一般通过使用 File 类的构造方法来实现。而删除文件一般使用以下两个方法来实现：

- delete()
- boolean deleteOnExit()

对于方法 delete()来说，删除的是一个文件或者空的文件夹，而不能删除非空文件夹。在执行了该方法之后，文件立即被删除，并根据删除操作是否成功返回一个布尔值。对于方法 deleteOnExit()来说，只有当 JVM 退出时才会最终执行删除文件或者文件夹的操作，因此一般用于删除临时文件，该方法无返回值返回。这两个方法的使用方式如示例 17-2 所示。

【示例 17-2】删除文件

```java
package chapter17;
import java.io.File;                                    //引入包
public class flieDelete {
    public static void main(String args[]){
        File f1 = new File("D:\\a\\1.txt");
        File f2 = new File("D:\\a", "2.txt");           //定义文件

        System.out.println("判断文件是否存在");
        System.out.println(f1.exists());
        System.out.println(f2.exists());                //判断文件是否存在

        f1.delete();
        f2.deleteOnExit();                              //删除文件
        System.out.println("执行删除操作后，判断文件是否存在");
        System.out.println(f1.exists());
        System.out.println(f2.exists());
    }
}
```

程序编译后，运行结果如下：

```
判断文件是否存在
true
true
执行删除操作后，判断文件是否存在
false
true
```

程序运行后，在 D 盘的 a 目录下 1.txt、2.txt 文件已经被删除，仅剩下 3.txt 文件，如图 17.2 所示。

图 17.2　示例 17-2 的运行结果

在调用了删除方法 delete()之后，特定的文件会被立即删除。调用了 deleteOnExit()方法后，文件在 JVM 退出后才会被删除，因此一般用于删除临时文件。

17.1.3　文件判断

在进行文件操作之前，有时会需要对文件的权限、属性等进行判断，比如判断文件是否可以执行、是否可读/可写等。File 类中提供了相关的方法来对文件操作进行判断，如表 17-1 所示。

表 17-1　文件判断常用方法

方法名	作用
boolean canExecute()	判断文件是否可以执行
boolean canRead()	判断文件是否可读
boolean canWrite()	判断文件是否可写
boolean exist()	判断文件是否存在
boolean isDirectory()	判断文件是否为目录
boolean isFile()	判断是否为文件
boolean canHidden()	判断文件是否可见
boolean isAbsolute()	判断文件是否是绝对路径，即使文件不存在也能判断

文件判断类方法的使用方式如示例 17-3 所示。

【示例 17-3】文件属性判断

```
package chapter17;
import java.io.File;                                              //引入包
public class fileJudgement {
    public static void main(String args[]){
        File f1 = new File("D:\\a\\3.txt");
        File f2 = new File("D:\\a");                              //定义文件

        System.out.println("判断文件 3.txt 是否可读：" + f1.canRead());
        System.out.println("判断文件 3.txt 是否可写：" + f1.canWrite());
        //文件类型判断
        System.out.println("判断文件 3.txt 是否可执行：" + f1.canExecute());
```

```
        System.out.println("判断文件 3.txt 是否为文件: " + f1.isFile());
        System.out.println("判断文件 a 是否为文件: " + f2.isFile());
        //文件权限判断
        System.out.println("判断文件 a 是否为绝对路径: " + f2.isAbsolute());
    }
}
```

程序编译后,运行结果如下:

```
判断文件 3.txt 是否可读: true
判断文件 3.txt 是否可写: true
判断文件 3.txt 是否可执行: true
判断文件 3.txt 是否为文件: true
判断文件 a 是否为文件: false
判断文件 a 是否为绝对路径: true
```

从示例 17-3 可以看出,通过 File 类中提供的一系列的方法可以对文件的类型、权限等进行判断,并通过返回的布尔值结果来获取相关的性质。

17.1.4 获取文件属性

File 类中除了提供对文件类型、权限等的操作方法之外,还能获取文件本身的属性,如文件名、文件路径、文件长度、文件的最后修改时间等。这些属性在实际使用中也存在一定的作用。获取这些属性的方法如表 17-2 所示。

表 17-2 获取文件属性的方法

方法名	作用
String getAbsolutePath()	返回由该对象表示的文件的绝对路径名
String getName()	返回表示当前对象的文件名
String getParent()	返回当前 File 对象路径名的父路径名。若此名没有父路径名,则为 null
long lastModified()	返回当前 File 对象表示的文件最后修改的时间
long length()	返回当前 File 对象表示的文件长度

表 17-2 列出了部分常用的文件属性的获取方法。其中,lastModified()方法返回的是用修改时间与历元(1970 年 1 月 1 日,00:00:00 GMT)的时间差(以毫秒为单位)来计算的。上述方法的使用方式如示例 17-4 所示。

【示例 17-4】获取文件属性

```
package chapter17;
import java.io.File;
import java.text.SimpleDateFormat;
import java.util.Date;                                                      //引入包
```

```
public class fileProperty {
   public static void main(String args[]){
      File f1 = new File("D:\\a\\3.txt");                              //定义文件
      System.out.println("文件 3.txt 的绝对路径名: " + f1.getAbsolutePath());
      System.out.println("文件 3.txt 的文件名为: " + f1.getName());
      //获取文件属性
      System.out.println("文件 3.txt 的父路径名为: " + f1.getParent());

      System.out.println("文件 3.txt 的最后修改时间为: " + f1.lastModified());
      SimpleDateFormat sdf= new SimpleDateFormat("MM/dd/yyyy HH:mm:ss");
      java.util.Date dt = new Date(f1.lastModified());
      String sDateTime = sdf.format(dt);
      System.out.println("转换为时间类型后,结果为:" + sDateTime);
      System.out.println("文件 3.txt 的长度为: " + f1.length());
   }
}
```

程序编译后,运行结果如下:

```
文件 3.txt 的绝对路径名: D:\a\3.txt
文件 3.txt 的文件名为: 3.txt
文件 3.txt 的父路径名为: D:\a
文件 3.txt 的最后修改时间为: 1549964130856
转换为时间类型后,结果为: 02/12/2019 17:35:30
文件 3.txt 的长度为: 0
```

从示例 17-4 的结果可以看出,在使用了 File 类提供的相关方法之后,可以非常轻松地获取文件的路径名、文件名、文件长度等信息,可以在某些需要进行文件校验的场合下进行合理使用。

17.2 目录操作

上面讲述了如何对文件进行操作,此时的文件针对的是非目录文件。对于目录来讲,File 类中还有单独的方法来对目录进行操作。下面介绍如何使用 File 类的对象对目录进行各种操作。

说 明
目录文件是 Linux 系统中的说明方式。对于 Windows 来说,目录文件可指代文件夹。

17.2.1 创建目录

目录文件的创建方法一般有以下 3 个:

- boolean createNewFile(): 不存在就返回 true,存在则返回 false。
- boolean mkdir(): 创建目录。
- boolean mkdirs(): 创建多级目录。

其中,mkdir()方法会创建指定的目录,mkdirs()方法会创建多级目录。如果父目录不存在,就会创建上一层目录；如果上一层目录仍然不存在，就会继续创建上一层目录；以此类推，直到成功创建指定的目录为止。

目录创建的操作如示例 17-5 所示。

【示例 17-5】创建目录

```
package chapter17;
import java.io.File;                                //引入包
public class fileDir {
    public static void main(String args[]){
        String dirPath = "d:\\b\\test1";
        String parentPath = "d:\\b\\test2";
        String dirPaths = "d:\\b\\test2\\test1";

        File dir = new File(dirPath);
        File dirs = new File(dirPaths);
        File parentDir = new File(parentPath);

        if (!dir.exists()) {
            dir.mkdir();                             //创建目录
            System.out.println("判断目录test1是否存在：" + dir.exists());
            System.out.println("判断生成的test1是否为目录文件:"+dir.isDirectory());
        }
        if (!dirs.exists()){
            dirs.mkdirs();                           //创建多级目录
            System.out.println("判断目录test2是否存在：" + parentDir.exists());
            System.out.println("判断目录test2\\test1是否存在：" + dirs.exists());
            System.out.println("判断生成的 test2\\test1 是否为目录文件：" + dirs.isDirectory());
        }
    }
}
```

程序编译后，运行结果如下：

```
判断目录test1是否存在：false
判断生成的test1是否为目录文件：false
判断目录test2是否存在：true
判断目录test2\test1是否存在：true
判断生成的test2\test1是否为目录文件：true
```

第二次执行程序后，运行结果如下：

```
判断目录test1是否存在：true
判断生成的test1是否为目录文件：true
```

从示例 17-5 的运行结果可以看出，使用方法 mkdir()时，如果父目录不存在，那么创建新的目录文件会失败；而使用 mkdirs()方法时，则会使用级联的方式创建不存在的父目录，直至创建目标目录。

目录文件的删除和普通文件的删除方式类似，一般都是使用 delete()方法。目录的删除示例可参考示例 17-2。

17.2.2 遍历目录

在目录的基本操作中，遍历目录是比较常用的方式，比如遍历目录中的所有文件、查看文件的内容、列出目录中的文件列表等。在 File 类中，list()方法可以用来实现遍历目录的功能。该方法有两种常用的重载形式，如下所示：

- String[] list()
- String[] list(FilenameFilter filter)

对于第一个方法来说，返回有 File 对象表示的目录中所有的文件和子目录的名称，这些记录放在一个字符串数组中；如果 File 对象不是目录，就返回 null。在返回的字符串数组中，仅包含文件名称，并没有文件的路径名。第二个方法的作用与第一个方法类似，返回的数组中仅包含符合 filter 过滤器中过滤后的文件和目录；如果不使用过滤器，那么其作用和 list()方法完全一致。这两个方法的使用方式如示例 17-6 所示。

【示例 17-6】遍历目录

```
package chapter17;
import java.io.File;                                    //引入包
public class fileList {
    public static void main(String[] args){
        String dirPath = "d:\\b";
        File dir = new File(dirPath);
        String fileList[] = dir.list();                 //遍历目录
        for (int i = 0; i < fileList.length; i++){
            System.out.println("文件名：" + fileList[i]); //输入目录中的文件名
        }
    }
}
```

程序编译后，执行结果如下：

```
文件名：1.txt
文件名：2.txt
文件名：test1
文件名：test2
```

目录"D:\\b"中的文件如图 17.3 所示。

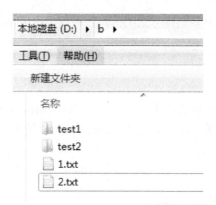

图 17.3　目录"D:\\b"中的文件内容截图

从示例 17-6 的运行结果可以看出，使用了 list()方法之后，将会展示 File 对象对应的文件中的所有文件，但是不会递归地展示子目录中的所有文件。

17.3　文件压缩输入输出流

在平时使用计算机时，经常会遇到文件过多、过大的情况，此时就需要进行必要的文件压缩，即将多个文件压缩为一个文件。现在使用比较多的压缩方式有 ZIP、tar 等。Java 语言也提供了多种可供文件压缩使用的输入输出流，本节将针对 ZIP 压缩方式对压缩输入输出流进行讲解。

17.3.1　压缩文件

使用 ZIP 压缩方式时需要借助 ZipEntry 类产生的对象。ZipEntry 类是使用 ZIP 压缩方式的入口，压缩文件一般使用 ZipOutputStream 类实现，该类的常用方法如表 17-3 所示。

表 17-3　ZipOutputStream 类的常用方法

方法名	作用
ZipOutputStream( )	类的构造函数，用于创建对象
void putNextEnrty(ZipEntry e)	写一个新的 ZipEntry，并将流内的位置移动到 e 所指数据的开头
void write(Byte[] b, int off, int len)	将数组中的内容写入当前的 ZIP 文件
void finish()	完成写入 ZIP 操作
void serComment(String comment)	设置 ZIP 文件的备注

表 17-3 展示了 ZipOutputStream 类的常用方法，使用这些方法即可实现 ZIP 方式的压缩。在 D 盘 b 目录下有 4 个文本文件，如图 17.4 所示。

图 17.4　b 目录中的文件

示例 17-7 可以将这 4 个文件压缩为一个 ZIP 文件。

【示例 17-7】文件压缩

```java
package chapter17;
import java.io.*;
import java.util.zip.ZipEntry;
import java.util.zip.ZipOutputStream;                    //引入包

public class zipClass {                                  //定义类实现文件压缩
    public void zipFiles(File[] srcfile, File zipfile){
        byte[] buf = new byte[1024];
        try {
            System.out.println("压缩中...请等待");
            ZipOutputStream compress =
                new ZipOutputStream(new FileOutputStream(zipfile));

            for(int i = 0; i < srcfile.length; i++){
                FileInputStream inputStream = new FileInputStream(srcfile[i]);
                //文件压缩
                compress.putNextEntry(new ZipEntry(srcfile[i].getName()));
                int len;
                while((len = inputStream.read(buf)) > 0){
                    compress.write(buf, 0, len);
                }
                compress.closeEntry();
                inputStream.close();
            }
            compress.close();
        System.out.println("压缩完成。");
        } catch (Exception e) {
            e.printStackTrace();    }
    }
    public static void main(String[] args){
        File file = new File("D:\\b");
        File zipFile = new File("D:\\b\\b.zip");
        zipClass zip = new zipClass();                   //定义对象
```

```
        zip.zipFiles(file.listFiles(), zipFile);
    }
}
```

程序编译后,运行结果如下:

压缩中...请等待
压缩完成。

从示例 17-7 可以看出,使用了 ZipOutputStream 类之后,可以方便地将文件写入压缩文件 b.zip。程序执行完毕后,在目录 b 中出现压缩文件 b.zip,从而实现了文件的压缩。

17.3.2 解压缩文件

文件压缩之后,就必须使用必要的工具进行解压缩。Java 编程中一般使用 ZipInputStream 和 ZipFile 来解压缩文件,如示例 17-8 所示。

【示例 17-8】解压缩文件

```
package chapter17;
import java.io.*;
import java.nio.charset.Charset;
import java.util.zip.*;
public class unZipClass {
    public static void main (String args[]) {
        try{
            File file = new File("D:\\b\\b.zip");            //压缩文件
            ZipFile zipFile = new ZipFile(file);              //实例化 ZipFile
            ZipInputStream zipInputStream = new ZipInputStream(new FileInputStream
(file), Charset.forName("GBK"));
            ZipEntry zipEntry = null;
            System.out.println("正在解压缩,请稍等...");
            //开始解压缩
            while ((zipEntry = zipInputStream.getNextEntry()) != null) {
                String fileName = zipEntry.getName();
                File temp = new File("D:\\a\\" + fileName);
                if (!temp.getParentFile().exists())
                    temp.getParentFile().mkdirs();
                OutputStream os = new FileOutputStream(temp);
                InputStream is = zipFile.getInputStream(zipEntry);
                int len = 0;
                while ((len = is.read()) != -1)
                    os.write(len);
                os.close();
                is.close();
            }
            zipInputStream.close();
            System.out.println("解压缩完成。");
        } catch(IOException e){
```

```
                e.printStackTrace();
        }
    }
}
```

程序编译后，运行结果如下：

正在解压缩，请稍等...
解压缩完成。

在示例 17-8 中，使用了 ZipInputStream 和 ZipFile 类的对象进行解压缩。其中，ZipFile 用来确定解压缩哪个文件，ZipInputStream 用来实现具体的解压缩过程。

17.4　实战——Java 小程序

（1）创建目录 test，然后判断是否创建成功，并判断创建的是否为目录。

【实战 17-1】创建目录并判断是否为目录

```
package chapter17;
import java.io.File;                                    //引入包
public class fileDir {
    public static void main(String args[]){
        String dirPath = "d:\\test";
         File dir = new File(dirPath);
        dir.mkdir();                                    //创建目录
        if (dir.exists()) {                             //判断是否存在
            System.out.println("创建 test 目录成功!");
            if (dir.isDirectory()) {                    //判断是否为目录
                System.out.println("创建对象为目录!");
            } else{
                System.out.println("创建对象不是目录!");
            }
        } else {
            System.out.println("创建 test 目录失败!");
        }
    }
}
```

（2）使用过滤器过滤展示目录 D:\中以 txt 结尾的文件。

【实战 17-2】使用过滤器

```
package chapter17;
import java.io.File;                                    //引入包
public class fileDir {
    public static void main(String args[]){
        File file = new File("D:\\b");
        String[] fileList = file.list();
```

```
        for(String s : fileList) {
          if (s.endsWith(".txt")) {                    //使用过滤器
             System.out.println(s);
          }
        }
     }
}
```

第 4 篇

项目实战

第18章 Java数据库实战

现在绝大多数应用系统都是用数据库进行数据存储和管理的。所有的编程语言都有专门针对数据库操作的相关技术。对于 Java 编程来说，JDBC 是关于数据库操作的不二之选。JDBC 成为应用程序与数据库连接的纽带。使用 JDBC 技术能够很方便地实现对数据库的增删改查，以及使用 SQL 语句对数据库进行各种操作。

本章的主要内容如下：

- 数据库基础知识
- JDBC 操作相关类介绍
- 数据库实际操作

18.1 数据库基础

简单来说，数据库就是按照一定的存储结构进行存储、管理数据的仓库。至今，数据库已经有几十年的发展历程。目前数据库一般是以数据库系统的方式存在的。数据库系统一般包含数据库、数据库管理系统和应用系统。数据库管理系统一般包含数据库定义、数据库操作、数据维护等功能，是数据库系统的关键组成部分。本节首先介绍一下什么是数据库。

18.1.1 数据库简介

数据库一般具有以下特点：

- 实现数据共享，减少数据的冗余度。数据共享包括所有用户可同时存取数据库中的数据，也包括用户可以用各种方式通过接口使用数据库。数据共享减少了重复数据的产生，减少了数据冗余。
- 数据实现集中控制。利用数据库可对数据进行集中控制和管理，并通过数据模型表示各种数据的组织以及数据间的联系。
- 确保数据的安全性和可靠性，能够防止数据丢失、错误更新及越权使用。在同一使用周期内，允许数据实现多路存取，还可以防止用户之间的不正常交互，保证数据的正确性、有效性。
- 故障恢复。数据库中有一套完善的方法，可以及时发现故障和修复故障，尽快恢复数据库系统运行时出现的故障。

数据库的基本结构分为 3 个层次。其中，以内模式为框架所组成的数据库叫作物理数据库，以概念模式为框架所组成的数据库叫作概念数据库，以外模式为框架所组成的数据库叫作用户数据库。数据库不同层次之间的联系是通过映射进行转换的。

- 物理数据层：数据库的最内层，是物理存储设备上实际存储的数据集合。这些数据是最原始的数据。
- 概念数据层：数据库的中间层，是数据库的整体逻辑表示，指出了每个数据的逻辑定义及数据间的逻辑联系，是存储记录的集合。
- 用户数据层：用户所看到和使用的数据库，表示一个或一些特定用户使用的数据集合，即逻辑记录的集合。

18.1.2 常见的数据库

目前，常用的数据库一般分为关系型数据库和非关系型数据库。因为关系型数据库的主要基础是 SQL 语句，所以其使用范围比较广泛。关系型数据库主要包含以下几种。

1. MySQL

作为一个开源免费的数据库，MySQL 是目前最受欢迎的 SQL 数据库管理系统之一。其数据规模一般是用于中小规模的数据，对于个人和一般的中小型企业来说，其存储、管理功能已经足够使用。除此之外，MySQL 服务器易于使用，查询速度较快，并且可以用于 BS 模式、CS 模式或者直接嵌入到系统中。因此，其使用范围是比较广泛的。

2. SQL Server

SQL Server 是由微软公司开发的关系型数据库管理系统，一般用于在 Web 上存储数据。像微软的操作系统一样，SQL Server 也提供了容易操作的界面，深受广大用户尤其是初学者用户的喜爱。SQL Server 一般通过 Web 对数据进行访问，具有灵活、安全的特性，唯一的缺点就是只能运行在 Windows 系统中，不能实现跨系统的操作。

3. Oracle

Oracle 在数据库领域一直都是处于领先地位的，是世界上使用最广泛的关系型数据库之一。其数据承载能力非常大，能满足大多数大型企业的需求，并且其数据具有极强的可靠性和共享性，能够在众多领域使用。

4. Sybase

Sybase 是美国 Sybase 公司研制的一种关系型数据库系统，是一种典型的 UNIX 或 Windows NT 平台上客户机/服务器环境下的大型数据库系统。Sybase 主要用于 CS 结构的系统，并且性能较高。

18.1.3 JDBC 概述

JDBC 一般由数据库厂商自己提供，是由 Java 语言编写的一组类和接口。在使用 Java 编程语言对数据库进行操作时，首先需要根据使用的数据库类型来安装对应的 JDBC 驱动，然后才能使用 JDBC 提供的 Java API 来对数据库进行各种操作。

使用 JDBC 连接数据库的步骤大体相似，一般按照图 18.1 所示的步骤来进行。

图 18.1　使用 JDBC 的大体步骤

安装好数据库之后，我们的应用程序也不能直接使用数据库，必须通过相应的数据库驱动程序去和数据库打交道，其实也就是数据库厂商提供的 JDBC 接口，即对 Connection 等接口的实现类的 jar 文件。

18.1.4　IDEA 导入 JDBC 驱动

在使用 JDBC 进行数据库操作前，使用的 IDEA 集成开发环境默认是没有引入 JDBC 驱动的。因此需要手动添加相应的 JDBC 驱动，然后才能正常使用，否则在编译时会提示未找到驱动而不能进行正常的操作。

使用 IDEA 添加 JDBC 驱动时，首先要打开 IDEA 集成环境，然后选择"File→Project Structure"选项，打开"Project Structure"对话框，如图 18.2 所示。

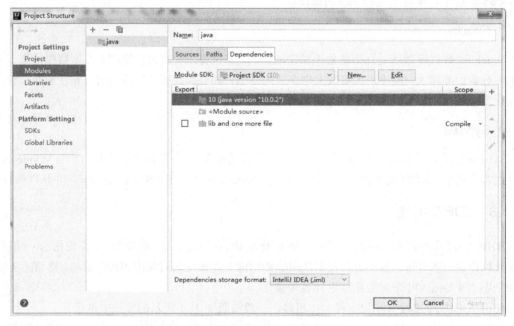

图 18.2　"Project Structure"对话框

选择"Modules"模块,然后在"Dependencies"选项卡中添加需要的驱动包。单击右上角的加号,选择"JARs or directories",然后在打开的对话框中选择 JDBC 所在的目录,最后单击"OK"按钮即可完成驱动的添加,如图 18.3 所示。

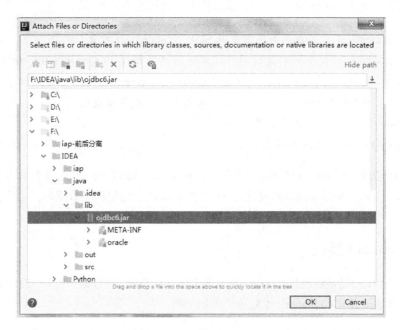

图 18.3 选择驱动所在目录

完成添加驱动之后,才能正常通过 JDBC 驱动对数据库进行操作。

18.2 常用类和接口

在 Java 中提供了很多用户 JDBC 的类和接口,使用这些接口可以很方便地通过 JDBC 对数据库进行各种操作。下面简单地介绍一下常用的接口。

18.2.1 Driver 接口

在进行数据库操作之前,首先要安装数据库的驱动。这些驱动一般由数据库厂家提供。作为 Java 开发人员,只需要在安装驱动之后进行使用即可。不同数据库的方法不尽相同,加载方式主要看数据库厂家的驱动是如何提供的。例如:

装载 MySql 驱动:

```
Class.forName("com.mysql.jdbc.Driver");
```

装载 Oracle 驱动:

```
Class.forName("oracle.jdbc.driver.OracleDriver");
```

18.2.2 Connection 接口

在进行增删改查的操作之前，需要先与数据库建立连接。Connection 接口可以与特定数据库建立连接，在连接上下文中执行 SQL 语句并返回结果，常用的方法如下：

- createStatement()：创建向数据库发送 SQL 的 Statement 对象。
- prepareStatement(sql)：创建向数据库发送预编译 SQL 的 prepareSatement 对象。
- prepareCall(sql)：创建执行存储过程的 callableStatement 对象。
- setAutoCommit(boolean autoCommit)：设置事务是否自动提交。
- commit()：在链接上提交事务。
- rollback()：在此链接上回滚事务。

数据库连接一般使用 DriverManager 类中的 getConnection()方法。该方法包含 3 个参数，分别是 JDBC URL、user、password，通过这 3 个参数就能确定连接哪个数据库。这个方法返回的是 Connection 类的对象。

18.2.3 Statement 接口

连接数据库后，一般是通过执行 SQL 语句来实现各种功能。执行语句时，一般会通过 Statement 类及其子类来实现。常用的 Statement 类和子类如下：

- Statement：由 createStatement 类创建，一般用于发送简单的 SQL 语句，并且不带参数。
- PreparedStatement：继承自 Statement 接口，由 preparedStatement 类创建，用于发送含有一个或多个参数的 SQL 语句。一般情况下，都是使用该类来执行 SQL 语句。
- CallableStatement：继承自 PreparedStatement 接口，由方法 prepareCall 创建，一般用于调用存储过程。

Statement 类中常用的方法如表 18-1 所示。

表 18-1 Statement 类中常用的方法

方法名	作用
execute(String sql)	执行指定的 SQL 语句，返回是否有结果集
executeQuery(String sql)	运行指定的 SQL 语句，返回 ResultSet 结果集
executeUpdate(String sql)	运行 insert/update/delete 操作，返回更新的行数
addBatch(String sql)	把多条 SQL 语句放到一个批处理中
executeBatch()	向数据库发送一批 SQL 语句执行

18.2.4 ResultSet 接口

数据库查询语句执行后，会返回不同类型的字段。ResultSet 接口就提供了检索不同类型字段的方法，常用的类型如表 18-2 所示。

表 18-2　ResultSet 常用方法

方法名	作用
getString(int index)	获取 varchar、char 类型的数据
getFloat(int index)	获取 float 类型的数据
getDate(int index)	获取 date 类型的数据
getBoolean(int index)	获取 boolean 类型的数据
getObject(int index)	获取任意类型的数据
getInt()	获取 int 类型的数据

如果返回的结果集中包含多条记录，就需要对结果集进行滚动处理。ResultSet 中常用的方法如表 18-3 所示。

表 18-3　结果集滚动处理方法

方法名	作用
next()	移动到下一行
Previous()	移动到前一行
absolute(int row)	移动到指定行
beforeFirst()	移动到 resultSet 的最前面
afterLast()	移动到 resultSet 的最后面

18.3　数据库操作

数据库的操作主要是对数据库中表的操作，一般包括增删改查等基本操作，主要涉及关键字 insert、delete、update、select 的使用。查询操作是其中的关键操作之一，也是使用频率最高的操作。下面我们选取 insert 和 select 来讲述如何进行数据库操作。

18.3.1　连接数据库

增删改查等操作的基础是连接数据库。连接数据库时，一般要先加载驱动，通过重写 getConnection()方法的形式来实现，具体代码如示例 18-1 所示。

【示例 18-1】连接数据库

```
package chapter18;
import java.sql.*;                                    //引入包
public class oracleConnection {
    Connection conn;
    public Connection getConnection() {
        try {
            Class.forName("oracle.jdbc.driver.OracleDriver");    //加载 JDBC 驱动
            System.out.println("加载 Oracle 驱动完毕");
        } catch (ClassNotFoundException e) {
```

```
            e.printStackTrace();
        }

        try {
            conn                                                               =
DriverManager.getConnection("jdbc:oracle:thin:@localhost:port:act",    "user",
"password");                                                    //连接数据库
            System.out.println(" 数据库连接成功");
        } catch (SQLException e) {
            e.printStackTrace();
        }
        return conn;
    }
    public static void main(String[] args){
        oracleConnection c = new oracleConnection();
        c.getConnection();
    }
}
```

程序编译后，运行结果如下：

```
加载 Oracle 驱动完毕
 数据库连接成功
```

从示例 18-1 可以看出，通过重写 Connection 类中的方法 getConnection()实现了对数据库的连接，并且通过 DriverManager 类的 getConnection 方法指定了连接数据库的 url、用户名及密码等基本信息，最终完成数据库的连接。

说　明
示例 18-1 中的 Oracle 数据库的 IP 地址、用户名和密码是作者自己安装的 Oracle 用户名和密码。读者需要根据自己的实际操作来替换其中的 IP 地址、用户名和密码。

18.3.2 数据库基本操作

连接数据库之后，就可以进行各种操作了。在下面的示例中，我们首先创建一个数据表，然后向该表中插入记录。

说　明
本小节中展示的 SQL 语句为数据库基本操作。这里默认读者已经熟悉基本的操作，因此不在对 SQL 语句进行赘述。

【示例 18-2】通过 JDBC 创建表

```
package chapter18;
import java.sql.*;                                                    //引入表
public class CreateTableClass {
```

```java
    static Connection conn;
    static PreparedStatement execSql;
    public Connection getConnection() {
        try {
            Class.forName("oracle.jdbc.driver.OracleDriver");     //加载驱动
            System.out.println("加载 Oracle 驱动完毕");
        } catch (ClassNotFoundException e) {
            e.printStackTrace();
        }

        try {
            conn = DriverManager.getConnection("jdbc:oracle:thin:@localhost:port:act", "user", "password");                                    //连接数据库
            System.out.println(" 数据库连接成功");
        } catch (SQLException e) {
            e.printStackTrace();
        }
        return conn;
    }
    public static void main(String[] args){
        CreateTableClass c = new CreateTableClass();
        conn = c.getConnection();
        try{
            System.out.println("执行建表操作");
            String sql_str = "CREATE TABLE stu_tmp\n" +
                "(\n" +
                "stu_id number(12), \n" +
                "stu_age number(6) ,\n" +
                "stu_name VARCHAR(20),\n" +
                "stu_grade number(6)\n" +
                ")";
            execSql = conn.prepareStatement(sql_str);           //执行建表语句
            execSql.execute();
            System.out.println("表 stu 创建成功");
        }catch (Exception e){
            e.printStackTrace();
        }
    }
}
```

程序编译后，运行结果如下：

加载 Oracle 驱动完毕
 数据库连接成功
执行建表操作
表 stu 创建成功

程序执行成功后，查询数据库，效果如图 18.4 所示。

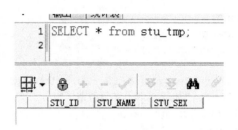

图 18.4 创建数据库后的效果图

在示例 18-2 中，连接成功数据库之后使用 prepareStatement()方法对需要执行的 SQL 语句进行了预处理。处理完成之后使用该方法返回的对象通过调用 execute()方法完成了最终 SQL 语句的执行。

在表 stu_tmp 创建成功之后，就可以通过 SQL 语句对表进行增删改查操作了。首先，我们使用 insert 语句插入几条记录，如示例 18-3 所示。

【示例 18-3】插入数据

```java
package chapter18;
import java.sql.Connection;
import java.sql.DriverManager;
import java.sql.PreparedStatement;
import java.sql.SQLException;                                       //引入包
public class insertClass {
    static Connection conn;
    static PreparedStatement execSql;
    public Connection getConnection() {
        try {
            Class.forName("oracle.jdbc.driver.OracleDriver");    //加载驱动
            System.out.println("加载ORACLE驱动完毕");
        } catch (ClassNotFoundException e) {
            e.printStackTrace();
        }

        try {
            conn = DriverManager.getConnection("jdbc:oracle:thin:@localhost:port:act", "user", "password");                    //连接数据库
            System.out.println(" 数据库连接成功");
        } catch (SQLException e) {
            e.printStackTrace();
        }
        return conn;
    }
    public static void main(String[] args) {
        CreateTableClass c = new CreateTableClass();
        conn = c.getConnection();

        try {
```

```
            System.out.println("执行 insert 操作");
            String sql_str = "insert into stu_tmp values ('11', '小龙女', '女') ";

            execSql = conn.prepareStatement(sql_str);              //执行插入语句
            execSql.executeUpdate();
            System.out.println("insert 操作成功");
        } catch (Exception e) {
            e.printStackTrace();
        }
    }
}
```

程序编译后，运行结果如下：

```
加载 Oracle 驱动完毕
 数据库连接成功
执行 insert 操作
insert 操作成功
```

再插入几条记录，在程序运行之后查询数据库，结果如图 18.5 所示。

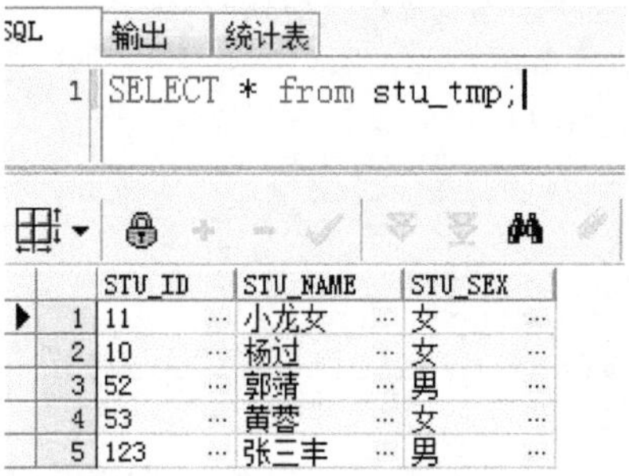

图 18.5　插入数据后的效果图

在示例 18-3 中，执行 insert 语句时并没有使用 execute()方法，而是使用方法 executeUpdate()对 insert 语句进行了最终的执行。一般情况下，对于 DML 语句（insert、update、delete），一般使用 executeUpdate()方法处理；对于没有返回内容的 SQL 语句来说，也可以使用 executeUpdate()方法。

update、delete 操作和 insert 操作的方式类似，在此不做赘述。

18.3.3　查询并处理返回结果

通过 select 语句查询数据库中的记录后，一般使用 Statement 对象中的方法来执行语句，而返回结果存放在 ResultSet 类中。通过对 ResultSet 类的进一步拆分处理获取每一个字段的数值，从而进行进一步的处理。

ResultSet 对象一次只能看到结果集中的一条记录，因此需要使用 next()方法来循环处理整个返回记录集。next()方法的作用是将光标从当前位置移动到下一行，如果到达记录集的最后一行就会返回一个 boolean 类型的结果（false）。其使用方式如示例 18-4 所示。

【示例 18-4】返回查询结果

```java
package chapter18;
import java.sql.*;                                          //引入包
public class selectClass {
    static Connection conn;
    static PreparedStatement execSql;
    static ResultSet result;
    public Connection getConnection() {
        try {
            Class.forName("oracle.jdbc.driver.OracleDriver");      //加载驱动
            System.out.println("加载 Oracle 驱动完毕");
        } catch (ClassNotFoundException e) {
            e.printStackTrace();
        }

        try {
            conn = DriverManager.getConnection("jdbc:oracle:thin:@localhost:port:act", "user", "password");            //连接数据库
            System.out.println(" 数据库连接成功");
        } catch (SQLException e) {
            e.printStackTrace();
        }
        return conn;
    }
    public static void main(String[] args) {
        CreateTableClass c = new CreateTableClass();
        conn = c.getConnection();
        try {
            System.out.println("执行查询操作");
            String sql_str = "select * from stu_tmp";
            execSql = conn.prepareStatement(sql_str);              //执行查询语句
            result = execSql.executeQuery();
            System.out.println("查询操作成功");
            System.out.println("**************结果**********");
            while (result.next()){                                 //遍历查询结果
                String id = result.getString("stu_id");
                String name = result.getString("stu_name");
                String sex = result.getString("stu_sex");
                System.out.println("编号: " + id + " 姓名: " + name + " 性别: " + sex);
            }
        } catch (Exception e) {
            e.printStackTrace();
        }
    }
}
```

程序编译后,运行结果如下:

```
加载 Oracle 驱动完毕
 数据库连接成功
执行查询操作
查询操作成功
**************结果**********
编号:11   姓名:小龙女   性别:女
编号:10   姓名:杨过    性别:女
编号:52   姓名:郭靖    性别:男
编号:53   姓名:黄蓉    性别:女
编号:123  姓名:张三丰   性别:男
```

从示例 18-4 可以看出,通过实例化 ResultSet 类的对象可以对查询语句返回的结果进行各种操作。已经知道返回的结果集序列后,如果需要获取第一列的记录,就可以使用 getString("1")来获取相应的记录。

18.4　实战——Java 小程序

(1)使用 update 语句将 stu_id=123 的姓名修改为'令狐冲'。

【实战 18-1】执行 update 操作

```java
package chapter18;
import java.sql.Connection;
import java.sql.DriverManager;
import java.sql.PreparedStatement;
import java.sql.SQLException;                                    //引入包
public class UpdateClass {
   private static String USERNAMR = "user";
   private static String PASSWORD = "password";
   private static String DRVIER = "oracle.jdbc.OracleDriver";
   private static String URL = "jdbc:oracle:thin:@ localhost:port";
   Connection connection = null;
      public Connection getConnection() {
   try {
         Class.forName(DRVIER);                            //加载驱动
         connection = DriverManager.getConnection(URL, USERNAMR, PASSWORD);
         System.out.println("成功连接数据库");
      } catch (Exception e) {
         e.printStackTrace();
      }
      return connection;
   }
   public void updateData(String stuName,String stuID) {
    connection = getConnection();
    String sqlStr = "update stu_tmp set stu_name=? where stu_id=?";
      try {
```

```java
        PreparedStatement pstm = connection.prepareStatement(sqlStr);
        pstm.setString(1, stuName);
            pstm.setString(2, stuID);
            pstm.executeUpdate();                                    //执行更新语句
            pstm.close();
    } catch (SQLException e) {
            e.printStackTrace();
        } finally {
        try {
                connection.close();
            } catch (SQLException e) {
                e.printStackTrace();
            }
        }
    }
    public static void main(String args[]){
        UpdateClass updateClass = new UpdateClass();
        updateClass.updateData("令狐冲","123");
    }
}
```

（2）使用 delete 语句将 stu_id=123 的记录删除，并展示出删除后的记录。

【实战 18-2】执行 delete 操作

```java
package chapter18;
import java.sql.Connection;
import java.sql.DriverManager;
import java.sql.PreparedStatement;
import java.sql.ResultSet;
import java.sql.SQLException;                                        //引入包
public class UpdateClass {
    private static String USERNAMR = "user";
    private static String PASSWORD = "password";
    private static String DRVIER = "oracle.jdbc.OracleDriver";
    private static String URL = "jdbc:oracle:thin:@ localhost:port";
    Connection connection = null;
    public Connection getConnection() {
     try {
            Class.forName(DRVIER);                                   //加载驱动
            connection = DriverManager.getConnection(URL, USERNAMR, PASSWORD);
            System.out.println("成功连接数据库");
        } catch (Exception e) {
            e.printStackTrace();
        }
        return connection;
    }
    public void deleteAndQueryData(String stuID) {
    connection = getConnection();
    String sqlStr = "delete from stu_tmp where stu_id=?";
```

```java
        String sql = "select * from stu_tmp";
        try {
            PreparedStatement pstm = connection.prepareStatement(sqlStr);
            pstm.setString(1, stuID);
             pstm.executeUpdate();                               //执行删除操作
            System.out.println("删除操作成功!");
            pstm = connection.prepareStatement(sql);             //查询现有记录
            ResultSet rs = pstm.executeQuery();
            System.out.println("**************结果**********");
            while (rs.next()){
                String id = rs.getString("stu_id");
                String name = rs.getString("stu_name");
                String sex = rs.getString("stu_sex");
                System.out.println("编号：" + id + "  姓名：" + name + "  性别：" + sex);
            }
            pstm.close();
        } catch (SQLException e) {
            e.printStackTrace();
        } finally {
        try {
                connection.close();
            } catch (SQLException e) {
                e.printStackTrace();
            }
        }
    }
    public static void main(String args[]){
        UpdateClass updateClass = new UpdateClass();
        updateClass.deleteAndQueryData("123");
    }
}
```

第19章　Swing程序设计

前面的章节中给出的示例程序，采用的都是命令行交互式操作，此类操作一般只有专业人员才会熟练使用。在程序设计领域还有一种图形化交互方式。该方式便于一般用户的操作和使用。图形化交互方式需要提供特定的图形用户界面，这种编程方式可以称为 GUI 编程，主要用来为程序提供图形化界面。Java 编程中主要通过 Swing 来进行 GUI 编程。本章重点介绍如何使用 Swing 创建界面。

本章主要内容如下：

- Swing 简介
- 常用组件的使用
- 事件监听器

19.1　Swing 简介

Swing 是 Java 编程中用来实现 GUI 编程常用的工具包，属于 Java 基础类中的一部分。相对于 AWT 来说，Swing 提供了更多的屏幕显示元素，并且 Swing 属于纯 Java 开发，因此可以非常简单地实现跨平台使用。

19.1.1　Swing 概述

Swing 中的组件可以简单地分为以下 3 个部分：

- 组件类（component class）：用来创建用户图形界面，如标签、按钮、列表等。
- 容器类（container class）：用来包含其他组件，如面板等。
- 辅助类（helper class）：用来支持 GUI 组件，如字体操作、颜色操作等。

19.1.2　Swing 常用组件

按照组件的功能不同，又可以将其分为顶层容器、中间容器、基本组件。根据这个顺序分别介绍 Swing 中的常用组件。

1. 顶层容器

顶层容器一般是窗口类组件，每个组件可以单独显示，不需要依靠其他的组件，而其他的组件需要依靠顶层容器存在。例如，普通窗口组件 JFrame 窗体和对话框组件 JDialog 就是顶层容器。

2. 中间容器

中间容器一般充当基本组件的载体，不能独立显示。其作用一般是对容器中的组件进行布局、分组等的管理，并且可以嵌套使用。常用的中间容器为面板，常用的面板如表 19-1 所示。

表 19-1　常用面板

组件	作用
JPanel	一般轻量级面板容器组件
JScrollPane	带滚动条的，可以水平和垂直滚动的面板组件
JSplitPane	分隔面板
JTabbedPane	选项卡面板
JLayeredPane	层级面板

菜单栏、工具栏这些组件就属于中间容器。

3. 基本组件

基本组件是用户能实际操作、看到的组件，如按钮、文本框、列表、标签等。常用的简单组件如表 19-2 所示。

表 19-2　常用的简单的基本组件

组件	作用
JLabel	标签
JButton	按钮
JRadioButton	单选按钮
JCheckBox	复选框
JToggleButton	开关按钮
JTextField	文本框
JPasswordField	密码框
JTextArea	文本区域
JComboBox	下拉列表框
JList	列表
JProgressBar	进度条
JSlider	滑块

除了表 19-2 中的简单组件之外，还有一些复杂的基本组件，如表格 JTable 和树 JTree。这些组件在进行 GUI 编程时会经常使用，因此需要熟知它们的常用用法。

19.2 窗 体

窗体是 Swing 中其他组件的载体。因此创建窗体也是进行 GUI 编程的第一步。创建了窗体后，才能将其他的组件添加到窗体上。常用的窗体有 JFrame 和 JDialog 两类。下面分别介绍这两类窗体。

19.2.1 JFrame 窗体

JFrame 类用来创建 Frame 类窗体。该类窗体具有最大化、最小化、关闭按钮，并且可以用鼠标拖动大小、位置等。该类的构造方式如下所示。

- JFrame()：构造一个初始不可见的新窗体。
- JFrame(String title)：构造一个初始不可见的新窗体，指定窗体的标题为 title。

在使用 JFrame 类创建了对象之后，需要调用方法 getContentPane()来将窗体转换为容器，然后就可以通过像容器中添加新的组件的方式来绘制整个界面。

JFrame 类中有很多常用的窗体属性设置，如设置位置、大小、背景色等。常用的方法如表 19-3 所示。

表 19-3 JFrame 类中常用的方法

方法	功能
setSize(int width,int height)	设置窗体大小
setBackgorund(color.red)	设置窗体背景颜色
setLocation(int x,int y)	设置组件的显示位置
setLocation(point p)	通过 point 来设置组件的显示位置
setVisible(true/false)	显示或隐藏组件
add(Component comp)	向容器中增加组件
setLay·out(LayoutManager mgr)	设置局部管理器，如果设置为 null，就表示不使用
pack()	调整窗口大小，以适合其子组件的首选大小和局部
setLocationRelativeTo()	设置窗口的位置，null 为中间显示

表 19-3 列出了 JFrame 类中常用的方法，其使用方式如示例 19-1 所示。

【示例 19-1】创建简单的 JFrame 窗体

```
package chapter19;
import javax.swing.*;
public class JFrameClass {
    public static void main(String[] args){
        JFrame frame = new JFrame("Hello World");    //创建对象，设置标题
        frame.setLocationRelativeTo(null);           //设置显示位置
        frame.setVisible(true);                       //设置为可见
        frame.setSize(250, 200);                      //设置大小
```

```
        frame.setDefaultCloseOperation(WindowConstants.EXIT_ON_CLOSE);
    }
}
```

程序编译后，运行结果如图 19.1 所示。

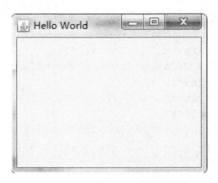

图 19.1　示例 19-1 的运行结果

在示例 19-1 中，首先创建了一个 JFrame 类的对象 frame，将标题设置为"Hello World"。随后对该窗体进行了必要的设置，如设置其显示位置、大小、关闭方式等。

默认创建窗体时，是将窗体展示在屏幕的左上角，并且是不可见的。因此，必须调用方法 setVisible()将其设置为可见。其退出方式一般有以下 4 种：

```
HIDE_ON_CLOSE
EXIT_ON_CLOSE
DO_NOTHING_ON_CLOSE
DISPOSE_ON_CLOSE
```

这些退出方式在系统中是作为枚举行变量存储在 WindowConstants 接口中的。第一种退出方式是将窗口使用隐藏的方式进行退出，实际还存在；第二种方式是退出应用程序默认窗口关系；第三种是无理由退出窗体，退出时不做任何操作；第四种是调用任何注册监听程序对象后，自动隐藏并释放窗体。在使用的时候可以根据实际需要选择合适的退出方式。

19.2.2　JDialog 窗体

JDialog 窗体一般称为对话框窗体，是从一个窗体中弹出的另外一个窗体，第一个窗体一般被称为父窗体，弹出来的窗体被称为对话框窗体。例如，单击 Word 菜单栏中的一些按钮，如字体设置按钮，就会弹出字体设置的相关操作，弹出的窗体即为 JDialog 窗体。

创建 JDialog 时需要使用 JDialog 类来实现。该类的构造方法如下所示：

- JDialog()：创建一个没有标题和父窗体的对话框。
- JDialog(Frame frame,　String title)：指定父窗体为 frame，窗体的标题为 title。

创建 JDialog 类的对象之后，需要为对象指定父窗体。一般是将其依附在窗体 JFrame 中，然后就可以对窗体进行必要的设置了。常用的设置方式有设置大小、是否可见、默认关闭方式等。其使用方式如示例 19-2 所示。

【示例 19-2】创建简单的 JDialog 窗体

```java
package chapter19;
import javax.swing.*;
public class JDialogClass {
    public static void main(String[] args){
        JFrame frame = new JFrame("Hello World");           //创建对象，设置标题
        JDialog dialog = new JDialog(frame, "第一个对话框窗体");
        frame.setVisible(false);                            //设置 JFrame 不可见
        dialog.setVisible(true);                            //设置 JDialog 可见
        dialog.setSize(200, 100);                           //设置大小
        frame.setDefaultCloseOperation(WindowConstants.EXIT_ON_CLOSE);
        dialog.setDefaultCloseOperation(WindowConstants.EXIT_ON_CLOSE);
    }
}
```

程序编译后，运行结果如图 19.2 所示。

图 19.2 示例 19-2 的执行结果

在示例 19-2 中，创建 JDialog 类的对象时，指定了 JFrame 类的窗体作为父窗体，然后对 Dialog 设置了可见、大小、关闭方式。在实际操作中，可以根据需要添加其他组件。

19.3 标　签

标签一般用来显示文本信息及图片信息，这些信息可以用来进行提示或者说明性的操作。使用标签能够使得界面的使用者更好地了解如何操作界面。

标签一般有 JLabel 类定义，其父类为 JComponent 类。JLabel 无法生成任何类型的事件，仅能对标签上的文本对齐方式进行操作。常用的构造方法如下：

- JLabel()：创建一个空的标签，没有图标和文本显示。
- JLabel(Icon icon)：创建一个带有图标 icon 的标签。
- JLabel(Icon icon, int aligment)：创建带有图标 icon 的标签，并设置对齐方式。
- JLabel(String text, int aligment)：创建带有图标 icon 和文本信息 text 的标签，并设置对齐方式。

示例 19-1 仅创建了一个 JFrame 窗体并没有添加任何组件。在示例 19-3 中，我们同样创建一个窗体，同时添加一个标签组件。

【示例 19-3】创建标签

```
package chapter19;
import javax.swing.*;
import java.awt.*;
public class JLabelClass {
    public static void main(String[] args){
        JFrame frame = new JFrame("创建标签");                    // 创建对象，设置标题
        Container container =frame.getContentPane();
        //创建标签，设置对齐方式为中间对齐
        JLabel label = new JLabel("第一个标签", SwingConstants.CENTER);
        container.add(label);                                    //添加标签到容器
        frame.setLocationRelativeTo(null);                       //设置显示位置
        frame.setVisible(true);                                  //设置为可见
        frame.setSize(250, 200);                                 //设置大小
        frame.setDefaultCloseOperation(WindowConstants.DISPOSE_ON_CLOSE);
    }
}
```

程序编译后，运行结果如图 19.3 所示。

图 19.3 示例 19-3 的执行结果

在示例 19-3 中，首先创建了一个窗体 frame，然后创建了一个标签，该标签中设置文本信息"第一个标签"，并设置对齐方式为中间对齐。然后通过窗体容器将标签添加到窗体中，从而将标签显示出来。

19.4 图 标

Swing 中的图标一般放置到按钮、标签等组件上，用来描述组件的用途。除了 Java 系统中支持的图片文件类型可以作为图标外，Graphics 类也可以用来提供需要的图标。

图标的实现有两种方式。一种是创建图标，主要依靠 Icon 类创建，可以在创建时直接指定图标的颜色、大小等特性。另一种是使用 Icon 接口来实现，在使用接口实现时，必须实现 Icon 接口中的 3 个方法：

```
int getIconHeight();
```

```
int getIconWidth();
void paintIcon(Component arg0, Graphics arg1, int arg2, int arg3);
```

前两个方法分别用来获取图标的高度和宽度，第三个方法用来在指定的位置进行画图。该种实现方式如示例 19-4 所示。

【示例 19-4】 使用 Icon 接口创建图标

```
package chapter19;
import javax.swing.*;
import java.awt.*;
public class JIconClass implements Icon {
    private int width;
    private int height;
    public int getIconHeight() {                    //重写方法 getIconHeight()
        return height;
    }
    public int getIconWidth() {                     //重写方法 getIconWidth()
        return width;
    }
    public void paintIcon(Component arg0, Graphics arg1, int arg2, int arg3) {
        arg1.fillRect(arg2, arg3, this.width, this.height);     //绘制矩形
    }
    public JIconClass(int width, int height) {  //构造函数
        this.width = width;
        this.height = height;
    }
    public static void main(String[] args) {
        JFrame frame = new JFrame("Icon 测试窗口");           // 创建对象，设置标题
        Icon icon = new JIconClass(50, 50);
        Container container = frame.getContentPane();
        //创建标签，图标为自己绘制的图形，并设置对其方式为中间对齐
        JLabel label = new JLabel(icon, SwingConstants.CENTER);
        container.add(label);                               //添加标签到容器
        frame.setLocationRelativeTo(null);                  //设置显示位置
        frame.setVisible(true);                             //设置为可见
        frame.setSize(250, 200);                            //设置大小
        frame.setDefaultCloseOperation(WindowConstants.DISPOSE_ON_CLOSE);
    }
}
```

程序编译后，运行结果如图 19.4 所示。

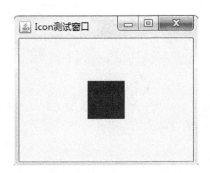

图 19.4　示例 19-4 的执行结果

实现图标的第二种方式是将某个特定的图片作为图标来使用，由 ImageIcon 类实现。ImageIcon 类实现了 Icon 中的 3 个方法，从而简化了创建的过程。在创建图标的时候，仅需要通过构造函数就可以实现简单的图标创建，而不需要再次实现 Icon 中的 3 个方法。类 ImageIcon 的常用构造方法如下：

- ImageIcon()：创建空的 ImageIcon 对象。可以通过对象调用 setImage(Image image)方法来指定图片。
- ImageIcon(Image image)：创建包含图片 image 的图标。
- ImageIcon(URL url)：使用计算机路径中 url 对应的图片为源文件创建图标。

类 ImageIcon 的使用方式如示例 19-5 所示。

【示例 19-5】使用类 ImageIcon 创建图标

```
package chapter19;
import javax.swing.*;
import java.awt.*;
public class JImageIconClass {
    public static void main(String[] args){
        JFrame frame = new JFrame("ImageIcon测试窗口");        // 创建对象，设置标题
        Container container =frame.getContentPane();
        ImageIcon image = new ImageIcon("image/imageIcon.jpg");  //创建图标
        JLabel label = new JLabel(image, SwingConstants.CENTER);//创建标签，附带图标
        container.add(label);                                   //添加标签到容器
        frame.setLocationRelativeTo(null);                      //设置显示位置
        frame.setVisible(true);/
        frame.setSize(300, 200);
        frame.setDefaultCloseOperation(WindowConstants.DISPOSE_ON_CLOSE);
    }
}
```

程序编译后，运行结果如图 19.5 所示。

图 19.5　示例 19-5 的运行结果

在示例 19-5 中，展示了如何使用 ImageIcon 类来添加图片。使用 ImageIcon 类可以指定系统中存在的图片作为标签 label 的图标，而 Icon 类则是实现自己绘制图标。

19.5　面　板

在前面介绍了窗体 JFrame 或 JDialog 一般作为顶层容器存在，在创建界面时首先需要创建一个 JFrame 窗体作为其他组件的载体。而在添加组件时，需要调用方法 getContentPane() 来获取中间容器，从而向中间容器中添加组件。其中，面板就是一种非常好的中间容器。

一个 JFrame 窗体可以存在多个面板，每个面板都可以单独添加组件。如此组合使用，就可以在一个 JFrame 窗体中添加多个组件。常用的面板一般有以下两类：

- JPanel 面板
- JScrollPane 面板

本节重点介绍如何使用这两类面板。

19.5.1　JPanel 面板

JPanel 面板是一类最普通的面板，其父类是 JComponent，因此可以直接调用 add() 方法来添加组件。其默认的布局管理器是 FlowLayout（流布局）。JPanel 面板一般由类 JPanel 创建，该类常用的构造方法如下：

- JPanel()：创建一个 JPanel 对象。
- JPanel(LayoutManager layout)：创建 JPanel 对象时指定布局 layout。

该类中常用的方法为 add() 方法，其作用是向面板中添加组件，其常用的方式如下：

- add(组件)：添加组件。
- add(字符串，组件)：当面板采用 GardLayout 布局时，字符串是引用添加组件的代号。

JPanel 类的使用方式如示例 19-6 所示。

【示例 19-6】创建 JPanel 面板

```
package chapter19;
import javax.swing.*;
import java.awt.*;
public class JPanelClass {
    public static void main(String[] args){
        JFrame frame = new JFrame("JPanel 面板测试窗口");
        Container container =frame.getContentPane();    //创建容器
        JPanel panel = new JPanel();                    //创建 JPanel 面板
        container.add(panel);                           //添加面板到容器
        JLabel label1 = new JLabel("标签 1");
        JLabel label2 = new JLabel("标签 2");
        JLabel label3 = new JLabel("标签 3");
        JLabel label4 = new JLabel("标签 4");           //创建标签

        panel.add(label1);
        panel.add(label2);
        panel.add(label3);
        panel.add(label4);                              //添加标签到面板

        frame.setLocationRelativeTo(null);              //设置显示位置
        frame.setVisible(true);
        frame.setSize(250, 100);
        frame.setDefaultCloseOperation(WindowConstants.DISPOSE_ON_CLOSE);
    }
}
```

程序编译后，运行结果如图 19.6 所示。

图 19.6　示例 19-6 的执行结果

在示例 19-6 中展示了如何使用面板类 JPanel 添加组件。在示例 19-6 中，添加了 4 个 JLabel 组件，将这些组件添加到面板 panel 中，并使用默认的流布局。然后将面板 panel 添加到窗体 JFrame 中，从而实现将 4 个标签同时添加到窗体中。

19.5.2　JScrollPane 面板

当面板中存在多个组件或某个组件过大时，就会发生在当前界面无法查看的情况。此时需要使用 JScrollPane 面板来解决这个问题。JScrollPane 面板为带有滚动条的面板，可以通过拖动滚动条的方式进行查看。

JScrollPane 面板主要通过 JScrollPane 类来创建对象，其使用方式和 JPanel 类似，如示例 19-7 所示。

【示例 19-7】创建 JScrollPane 面板

```
package chapter19;
import javax.swing.*;
import java.awt.*;
public class JScrollPaneClass {
    public static void main(String[] args){
        JFrame frame = new JFrame("JPanel面板测试窗口");
        Container container =frame.getContentPane();
        ImageIcon image = new ImageIcon("image/imageIcon.jpg");
        JLabel label = new JLabel(image);
        JScrollPane scrollPane = new JScrollPane(label);      //添加标签到面板

        container.add(scrollPane);                            //添加面板到容器
        frame.setLocationRelativeTo(null);                    //设置显示位置
        frame.setVisible(true);
        frame.setSize(250, 100);
        frame.setDefaultCloseOperation(WindowConstants.DISPOSE_ON_CLOSE);
    }
}
```

程序编译后，执行结果如图 19.7 所示。

图 19.7　示例 19-7 的执行结果

在示例 19-7 中展示了如何使用 JScrollPanel 来创建带有滚动条的面板。在示例 19-5 中仅能通过增加窗体 JFrame 的方式来实现图标的展示。使用了滚动面板 JScrollPanel 之后，就可以固定窗体的尺寸，而通过滚动条滚动显示整个图标。

19.6　布局管理

把 Swing 的各种组件添加到面板容器时，需要各个组件之间的排列布局方式，这种布局方式一般称为布局管理。Swing 有很多种布局方式，我们在本节仅对常用的布局方式进行介绍，对于其他的布局方式，感兴趣的读者可以参照相关资料来进行学习。

19.6.1　绝对布局

绝对布局方式是不使用任何的内置布局管理方式，而是调用方法 setBounds()来指定组件的精确位置。setBounds()方法包含 4 个参数，分别用来指定组件的位置、大小。当容器的尺寸发生变化时，如果调整窗体的大小，组件的位置、大小不会随之发生变化，从而使得整个界面没有达到理想的显示效果。绝对布局的简单使用如示例 19-8 所示。

【示例 19-8】创建 JScrollPane 面板

```java
package chapter19;
import javax.swing.*;
import java.awt.*;
public class JAbsLayoutClass {
    public static void main(String[] args){
        JFrame frame = new JFrame("绝对布局测试窗口");
        Container container =frame.getContentPane();
        JLabel label1 = new JLabel("标签1");
        JLabel label2 = new JLabel("标签2");

        frame.setLayout(null);                                //不使用任何布局方式
        label1.setBounds(10, 40, 50, 80);
        label2.setBounds(50, 100, 100, 100);                  //设定组件的位置

        container.add(label1);
        container.add(label2);                                //添加标签到容器
        frame.setLocationRelativeTo(null);
        frame.setVisible(true);
        frame.setSize(250, 200);
        frame.setDefaultCloseOperation(WindowConstants.DISPOSE_ON_CLOSE);
    }
}
```

程序编译后，执行结果如图 19.8 所示。

图 19.8　示例 19-8 的执行结果

示例 19-8 展示了如何使用绝对布局对两个标签进行位置和大小的设置。在使用绝对布局的时候，需要首先调用方法 setLayout()设定布局方式为空，然后使用方法 setBounds()对标签的位置、大小进行设置。使用该种方式设计的界面，不管窗体如何发生变化，标签的位置和大小都不会发生任何变化。因此，在进行图形化编程中，一般不建议使用该种布局方式。

19.6.2　流布局

流布局是将组件按照从左至右、从上往下的顺序进行布局，使之达到组件的最佳位置，是组件 JPanel 和 JApplet 的默认布局管理器。流布局一般使用类 FlowLayout 来实现。该类常用的构造方式如下：

- FlowLayout()：创建一个布局管理器，使用默认布局设置方式。
- FlowLayout(int align)：创建一个布局管理器，设置组件的对齐方式。

- FlowLayout(int align, int hgap,int vgap)：创建一个布局管理器，同时设置对齐方式、横向间隔、纵向间隔。

流布局中的默认设置是中间对齐和 5 个像素的间隔。该间隔包括横向间隔和纵向间隔。组件的对齐方式一般有以下 3 种方式：

- FlowLayout.LEFT：左对齐。
- FlowLayout.RIGHT：右对齐。
- FlowLayout.CENTER：中间对齐。

流布局的使用方式如示例 19-9 所示。

【示例 19-9】流布局的使用

```java
package chapter19;
import javax.swing.*;
import java.awt.*;
public class JFlowLayoutClass {
    public static void main(String[] args){
        JFrame frame = new JFrame("流布局测试窗口");
        Container container =frame.getContentPane();
        FlowLayout flow = new FlowLayout(FlowLayout.LEFT, 20, 20);  //创建流布局
        JPanel panel = new JPanel();
        JLabel label1 = new JLabel("标签1");
        JLabel label2 = new JLabel("标签2");
        JLabel label3 = new JLabel("标签3");
        JLabel label4 = new JLabel("标签4");
        JLabel label5 = new JLabel("标签5");
        JLabel label6 = new JLabel("标签6");

        container.add(panel);                                       //添加面板到容器
        panel.add(label1);                                          //添加组件到面板
        panel.add(label2);
        panel.add(label3);
        panel.add(label4);
        panel.add(label5);
        panel.add(label6);
        panel.setLayout(flow);

        frame.setLocationRelativeTo(null);    //设置显示位置
        frame.setVisible(true);               //设置为可见
        frame.setSize(150, 200);              //设置大小
        frame.setDefaultCloseOperation(WindowConstants.DISPOSE_ON_CLOSE);
    }
}
```

程序编译后，执行结果如图 19.9 所示。

图 19.9 示例 19-9 的执行结果

在示例 19-9 中创建了 6 个标签，并将其放置在面板中。设置这些标签布局的方式为流布局。当手动拖动窗体的大小时，如果窗体长度足够，这些标签会集中在一行中；如果长度不够，会分行显示。总体来说，使用流布局后，组件的位置会根据窗体的大小进行变化，以寻找最佳的位置。

19.6.3 边界布局

边界布局也是 Swing 中常用的布局方式，是 Window、JFrame 和 JDialog 的默认布局管理器。边界布局管理将整个窗体分为 5 个部分，分别是上、下、左、右、中间。有些地方会使用东、西、南、北、中来进行表示。其展示范围如图 19.10 所示。

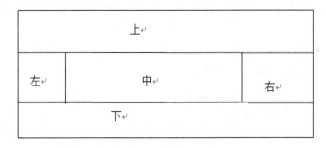

图 19.10 边界布局示意图

在使用边界布局时，分割的 5 个部分不一定都会有组件填充。如果没有组件，那么中间部分就会扩展到没有组件的区域，并且每一个区域只能有一个组件，如果同时添加多个组件，就会发生组件的覆盖，从而只能展示最后一个组件。

边界布局一般使用 BorderLayout 类实现，该类的构造方式如下：

- BorderLayout()：创建边界布局管理器，组件之前没有间隔。
- BorderLayout (int hgap,int vgap)：创建边界布局管理器，hgap 表示组件之间的横向间隔；vgap 表示组件之间的纵向间隔。

边界布局的使用方式如示例 19-10 所示。

【示例 19-10】边界布局的使用

```
package chapter19;
import javax.swing.*;
import java.awt.*;
public class JBorderLayoutClass {
    public static void main(String[] args){
        JFrame frame = new JFrame("边界布局测试窗口");
        BorderLayout border = new BorderLayout(10,10);   //创建流布局
        JLabel label1 = new JLabel("东邪黄药师");
        JLabel label2 = new JLabel("西毒欧阳锋");
        JLabel label3 = new JLabel("南帝一灯大师");
        JLabel label4 = new JLabel("北丐洪七公");
        JLabel label5 = new JLabel("中神通王重阳");        //创建标签
        frame.setLayout(border);
        frame.add(label1, border.EAST);                  //添加组件到面板
        frame.add(label2, border.WEST);
        frame.add(label3, border.SOUTH);
        frame.add(label4, border.NORTH);
        frame.add(label5, border.CENTER);

        frame.setLocationRelativeTo(null);
        frame.setVisible(true);
        frame.setSize(150, 200);
        frame.setDefaultCloseOperation(WindowConstants.DISPOSE_ON_CLOSE);
    }
}
```

程序编译后，运行结果如图 19.11 所示。

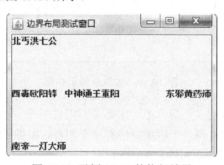

图 19.11 示例 19-10 的执行结果

在示例 19-10 中展示了如何使用边界布局对标签进行布局管理。在该程序中分别指定了 BorderLayout 布局的东、南、西、北以及中间区域要填充的标签。

19.6.4 网格布局

前面介绍了 3 种布局管理器的使用方式，而网格布局管理方式较其他 3 种方式来说，使用起来更加灵活多变。网格布局方式将整个窗体分割为一定的行数和列数组成的网格，每个网格中可以填

充一个组件。这些组件的大小和位置将平分这个窗体。这种方式忽略组件的最佳大小，而是根据提供的行数和列数对整个窗体进行平分。所有网格的宽度和高度都是一样的。

网格布局是使用 GridLayout 类来实现的。该类的构造方式如下：

- GridLayout(int rows,int cols)：创建一个 rows*cols 的网格布局。组件之间没有间隔。
- GridLayout(int rows,int cols,int hgap,int vgap)：创建一个 rows*cols 的网格布局，组件之间的横向间隔为 hgap，纵向间隔为 vgap。

网格布局的使用方式如示例 19-11 所示。

【示例 19-11】网格布局的使用

```java
package chapter19;
import javax.swing.*;
import java.awt.*;
public class JGridLayoutClass {
    public static void main(String[] args){
        JFrame frame = new JFrame("网格布局测试窗口");
        GridLayout GridLayout = new GridLayout(3,4, 10, 10);      //创建网格布局
        JPanel panel = new JPanel();
        panel.setLayout(GridLayout);                              //设置面板为网格布局

        panel.add( new JLabel("鼠"));
        panel.add(new JLabel("牛"));
        panel.add(new JLabel("虎"));
        panel.add(new JLabel("兔"));
        panel.add(new JLabel("龙"));
        panel.add(new JLabel("蛇"));
        panel.add( new JLabel("马"));
        panel.add(new JLabel("羊"));
        panel.add( new JLabel("猴"));
        panel.add(new JLabel("鸡"));
        panel.add(new JLabel("狗"));
        panel.add( new JLabel("猪"));            //添加标签到面板
        frame.add(panel);                        //添加面板到窗体

        frame.setLocationRelativeTo(null);
        frame.setVisible(true);
        frame.setSize(300, 200);
        frame.setDefaultCloseOperation(WindowConstants.DISPOSE_ON_CLOSE);
    }
}
```

程序编译后，执行结果如图 19.12 所示。

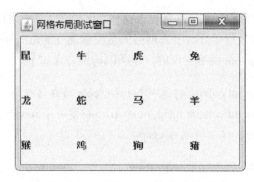

图 19.12　示例 19-11 的执行结果

示例 19-11 中展示了十二生效示意图，使用网格布局将 12 个标签按照每行 4 个、一共 3 行的方式填充到窗体中。这 12 个标签平分整个窗体。

19.7　按　钮

在进行界面操作时，常在单击按钮后用来触发完成提交、确认、删除等特定操作。在 Swing 中，经常使用的按钮种类有普通按钮、单选按钮、复选按钮等。本节将重点介绍如何创建按钮。在 19.10 节中将介绍如何使用事件监听完成特定的操作。

19.7.1　普通按钮

普通按钮也可以称为提交按钮，由 JButton 类来创建按钮对象，该类的构造方式如下：

- JButton()：创建空按钮。
- JButton(String text)：创建按钮，按钮上显示文本 text 内容。
- JButton(Icon icon)：创建按钮，按钮上显示图标 icon。
- JButton(String text , Icon icon)：创建按钮，按钮上显示 icon+text。

第一个构造方法创建了一个既没有图像也没有文字的按钮，可以在后期调用 setIcon() 和 setText() 方法来添加图像和文字信息。除了这两个方法之外，按钮类常用的方法如表 19-4 所示。

表 19-4　类 JButton 常用方法

方法名	作用
addActionListener(ActionListener listener)	为按钮组件注册 ActionListener 监听
void setIcon(Icon icon)	设置按钮的默认图标
void setText(String text)	设置按钮的文本
void setMargin(Insets m)	设置按钮边框和标签之间的空白
void setPressedIcon(Icon icon)	设置按下按钮时的图标
void setSelectedIcon(Icon icon)	设置选择按钮时的图标
void setRolloveiicon(Icon icon)	设置鼠标移动到按扭区域时的图标

(续表)

方法名	作用
void setDisabledIcon(Icon icon)	设置按钮无效状态下的图标
void setVerticalAlignment(int alig)	设置图标和文本的垂直对齐方式
void setHorizontalAlignment(int alig)	设置图标和文本的水平对齐方式
void setEnable(boolean flag)	启用或禁用按扭
void setVerticalTextPosition(int textPosition)	设置文本相对于图标的垂直位置
void setHorizontalTextPosition(int textPosition)	设置文本相对于图标的水平位置

可以根据实际情况选择使用哪些方法来设置合适的按钮。其基本使用方式如示例 19-12 所示。

【示例 19-12】创建按钮

```
package chapter19;
import javax.swing.*;
import java.awt.*;
public class JButtonClass {
    public static void main(String[] args){

        JFrame frame = new JFrame("按钮组件测试窗口");
        JPanel panel = new JPanel();
        ImageIcon image = new ImageIcon("image/imageIcon.jpg");
        JButton button = new JButton();                          //创建按钮
        JButton button1 = new JButton("按钮 1 带图标", image);
        JButton button2 = new JButton("按钮 2 不可用");
        JButton button3 = new JButton("按钮 3 更改背景色");

        panel.add(button);
        panel.add(button1);                                      //添加按钮到容器
        button2.setEnabled(false);                               //设置为不可用
        panel.add(button2);
        button3.setBackground(Color.RED);                        //设置背景色
        panel.add(button3);
        frame.add(panel);                                        //将面板添加到窗体

        frame.setLocationRelativeTo(null);
        frame.setVisible(true);
        frame.setSize(300, 200);
        frame.setDefaultCloseOperation(WindowConstants.DISPOSE_ON_CLOSE);
    }
}
```

程序编译后，运行结果如图 19.13 所示。

图 19.13　示例 19-12 的执行结果

在示例 19-12 中创建了 3 个不同类型的按钮。第一个按钮是默认按钮，未做任何设置。按钮 1 设置了图标为 Java 的 logo，并且设置文字为"按钮 1 带图标"。按钮 2 设置为不可用状态，按钮 3 的背景色改为了红色。由此可见，可以通过调用不同的方法来对按钮的样式进行不同的设计，以达到最终想要的展示效果。

19.7.2　单选按钮

在做单项选择题时，只能选择其中的一个新选项，而不能同时选中多个选项。此类在多种选项中只能选择一种的情况，一般使用单选按钮来实现。在 Swing 中，单选按钮由类 JRadioButton 实现，其形状为一个圆点。常用的构造方法如下：

- JRadioButton()：创建一个空的单选按钮。
- JRadioButton(Icon icon)：创建一个单选按钮，其图标为 icon 表示的图像。
- JRadioButton(Icon icon,boolean selected)：创建一个单选按钮，其图标为 icon 表示的图像，selected 表示按钮是否为选中状态。
- JRadioButton(String text)：创建一个单选按钮，其内容为 text。

JRadioButton 通常都在一个按钮组中，由 ButtonGroup 创建。在添加到按钮组之后，在按钮组中的单选框只能有一个被选中。在选中某一个按钮时，其他的按钮均处在未选中状态。ButtonGroup 常用的方法如下：

- add(AbstractButton btn)：添加按钮到按钮组中。
- remove(AbstractButton btn)：删除按钮组中指定的按钮。
- int getButtonCount()：返回按钮组中按钮的个数。
- Enumeration getElements()：返回一个 Enumeration 对象，通过该对象，可以遍历按钮组中的所有按钮对象。

单选按钮的使用如示例 19-13 所示。

【示例 19-13】单选按钮的使用

```
package chapter19;
import javax.swing.*;
import java.awt.*;
public class JRadioButtonClass {
```

```java
public static void main(String[] args){
    JFrame frame=new JFrame("单选按钮测试窗口");          //创建 Frame 窗口
    JPanel panel=new JPanel();      //创建面板
    JLabel label1=new JLabel("性别：");
    //创建 JRadioButton 对象
    JRadioButton radioButton1 =new JRadioButton("男", true);
    JRadioButton radioButton2 =new JRadioButton("女");    //创建 JRadioButton 对象
    label1.setFont(new Font("楷体", Font.BOLD,16));       //修改字体样式
    ButtonGroup group=new ButtonGroup();
    group.add(radioButton1);                              //添加到 ButtonGroup 中

    group.add(radioButton2);
    panel.add(label1);
    panel.add(radioButton1);
    panel.add(radioButton2);
    frame.add(panel);
    frame.setBounds(300, 200, 400, 100);
    frame.setVisible(true);
    frame.setDefaultCloseOperation(JFrame.EXIT_ON_CLOSE);
  }
}
```

程序编译后，执行结果如图 19.14 所示。

图 19.14　示例 19-13 的执行结果

在示例 19-13 中创建了选择性别的按钮组，在按钮中添加了男、女两个单选按钮，并且将按钮男设置为默认选中状态。在使用时，仅能选择其中的一项作为结果，而不能两项都选中。

19.7.3　复选按钮

有时在提供的选项内可以选择多个选项，如选择你最喜欢的编程语言等。这类按钮一般称为复选按钮，在 Swing 中由 JCheckBox 类来实现。该类的构造方法如下：

- JCheckBox()：创建一个空的复选框。
- JCheckBox(String text)：创建复选框，指定文本为 text。
- JCheckBox(String text,boolean selected)：创建一个指定文本为 text 和选择状态为 selected 的复选框。

复选框一般也将其放在一个按钮组中，其使用方式和单选按钮类似，如示例 19-14 所示。

【示例 19-14】复选框的使用

```
package chapter19;
```

```java
import javax.swing.*;
import java.awt.*;
public class JCheckBoxClass {
    public static void main(String[] agrs)
    {
        JFrame frame = new JFrame("复选按钮测试窗口");          //创建 Frame 窗口
        JPanel panel = new JPanel();                              //创建面板
        JLabel label = new JLabel("中国的直辖市有：");
        label.setFont(new Font("楷体", Font.BOLD,16));           //修改字体样式
        JCheckBox chkbox1 = new JCheckBox("北京市", true);       //创建复选框
        JCheckBox chkbox2 = new JCheckBox("上海市", true);
        JCheckBox chkbox3 = new JCheckBox("天津市", true);
        JCheckBox chkbox4 = new JCheckBox("重庆市", true);
        JCheckBox chkbox5 = new JCheckBox("青岛市", false);
        chkbox5.setEnabled(false);                                //设置为不可用状态

        panel.add(label);                                         //添加到面板
        panel.add(chkbox1);
        panel.add(chkbox2);
        panel.add(chkbox3);
        panel.add(chkbox4);
        panel.add(chkbox5);

        frame.add(panel);
        frame.setBounds(300,200,600,100);
        frame.setVisible(true);
        frame.setDefaultCloseOperation(JFrame.EXIT_ON_CLOSE);
    }
}
```

程序编译后，执行结果如图 19.15 所示。

图 19.15　示例 19-14 的执行结果

在示例 19-14 中，使用复选按钮展示了 4 个直辖市，虽然将青岛市也列在其中，但是其为不可用状态，即不能像其他按钮一样进行选择操作。

19.8　列　表

在进行界面设计时，为了用户的使用方便，有时会将一些选项展示出来，供用户选择需要的选项。这就需要使用列表来操作。在 Swing 中常用的列表有下拉列表和列表框，下面分别介绍如何使用这两类组件。

19.8.1 下拉列表

下拉列表是将多个选择折叠在一起，在最前面只展示设定的一个或者是被选中的一个选项。在下拉列表的右边有个三角按钮。按下按钮后，会弹出该下拉列表中的所有选项。用户在使用时，可以在下拉列表中选择需要的选项，还可以根据实际需要进行输入。

下拉列表由类 JComboBox 来实现。该类常用的构造方法如下：

- JComboBox()：创建一个空的下拉列表。
- JComboBox(ComboBoxModel aModel)：创建一个下拉列表，选中的内容为 aModel。
- JComboBox(Object[] items)：创建一个下拉列表，列表中的内容为数组中的元素。

JComboBox 类中常用的方法如表 19-5 所示。

表 19-5 JComboBox 类的常用方法

方法	作用
void addItem(Object anObject)	将指定的对象作为选项添加到下拉列表框中
void insertItemAt(Object anObject,int index)	在下拉列表框中的指定索引处插入项
void removeItem(0bject anObject)	在下拉列表框中删除指定的对象项
void removeItemAt(int anIndex)	在下拉列表框中删除指定位置的对象项
void removeAllItems()	从下拉列表框中删除所有项
int getItemCount()	返回下拉列表框中的项数
Object getItemAt(int index)	获取指定索引的列表项，索引从 0 开始
int getSelectedIndex()	获取当前选择的索引
Object getSelectedItem()	获取当前选择的项

在表 19-5 中列出了 JComboBox 类中常用的方法，其使用方式如示例 19-15 所示。

【示例 19-15】JComboBox 类的使用

```
package chapter19;
import javax.swing.*;
public class JComboBoxClass {
    public static void main(String[] args){
        JFrame frame=new JFrame("下拉列表测试窗口");         //创建 Frame 窗口
        JPanel panel=new JPanel();                          //创建面板
        String[] psptList = {"--请选择常用的银行--","中国银行", "农业银行","工商银行", "建设银行"};
        JComboBox comboBox=new JComboBox(psptList);         //创建 JComboBox

        panel.add(comboBox);
        frame.add(panel);
        frame.setBounds(300, 200, 400, 100);
        frame.setVisible(true);
        frame.setDefaultCloseOperation(JFrame.EXIT_ON_CLOSE);
    }
}
```

程序编译后，执行结果如图 19.16 所示。

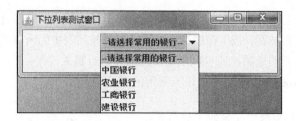

图 19.16　示例 19-15 的执行结果

在示例 19-15 中，使用字符串数组中的内容作为创建下拉列表的元素，并将其添加到面板和窗体中，从而实现下拉列表选项。

19.8.2　列表框

下拉列表在使用时一次仅能选中一行，如果需要同时选中多行，就需要使用列表框来实现。使用列表框时，如果按住 Ctrl 键，就可以选择多个项目；如果按住 Shift 键，就可以选中两个选择项中间的所有项目。如果需要的选项过多，可以借助滚动面板来实现滚动显示的效果。列表框本身只是在窗体上占据固定大小，不具备滚动效果。

在 Swing 中列表框由 JList 类实现。该类常用的构造方法如下：

- JList()：构造一个空的只读模型的列表框。
- JList(ListModel dataModel)：根据 ListModel 对象构造一个列表框。
- JList(Object[] listData)：根据 listData 指定的元素构造一个列表框。
- JList(Vector<?> listData)：根据 listData 指定的元素构造一个列表框。

在构建列表框时，可以创建一个空的列表框，也可以使用 ListModel、数组和 Vector 对象来进行构建。其使用方式如示例 19-16 所示。

【示例 19-16】列表框的使用

```
package chapter19;
import javax.swing.*;
public class JListClass {
    public static void main(String[] args){
        JFrame frame=new JFrame("列表框测试窗口");           //创建 Frame 窗口
        JPanel panel=new JPanel();                          //创建面板
        String[] list = {"--请选择你最喜欢的水果--","苹果", "梨子","香蕉", "芒果"};
        JList jlist=new JList(list);                        //创建 JComboBox

        panel.add(jlist);                                   //添加到面板
        frame.add(panel);
        frame.setBounds(300, 200, 400, 200);
        frame.setVisible(true);
        frame.setDefaultCloseOperation(JFrame.EXIT_ON_CLOSE);
    }
}
```

程序编译后，执行结果如图 19.17 所示。

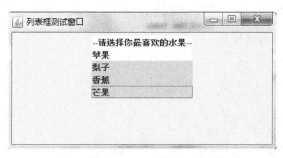

图 19.17　示例 19-16 的执行结果

在示例 19-16 中创建了一个选择喜欢哪种水果的列表框。在程序执行完毕后，可以按住 Ctrl 键选择离散的记录，也可以按住 Shift 键选择多个连续的记录。在实际操作时，可以根据需要选择使用下拉列表还是列表框来进行操作。

19.9　文　本

在进行界面操作时，经常会需要输入部分文本记录，以供其他地方调用。在 Swing 中进行文本的输入一般使用文本框或文本域来实现。本节将重点讲述如何使用文本框组件和文本域组件。

19.9.1　普通文本框

在文本组件中常用的是普通文本框组件。普通文本框能让用户输入一行文本信息，不能换行操作。该组件由类 JTextField 实现。该类的构造方式如下：

- JTextField()：创建一个空文本框。
- JTextField(String text)：创建一个文本框，文本框中使用 text 填充。
- JTextField(int columns)：创建文本框，文本框最多 columns 列。
- JTextField(String text,int columns)：创建一个既指定初始化文本信息又指定列数的文本框。

该类的常用方法如表 19-6 所示。

表 19-6　类 JTextField 的常用方法

方法名	作用
Dimension getPreferredSize()	获得文本框的首选大小
void scrollRectToVisible(Rectangle r)	向左或向右滚动文本框中的内容
void setColumns(int columns)	设置文本框最多可显示内容的列数
void setFont(Font f)	设置文本框的字体
void setScrollOffset(int scrollOffset)	设置文本框的滚动偏移量（以像素为单位）
void setHorizontalAlignment(int alignment)	设置文本框内容的水平对齐方式

类 JTextField 可以对文本框中的文本设置对齐方式、字体、列数，并能设置文本框的大小和最大列数等基本信息。该类的使用方式如示例 19-17 所示。

【示例 19-17】文本框的使用

```java
package chapter19;
import javax.swing.*;
import java.awt.*;
public class JTextFieldClass {
    public static void main(String[] args){
        JFrame frame=new JFrame("普通文本框测试窗口");         //创建 Frame 窗口
        JPanel panel=new JPanel();                           //创建面板
        JTextField textField1 = new JTextField("普通文本框");//创建文本框
        JTextField textField2 = new JTextField("设置字体");
        JTextField textField3 = new JTextField("设定长度为5", 5);

        textField2.setFont(new Font("楷体", Font.BOLD,16));
        panel.add(textField1);                               //添加到面板
        panel.add(textField2);
        panel.add(textField3);
        frame.add(panel);

        frame.setBounds(300, 200, 300, 100);
        frame.setVisible(true);
        frame.setDefaultCloseOperation(JFrame.EXIT_ON_CLOSE);
    }
}
```

程序编译后，执行结果如图 19.18 所示。

图 19.18　示例 19-17 的执行结果

在示例 19-17 中先后建立了 3 个文本框。其中，第一个文本框为普通文本框，仅设定了文本框中的内容；第二个文本框设定了内容文本字体、是否粗体和大小；第三个文本框设定了文本的长度为 5。因此在界面上只能看到 5 个字符的长度。

19.9.2　密码框

文本框的一类特殊使用方式就是密码框。密码框一般用来隐藏用户的隐私信息，如登录密码、银行密码等。这类信息不能直接展示在界面上，常用其他字符来代替输入的字符显示在文本框中。

密码框由 JPasswordField 类实现。该类的构造方法如下：

- JPasswordField()：构造空的密码框。

- JPasswordField(String text)：构造一个利用指定文本初始化的新 JPasswordField。

该类的常用的方法如下：

- char getEchoChar()：返回要用于回显的字符。
- void setEchoChar(char c)：设置此 JPasswordField 的回显字符，默认字符为星号。
- char[] getPassword()：返回此文本框中所包含的文本。

密码框的使用方式如示例 19-18 所示。

【示例 19-18】密码框的使用

```
package chapter19;
import javax.swing.*;
import java.awt.*;
public class JPasswordFieldClass {
    public static void main(String[] args){
        JFrame frame = new JFrame("密码文本框测试窗口");
        JPasswordField PasswordField1 = new JPasswordField("123456");//创建密码框
        JPasswordField PasswordField2 = new JPasswordField("123456");
        char[] passwd= null;

        PasswordField2.setEchoChar('*');                          // 设置回显
        JLabel lab1 = new JLabel("默认的回显：");
        JLabel lab2 = new JLabel("回显设置"*"： ");
        JLabel lab3 = new JLabel();
        String str = "第二个密码框中的密码明文为：";
        str += new String(PasswordField2.getPassword());

        frame.setLayout(new FlowLayout(FlowLayout.LEFT, 20, 20));   //创建流布局
        frame.add(lab1);
        frame.add(PasswordField1);
        frame.add(lab2);
        frame.add(PasswordField2);
        lab3.setText(str);
        frame.add(lab3);

        frame.setBounds(300, 200, 600, 100);
        frame.setVisible(true);
        frame.setDefaultCloseOperation(JFrame.EXIT_ON_CLOSE);
    }
}
```

程序编译后，运行结果如图 19.19 所示。

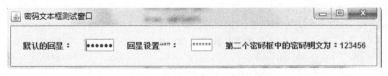

图 19.19　示例 19-18 的执行结果

在示例 19-18 中创建了两个密码文本框，在创建时就初始化了显示内容为"12345"。其中，第一个密码文本框采用默认的显示方式为点符号，第二个密码文本框设置了显示字符为星号。使用 getPassword()方法，可将第二个密码文本框中的密码转换成明文，以供进行密码的比对。

19.9.3 文本域

文本域组件的作用是让用户进行多行输入，而不需要像文本框一样只能在一行中进行输入。在 Swing 中，文本域组件由 JTextArea 类创建，该类的常用构造方法如下：

- JTextArea()：创建一个默认的文本域。
- JTextArea(int rows,int columns)：创建一个具有指定行数和列数的文本域。
- JTextArea(String text)：创建一个文本域，其中包含文本 text。
- JTextArea(String text,int rows,int columns)：创建一个既包含指定文本，又包含指定行数和列数的多行文本域。

该类的常用方式如表 19-7 所示。

表 19-7　JTextArea 类的常用方法

方法	作用
void append(String str)	将字符串 str 添加到文本域的最后位置
void setColumns(int columns)	设置文本域的行数
void setRows(int rows)	设置文本域的列数
int getColumns()	获取文本域的行数
void setLineWrap(boolean wrap)	设置文本域的换行策略
int getRows()	获取文本域的列数
void insert(String str,int position)	插入指定的字符串到文本域的指定位置
void replaceRange(String str,int start,int end)	将指定的开始位 start 与结束位 end 之间的字符串用指定的字符串 str 取代

该类可以对文本域的行数、列数进行设定和获取，并且能够对文本域的字符串进行操作。其使用方式如示例 19-19 所示。

【示例 19-19】文本域的使用

```
package chapter19;
import javax.swing.*;
import java.awt.*;
public class JTextAreaClass {
    public static void main(String[] args) {
        JFrame frame=new JFrame("文本域测试窗口");          //创建 Frame 窗口
        JPanel panel=new JPanel();                         //创建面板
        JTextArea textArea = new JTextArea(10, 10);
        textArea.append("悄悄的我走了,正如我悄悄的来;");    //添加文字
```

```
        textArea.append("我挥一挥衣袖,不带走一片云彩。");
        textArea.setLineWrap(true);                    //设定自动换行
        panel.add(textArea);
        frame.add(panel);

        frame.setBounds(300, 200, 300, 200);
        frame.setVisible(true);
        frame.setDefaultCloseOperation(JFrame.EXIT_ON_CLOSE);
    }
}
```

程序编译后,执行结果如图 19.20 所示。

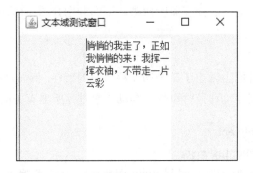

图 19.20　示例 19-19 的执行结果

在示例 19-19 中,创建了一个文本域组件,设置为 10 行 10 列的文本域组件。将该组件添加到面板中,可以实现多行输入操作,进行大数据量的文本编辑。

19.10　事件监听器

在前面的章节中介绍了如何使用 Swing 的组件来绘制界面。在绘制好的界面中进行各种操作时,都会产生不同的事件。例如,在单击按钮时会生成按钮单击事件,在选择下拉列表中的选项时会产生对应的选择事件。本节将重点介绍如何处理事件。

19.10.1　监听事件概述

在 Swing 中,监听器由事件模型中 3 个分离的对象来完成对事件的处理。这 3 个事件分别是事件源、具体的事件以及监听程序。其中事件源触发了具体的事件之后,被一个或多个监听器来接收,并且做出相应的事件处理。

在事件处理的过程中,主要涉及 3 类对象:

- Event(事件):用户对组件的一次操作称为一个事件,以类的形式出现。例如,单击按钮、单击鼠标等。
- Event Source(事件源):产生事件的组件。

- Event Handler（事件处理者）：接收事件对象并对其进行处理的对象事件处理器，通常就是某个 Java 类中负责处理事件的成员方法。

同一个事件源可以产生多个事件，如对于鼠标组件来说，可以单击事件、右击事件、双击事件等。在实际事件发生后，系统会自动生成 ActionEvent 类的对象 ActionEvent，该对象中描述了事件发生时的一些信息。事件处理者对象将接收由 Java 运行时系统传递过来的事件对象 ActionEvent，并进行相应的处理，从而完成整个事件从产生到处理完毕的整个流程。

事件处理者一般被称为监听器，因为该监听器要时刻监控系统中生成的事件和需要处理的事件是否一致。如果一致就立即进行事件处理。事件处理者（监听器）通常是一个类，该类如果能够处理某种类型的事件，就必须实现与该事件类型相对应的接口。每个事件类都有一个与之相对应的接口。事件监听一般分为动作监听、焦点监听两类。下面分别介绍如何处理这两类监听事件。

19.10.2 动作监听

动作监听事件就是在界面上做出了某个动作后引发的事件。例如，按钮的单击、列表框的选择、文本框的编辑等操作都会发生动作监听事件。与动作事件监听器有关的信息如下：

- 事件名称：ActionEvent。
- 事件监听接口：ActionListener。
- 事件相关方法：添加监听用 addActionListener()，删除监听用 removeActionListener()。
- 涉及事件源：JButton、JList、JTextField 等。

下面通过示例 19-20 来展示如何进行动作监听事件处理。

【示例 19-20】动作监听事件

```
package chapter19;
import javax.swing.*;
import java.awt.*;
import java.awt.event.ActionEvent;
import java.awt.event.ActionListener;
public class actionListenClasss {
    private static int clickTimes = 1;
    public static void main(String[] args){
        JFrame frame = new JFrame("动作监听窗口");
        JLabel lab1 = new JLabel("按钮被单击了 0 次");
        JButton button = new JButton("单击后记录单击次数");
        button.addActionListener(new ActionListener()                   //动作监听
        {
            public void actionPerformed(ActionEvent e)
            {
                lab1.setText("按钮被单击了 "+(clickTimes++)+" 次");
            }
        });
        frame.setLayout(new FlowLayout(FlowLayout.LEFT, 20, 20));       //创建流布局
```

```
        frame.add(button);
        frame.add(lab1);
        frame.setBounds(300, 200, 600, 100);
        frame.setVisible(true);
        frame.setDefaultCloseOperation(JFrame.EXIT_ON_CLOSE);
    }
}
```

程序编译后，执行结果如图 19.21 所示。

图 19.21　示例 19-20 的执行结果

当单击按钮后，后面的单击次数就会自动刷新，如单击 10 次之后，执行效果如图 19.22 所示。

图 19.22　单击按钮 10 次后的执行结果

通过上面的操作过程可以看出，在添加了按钮 button 的单击监听事件后，每次单击按钮一次，监听器就自动调用方法 addActionListener()一次，从而实现在每次发生单击按钮动作后都有对应的操作来响应该事件。

19.10.3　焦点监听

当进行文本编辑、按钮操作时，鼠标的焦点会自动在操作的组件上。当将鼠标的焦点离开该组件时，一般预示着需要进行其他的操作。因此焦点位置的转变可以作为事件来进行监听处理。

与焦点事件监听器有关的信息如下：

- 事件名称：FocusEvent。
- 事件监听接口：FocusListener。
- 相关方法：添加监听用 addFocusListener()，删除监听用 removeFocusListener()。
- 涉及事件源：Component 以及派生类。

在 FocusEvent 接口中定义了两个方法，分别为 focusGained() 方法和 focusLost()方法。其中，focusGained() 方法是在组件获得焦点时执行，focusLost() 方法在组件失去焦点时执行。焦点监听的使用方式如示例 19-21 所示。

【示例19-21】 焦点监听事件

```java
package chapter19;
import java.awt.*;
import java.awt.event.FocusEvent;
import java.awt.event.FocusListener;
import javax.swing.*;
import javax.swing.border.EmptyBorder;
public class focusListenClass extends JFrame
{
    JLabel label;
    JTextField txtfield1;
    JButton btn;
    public focusListenClass()
    {
        setTitle("焦点事件监听器示例");
        setDefaultCloseOperation(JFrame.EXIT_ON_CLOSE);
        setBounds(100,100,300,200);
        JPanel contentPane=new JPanel();
        contentPane.setBorder(new EmptyBorder(5,5,5,5));
        contentPane.setLayout(new BorderLayout(0,0));
        setContentPane(contentPane);
        btn = new JButton("测试");
        label=new JLabel(" ");
        label.setFont(new Font("楷体",Font.BOLD,16));         //修改字体样式
        contentPane.add(label, BorderLayout.SOUTH);
        contentPane.add(btn, BorderLayout.WEST);
        txtfield1=new JTextField();                           //创建文本框
        txtfield1.setFont(new Font("黑体", Font.BOLD, 16));   //修改字体样式
        txtfield1.addFocusListener(new FocusListener()
        {
            @Override
            public void focusGained(FocusEvent arg0)          // 获取焦点时执行此方法
            {
                label.setText("获得焦点，很开心");
            }
            @Override
            public void focusLost(FocusEvent arg0)
            {
                label.setText("失去焦点，很伤心");             // 失去焦点时执行此方法
            }
        });
        contentPane.add(txtfield1);
    }
    public static void main(String[] args)
    {
        focusListenClass frame=new focusListenClass();
```

```
        frame.setVisible(true);
    }
}
```

程序编译后，执行结果如图 19.23 所示。

图 19.23　示例 19-21 的执行结果

在单击了文本框之后，文本框就获得了焦点，就会调用 focusGained()方法，从而在 label 中显示特定的内容，其显示效果如图 19.24 所示。

图 19.24　获取焦点

在单击【测试】按钮之后，焦点自动到了【测试】按钮上，而文本框自动失去焦点，此时会调用方法 focusLost()，从而在 label 中显示特定的内容。其效果如图 19.25 所示。

图 19.25　失去焦点

从示例 19-21 的执行结果可以看出，在定义了焦点监听事件之后，系统可以自动捕捉某个组件符合哪个事件，从而自动匹配该执行哪些方法。

19.11 实战——Java 小程序

创建下拉列表框，设置选择何种手机卡类型；并且增加 Label，获取选择的那种类型的手机卡。

【实战 19-1】使用下拉列表框

```java
package chapter19;
import javax.swing.*;
import java.awt.*;
import java.awt.event.ActionEvent;
import java.awt.event.ActionListener;
public class simTypeClass {
    static  String labStr;
    public static void main(String[] args){
        JFrame frame=new JFrame("实战练习窗口");            //创建 Frame 窗口
        JPanel panel=new JPanel();                          //创建面板
        JLabel lab = new JLabel("您选择的手机卡类型是： ");
        BorderLayout border = new BorderLayout(10,10);      //创建流布局
        String[] psptList = {"--请选择使用的手机卡类型--","中国联通", "中国移动","中国电信"};

        JComboBox comboBox=new JComboBox(psptList);         //创建 JComboBox
        comboBox.addActionListener(new ActionListener() {   //动作监听
            @Override
            public void actionPerformed(ActionEvent e) {
                labStr = "您选择的手机卡类型是选项中的第" +comboBox.getSelectedIndex()+"个，内容是： " + comboBox.getSelectedItem();
                lab.setText(labStr);
            }
        });
        frame.setLayout(border);
        frame.add(lab, BorderLayout.SOUTH);
        frame.add(comboBox, BorderLayout.NORTH);
        frame.setBounds(300, 200, 400, 100);
        frame.setVisible(true);
        frame.setDefaultCloseOperation(JFrame.EXIT_ON_CLOSE);
    }
}
```

第20章 Java实战：计算器

学习知识的最终目的在于将学到的知识运用到实践当中，以解决我们实际生活、工作中遇到的问题。因此，我们在本章设计一个简单的实战示例，以对前面学到的知识进行巩固和复习。

本章的重点内容如下：

- 设计计算器界面
- 设计计算器相关的类
- 设计监听事件
- 设计相关的算法

20.1 系统设计

在本章中，我们将设计一款类似于 Windows 系统中的计算器来完成项目实战。计算器在日常生活中能够帮助我们进行各种数学运算。专业的计算器还能进行特殊操作，如程序员计算器能进行二进制的操作等。在本项目中，我们仅设计最普通的计算器来实现对知识的巩固和复习。

20.1.1 总体目标

在本项目中设计的计算器主要要达到以下几个目标：

- 具有基本的数学运算功能，如加减乘除等。
- 界面上方有一个文本输入框，用户输入操作数并展示最终的运算结果。
- 用户仅可以利用鼠标单击数值或操作符按键完成计算的输入，不能通过键盘进行输入。
- 当按下运算符时，如果前面已经按下运算符号，那么上面的一个文本框显示按过的所有按钮，下面的一个文本框显示上一个运算符号以及两个数之间的运算结果。

20.1.2 主体功能介绍

该计算器的主要功能如下：

- 按下数字键，在文本框上会显示数字。
- 按下数字键和"+""-""*""/"符号按键，能进行加、减、乘、除计算。
- 按下清除"CE"键，文本框中的数据将被全部清除。

20.2 项目详细设计

在了解计算器的设计目标以及主要功能之后，就可以进行项目的详细设计了。在软件功能领域，详细设计涉及的范围很广。在本项目中，我们仅对计算器的界面设计、主体类、监听事件以及算法进行介绍。

20.2.1 界面设计

该计算器的界面主要包含 1 个文本框、10 个数字按钮、5 个基本数学计算按钮、1 个清空数据按钮。总体界面采用空布局的方式，调用每个组件中的 setBounds ()方法来指定每一个组件的位置。其中，文本框在整个界面的上方，其余的功能按钮、数字按钮按照一般的格式均匀分布在 4 行 4 列的矩阵中，如图 20.1 所示。

图 20.1　计算器界面

20.2.2 主 体 类

项目中的主体类为 Calculate 类，继承 JFrame 类和 ActionListener 接口，并实现 actionPerformed() 方法，用来获取事件对象。

在 Calculate 类中主要用来实现程序的主体框架，如创建面板、布局方式、窗口属性设置等，其参考代码如下：

```java
public calculate() {
    setDefaultCloseOperation(JFrame.EXIT_ON_CLOSE);
    setTitle("计算器实战");
    setBounds(100, 100, 400, 250);
    contentPane = new JPanel();                          // 创建面板
    contentPane.setBorder(new EmptyBorder(5, 5, 5, 5));
    setContentPane(contentPane);
    contentPane.setLayout(null);

    textField = new JTextField();                        //创建输入框，用来输入数据
    textField.setBounds(100, 30, 240, 20);
    contentPane.add(textField);
```

```
        textField.setColumns(10);
        textField.setEditable(false);                   //设定输入框不能手动输入
}
```

在项目中，main()方法用来创建类 Calculate 的对象，并且将 Frame 设置为可见。其目的是能够使用户看到设计好的界面，具体内容如下：

```
public static void main(String[] args) {
    EventQueue.invokeLater(new Runnable() {
        public void run() {
            try {
                calculate frame = new calculate();       //创建窗口
                frame.setVisible(true);
            } catch (Exception e) {
                e.printStackTrace();
            }
        }
    });
}
```

20.2.3 数字按钮设计

对于数字按钮 0~9 来说，其作用是将对应的数字输入到输入框 textField 中，因此在创建时需要同时指定监听事件，实现数字的添加。数字按钮 7 的参考代码如下：

```
        button_7 = new JButton("7");                    //创建数字按钮 7

        button_7.addActionListener(new ActionListener() {   //添加动作监听事件
            public void actionPerformed(ActionEvent e) {

                textField.setText(textField.getText()+7);

            }
        });
        button_7.setBounds(104, 99, 50, 25);
        contentPane.add(button_7);
```

其余数字按钮的创建方式与数字按钮 7 类似，仅需要指定好按钮的位置即可。具体代码请参照下载下来的源代码相关部分。

20.2.4 功能按钮设计

功能按钮需要实现对应的功能。例如，加法按钮，需要完成第一次输入的数值和第二次输入的数值之和，并且要将运算结果显示到文本框中，参考代码如下：

```
        button_add = new JButton("+");                  //功能按钮"+"
        button_add.addActionListener(new ActionListener() {   //添加动作监听事件
            public void actionPerformed(ActionEvent e) {
```

```
            flag = 0;
            number1 = Integer.parseInt(textField.getText());
            textField.setText(null);
        }
    });
    button_add.setBounds(104, 66, 50, 23);
    contentPane.add(button_add);
```

对于其他的运算按钮，其操作大体相同。对于等号按钮来说，需要判断输入的符号是何种操作符，并且进行计算和结果展示，参考代码如下：

```
    button_eql = new JButton("=");                    //功能按钮"="
    button_eql.addActionListener(new ActionListener() {
        public void actionPerformed(ActionEvent e) {
            number2 = Integer.parseInt(textField.getText());
            if(flag==0) {
                result = number1+number2;              //加法运算
                textField.setText(String.valueOf(result));
            }else if (flag==1) {
                result = number1-number2;              //减法运算
                textField.setText(String.valueOf(result));
            }
            else if (flag==2) {
                result = number1*number2;              //乘法运算
                textField.setText(String.valueOf(result));
            }
            else if (flag==3) {
                result = number1/number2;              //除法运算
                textField.setText(String.valueOf(result));
            }
        }
    });
    button_eql.setBounds(286, 102, 50, 25);
    contentPane.add(button_eql);
```

在等号按钮的监听事件中，使用 flag 变量来标识进行何种操作，并将计算结果展示在输入框中，从而完成整个运算操作。

20.3　整体代码

整个项目的代码如下：

```
package chapter20;

import java.awt.*;
import javax.swing.*;
import javax.swing.border.EmptyBorder;
import java.awt.event.*;
```

```java
public class calculate extends JFrame {
    int number1;                                    // 保存第一个输入数
    int number2;                                    // 保存第二个输入数
    int flag;                                       // 保存进行何种操作
    int result;                                     // 保存执行结果
    private JPanel contentPane;
    private JTextField textField;
    private JButton button_0;
    private JButton button_1;
    private JButton button_2;
    private JButton button_3;
    private JButton button_4;
    private JButton button_5;
    private JButton button_6;
    private JButton button_7;
    private JButton button_8;
    private JButton button_9;                       //数字按键
    private JButton button_sub;                     //减法
    private JButton button_div;                     //除法
    private JButton button_eql;                     //等号
    private JButton button_add;                     //加法
    private JButton button_mul;                     //乘法
    private JButton btnClear;                       //清除

    public static void main(String[] args) {
    EventQueue.invokeLater(new Runnable() {
     public void run() {
        try {
            calculate frame = new calculate();       //创建窗口
               frame.setVisible(true);
            } catch (Exception e) {
                e.printStackTrace();
              }
            }
        });
    }

    public calculate() {
        setDefaultCloseOperation(JFrame.EXIT_ON_CLOSE);
        setTitle("计算器实战");
        setBounds(100, 100, 400, 250);
        contentPane = new JPanel();                  // 创建面板
        contentPane.setBorder(new EmptyBorder(5, 5, 5, 5));
        setContentPane(contentPane);
        contentPane.setLayout(null);

        textField = new JTextField();                //创建输入框,用来输入数据
        textField.setBounds(100, 30, 240, 20);
        contentPane.add(textField);
        textField.setColumns(10);
        textField.setEditable(false);                //设定输入框不能手动输入

        button_sub = new JButton("-");               //创建减法按钮
        button_sub.addActionListener(new ActionListener() {
            public void actionPerformed(ActionEvent e) {
                flag = 1;
```

```java
        number1 = Integer.parseInt(textField.getText());
        textField.setText(null);
    }
});
button_sub.setBounds(164, 66, 52, 23);
contentPane.add(button_sub);

button_div = new JButton("/");                          //创建除法按钮
button_div.addActionListener(new ActionListener() {
    public void actionPerformed(ActionEvent e) {
        flag = 3;
        number1 = Integer.parseInt(textField.getText());
        textField.setText(null);
    }
});
button_div.setBounds(286, 66, 50, 25);
contentPane.add(button_div);

button_mul = new JButton("*");                          //创建乘法按钮
button_mul.addActionListener(new ActionListener() {
    public void actionPerformed(ActionEvent e) {
        flag = 2;
        number1 = Integer.parseInt(textField.getText());
        textField.setText(null);
    }
});
button_mul.setBounds(226, 66, 50, 23);
contentPane.add(button_mul);

button_7 = new JButton("7");                            //创建数字按钮7
button_7.addActionListener(new ActionListener() {
    public void actionPerformed(ActionEvent e) {
        textField.setText(textField.getText()+7);
    }
});
button_7.setBounds(104, 99, 50, 25);
contentPane.add(button_7);
                                                        //创建数字按钮8
button_8 = new JButton("8");
button_8.addActionListener(new ActionListener() {
    public void actionPerformed(ActionEvent e) {
         textField.setText(textField.getText()+8);
    }
});
button_8.setBounds(164, 99, 50, 25);
contentPane.add(button_8);

button_9 = new JButton("9");                            //创建数字按钮9
button_9.addActionListener(new ActionListener() {
    public void actionPerformed(ActionEvent e) {
        textField.setText(textField.getText()+9);
    }
});
button_9.setBounds(226, 99, 50, 25);
contentPane.add(button_9);
```

```java
button 4 = new JButton("4");                          //创建数字按钮4
button 4.addActionListener(new ActionListener() {
    public void actionPerformed(ActionEvent e) {
        textField.setText(textField.getText()+4);
    }
});
button 4.setBounds(104, 133, 50, 25);
contentPane.add(button 4);

button 5 = new JButton("5");                          //创建数字按钮5
button 5.addActionListener(new ActionListener() {
    public void actionPerformed(ActionEvent e) {
        textField.setText(textField.getText()+5);
    }
});
button 5.setBounds(164, 133, 50, 25);
contentPane.add(button 5);

button 6 = new JButton("6");                          //创建数字按钮6
button 6.addActionListener(new ActionListener() {
    public void actionPerformed(ActionEvent e) {
        textField.setText(textField.getText()+6);
    }
});
button 6.setBounds(226, 133, 50, 25);
contentPane.add(button 6);

button 1 = new JButton("1");                          //创建数字按钮1
button 1.addActionListener(new ActionListener() {
    public void actionPerformed(ActionEvent e) {
        textField.setText(textField.getText()+1);
    }
});
button 1.setBounds(104, 165, 50, 25);
contentPane.add(button 1);

button 2 = new JButton("2");                          //创建数字按钮2
button 2.addActionListener(new ActionListener() {
    public void actionPerformed(ActionEvent e) {
        textField.setText(textField.getText()+2);
    }
});
button 2.setBounds(164, 165, 50, 25);
contentPane.add(button 2);

button 3 = new JButton("3");                          //创建数字按钮3
button 3.addActionListener(new ActionListener() {
    public void actionPerformed(ActionEvent e) {
        textField.setText(textField.getText()+3);
    }
});
button 3.setBounds(226, 165, 50, 25);
contentPane.add(button 3);

button eql = new JButton("=");                        //创建等号按钮
button_eql.addActionListener(new ActionListener() {
```

```java
        public void actionPerformed(ActionEvent e) {
            number2 = Integer.parseInt(textField.getText());
            if(flag==0) {
                result = number1+number2;
                textField.setText(String.valueOf(result));
            }else if (flag==1) {
                result = number1-number2;
                textField.setText(String.valueOf(result));
            }
            else if (flag==2) {
                result = number1*number2;
                textField.setText(String.valueOf(result));
            }
            else if (flag==3) {
                result = number1/number2;
                textField.setText(String.valueOf(result));
            }
        }
    });
    button_eql.setBounds(286, 102, 50, 25);
    contentPane.add(button_eql);
    
    button_add = new JButton("+");                            //创建加法按钮
    button_add.addActionListener(new ActionListener() {
        public void actionPerformed(ActionEvent e) {
            flag = 0;
            number1 = Integer.parseInt(textField.getText());
            textField.setText(null);
            
        }
    });
    button_add.setBounds(104, 66, 50, 23);
    contentPane.add(button_add);
    
    button_0 = new JButton("0");                              //创建数字按钮0
    button_0.addActionListener(new ActionListener() {
        public void actionPerformed(ActionEvent e) {
            textField.setText(textField.getText()+0);
        }
    });
    button_0.setBounds(286, 165, 50, 25);
    contentPane.add(button_0);
    
    btnClear = new JButton("CE");                             //创建清空按钮
    btnClear.addActionListener(new ActionListener() {
        public void actionPerformed(ActionEvent e) {
            number1 = 0;
            number2 = 0;
            result = 0;
            textField.setText(null);
            
        }
    });
    btnClear.setBounds(286, 134, 50, 25);
    contentPane.add(btnClear);
    }
}
```

项目编译后，执行结果如图 20.2 所示。

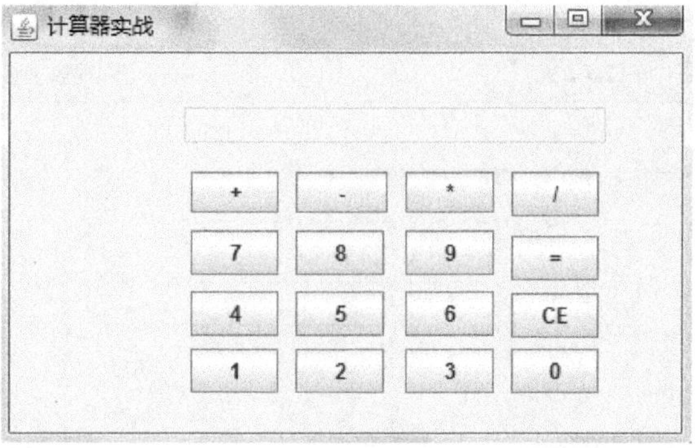

图 20.2　运行结果

在界面中执行加法运算，操作过程一般是首先输入第一个运算数，然后输入运算符，再输入第二个运算数，最后单击等号按钮，在文本框中展示运算结果。输入第一个运算数后的效果如图 20.3 所示。

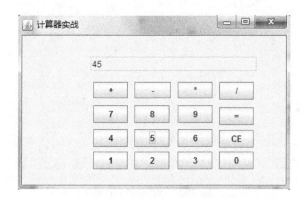

图 20.3　输入第一个运算数

再输入加号运算符，其效果如图 20.4 所示。

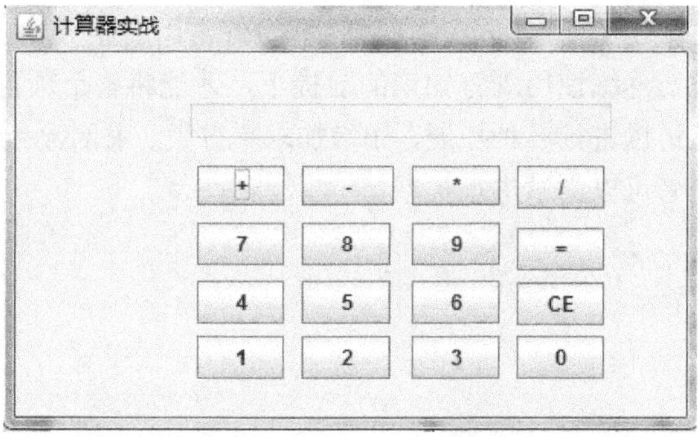

图 20.4　输入加号运算符

在输入了加号之后，首先清空输入框中的内容，然后等待输入第二个操作数。输入第二个操作数之后，其效果如图 20.5 所示。

图 20.5　输入第二个操作数

单击等号按钮，之后就可得到最终的结果，如图 20.6 所示。

图 20.6　获取最终结果

20.4　项目小结

在本项目中，我们主要使用了 Swing 中的组件和组件常用的监听方法，其中还包含 Java 编程中的一些基本操作。只有在熟练使用既有知识的前提下，才能将整个项目进行完整的设计和编写。

计算器的程序设计还可以进行各种扩展，如增加求平方根、求倒数、进行科学计算以及进制互换等操作。学有余力的读者可以尝试进行扩展。